中国长岛野生植物志

范瑛　于国旭　王清春　主编

中国林业出版社
China Forestry Publishing House

图书在版编目（CIP）数据

中国长岛野生植物志 / 范瑛，于国旭，王清春主编
. -- 北京：中国林业出版社，2023.6
（中国长岛生物多样性图鉴丛书）
ISBN 978-7-5219-2250-9

Ⅰ.①中... Ⅱ.①范... ②于... ③王... Ⅲ.①野生植
物—植物志—长岛县 Ⅳ.① Q948.525.24
中国国家版本馆 CIP 数据核字 (2023) 第 128172 号

策划编辑：肖　静
责任编辑：袁丽莉　肖　静
策划设计：顾晓军
装帧设计：烟台永卓图片设计广告有限公司

————————————————

出版发行：中国林业出版社
　　　　（100009，北京市西城区刘海胡同 7 号，电话 83143577）
电子邮箱：811045365@qq.com
网址：www.forestry.gov.cn/lycb.html
印刷：北京雅昌艺术印刷有限公司
版次：2023 年 6 月第 1 版
印次：2023 年 6 月第 1 次
开本：787mm×1092mm 1/16
印张：19
字数：310 千字
定价：200.00 元

编辑委员会

主　　编：范　瑛　于国旭　王清春

副 主 编：王兴周　周　涛　肖　娜

编　　委：初永忠　孙百越　张　雪

　　　　　谢茂文　陈雅楠　李玉春

　　　　　吴出尘　王少帅　宋梓雄

摄　　影：顾晓军　王成军　张芬耀

　　　　　王小平　谢在佩　董建新

　　　　　邢路军　丁立敏　于建国

　　　　　董　上　卞福花　宋秀凯

　　　　　冯俊荣　孔冬瑞

支持单位：长岛国家海洋公园管理中心

前　言

　　长岛隶属山东省烟台市，又称庙岛群岛，地处胶东半岛、辽东半岛之间，黄海、渤海交汇处，东临韩国、日本，西守京津，南距蓬莱7km，北距旅顺42km。长岛由151个岛屿组成，行政管辖国土面积为3302.0km^2，包括岛陆总面积61.17km^{2}和海域总面积3240.8km^2。这些岛屿呈南北纵列于渤海海峡，海岸线长177.2km。从最北部岛屿的最北端到最南部岛屿的最南端，直线距离约为56.4km；从最东部岛屿的最东端到最西部岛屿的最西端，直线距离约为30.8km。复杂的海陆组成造就了长岛极为特别的地理环境，使之成为山东省维管束植物区系中多样性比较丰富的区域之一，岛陆植被覆盖率达到80%以上。长岛诸岛屿又构成了一连串北方候鸟和昆虫迁徙的海上驿站，为野生动物尤其大量的迁徙鸟类、庙岛蝮等物种提供了良好的觅食和栖息条件，具有极高的生态价值。

　　植物资源是国家的重要财富，要发展经济、保护生态，必须要可持续地开发和利用植物资源，必须弄清植物的种类和组成。但目前长岛还没有一本植物志或介绍植物资源的书籍，本书正是为了填补这一空白，摸清庙岛群岛的野生植物资源。

　　长岛植物界共分布有13门240科807属1541种，其中，海洋植物242种，陆地植物1299种。本书主要介绍其中的野生陆地植物，共计5门108科367属662种。这些野生植物大多是原始生长在长岛的，少数几种是引种栽培后广泛分布，逐渐野生化的，如黑松、剑叶金鸡菊等。长岛高等植物区系有典型温带植物区系的特点，植物类群组成以草本植物为主，其中，禾本科、菊科、百合科植物物种较多，以世界广布科为主，大部分属种主要分布于温带，热带、亚热带科属也有一定分布，反映了长岛植物区系有较长的历史起源，且具有一定的热带亲缘。长岛陆生植被可划分为针叶林、落叶阔叶林、针阔混交林、疏林、灌丛、灌草丛、草甸、盐生和沙生植被8种植被型组，黑松林、侧柏林、刺槐林、麻栎林、荆条灌丛、柽柳灌丛、紫穗槐灌丛、荆条－酸枣－菅草灌草丛、披针叶薹草草甸和盐地碱蓬－碱蓬群落等15个主要群系。根据2021年最新印发的《国家重点保护野生植物名录》，长岛陆生野生维管束植物有3种国家二级保护野生植物，分别是中华结缕草（*Zoysia sinica*）、野大豆（*Glycine soja*）和珊瑚菜（*Glehnia littoralis*）。

　　《中国长岛野生植物志》一书及其前期的植物调查工作，摸清了该地区野生植物资源的种类、分布及经济价值。该书也可服务于当地发达的旅游业，为旅游宣传、游学夏令营等活动提供专业参考。本书在编写过程中，承蒙原长岛县海洋药物研究所所长谢在佩老师悉心指点，提供了完整的长岛野生植物名录和大量照片，在此表示衷心的感谢。

　　由于作者水平有限，疏漏和错误在所难免，恳请读者给予指正。

编辑委员会

2023年6月

目 录

▶▶▶ 第一章 蕨类植物门
Pteridophyta

　　蕨类植物又称羊齿植物，是进化水平最高的孢子植物。生活史为孢子体发达的异形世代交替。孢子体有根、茎、叶的分化，有较原始的维管组织。配子体微小，绿色自养或与真菌共生，有根、茎、叶的分化。有性生殖器官为精子器和颈卵管，无种子。现存约12000种，广泛分布在世界各地，尤以热带、亚热带地区种类繁多。大多为土生、石生或附生，少数为湿生或水生，喜阴湿温暖的环境。

　　长岛分布：7科11属15种。

一、卷柏科 Selaginellaceae

本科包含 1 属 3 种蕨类植物。

1. 中华卷柏（*Selaginella sinensis*）

卷柏属植物，别名地网子。

草本匍匐，主茎通体羽状分枝，1~2 次或 2~3 次分叉，小枝稀疏，规则排列。叶鳞片状，全部交互排列，形似侧柏叶。大孢子白色，小孢子橘红色。

分布于各岛山坡地堰。全草可入药，有清热、利尿、化痰、止血、止泻之功效。

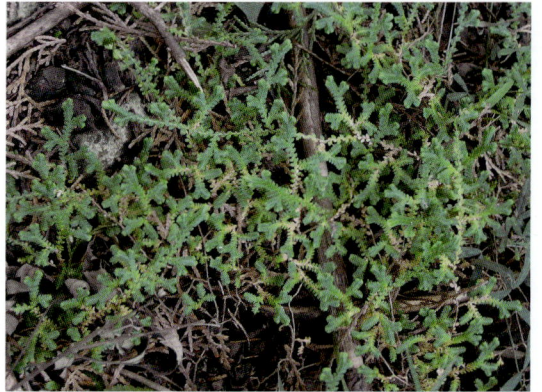

---

2. 卷柏（*Selaginella tamariscina*）

卷柏属植物，别名一把抓、老虎爪、长生草。

多年生草本植物。高 5~15cm，主茎直立，下着须根。各枝丛生，干后拳卷，密被覆瓦状叶，扇状分枝至 2~3 回羽状分枝。叶小，异型，交互排列；侧叶披针状钻形，长约 3mm，基部龙骨状，先端有长芒，远轴的一边全缘，宽膜质，近轴的一边膜质缘极狭，有微锯齿；中叶 2 行，卵圆披针形，长 2mm，先端有长芒，斜向，左右两侧不等，边缘有微锯齿，中脉在叶上面下陷。孢子囊穗生于枝顶，四棱形；孢子叶三角形，先端有长芒，边缘有宽的膜质；孢子囊肾形，大小孢子的排列不规则。

分布于各岛山坡地堰。全草可入药，活血通经，炭化瘀止血。

 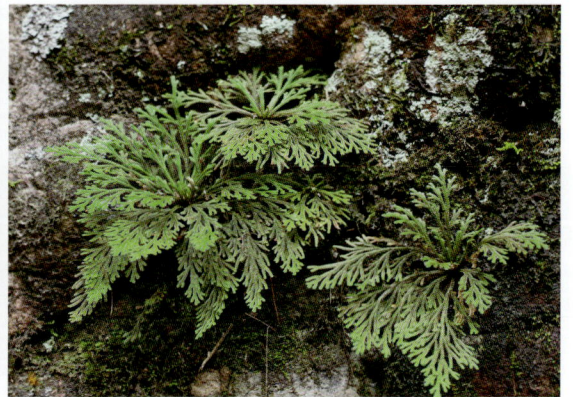

---

3. 蔓出卷柏（*Selaginella davidii*）

卷柏属植物，别名澜沧卷柏、大卫卷柏、爬地卷柏、爬生卷柏、亚地柏。

土生或石生，匍匐，长 5~15cm，无横走根状茎或游走茎。根托在主茎上断续着生，主茎通体羽状分枝，下部直径 0.2~0.4mm。茎近方形，具沟槽，无毛。叶全部交互排列，二型，草质，表面光滑，明显具白边。孢子叶穗紧密，四棱柱形，单生于小枝末端。大孢子白色，小孢子橘黄色。

分布于各岛山坡地堰。

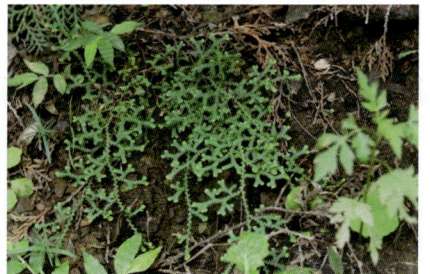

二、木贼科 Equisetaceae

本科包含1属2种蕨类植物。

1. 问荆（*Equisetum arvense*）

木贼属植物。

根茎黑棕色。地上枝当年枯萎，枝二型；侧枝柔软纤细，扁平状；高可达35cm，黄棕色，鞘筒栗棕色或淡黄色，狭三角形，孢子散后能育枝枯萎；不育枝后萌发，鞘齿三角形，宿存。孢子囊穗圆柱形，顶端钝，成熟时柄伸长。

分布于大岛的湿地处。可食用及药用，有清热、凉血、解毒、利尿之功效。

2. 节节草（*Equisetum ramosissimum*）

木贼属植物，别名节骨草。

地上枝多年生。枝一型，高20~60cm，中部直径1~3mm，节间长2~6cm，绿色。主枝多在下部分枝，常形成簇生状；幼枝的轮生分枝明显或不明显，灰白色、黑棕色或淡棕色，边缘或上部为膜质，基部扁平或弧形，早落或宿存，齿上气孔带明显或不明显；侧枝较硬，圆柱状。孢子囊穗短棒状或椭圆形，长0.5~2.5cm，中部直径0.4~0.7cm，顶端有小尖突，无柄。

分布于大岛的湿地处，全草可入药。

三、水龙骨科 Polypodiaceae

本科包含1属1种蕨类植物。

有柄石韦（*Pyrrosia petiolosa*）

石韦属植物，别名独叶茶。

根状茎长而横走，密被鳞片。叶远生，有叶柄；叶片近长圆形，或长圆披针形，全缘，干后革质，上面灰绿色，近光滑无毛，下面淡棕色或砖红色，被星状毛。孢子囊群近椭圆形，在侧脉间整齐成多行排列，布满整个叶片下面，成熟后开裂外露而呈砖红色。

分布各岛悬崖处。全草可药用，有清热、利尿、止血之功效。

四、鳞毛蕨科 Dryopteridaceae

本科包含 2 属 3 种蕨类植物。

1. 全缘贯众（*Cyrtomium falcatum*）

贯众属植物，别名贯众。

植株高 30~40cm。根状茎近直立，连同叶柄基部密生黑棕色鳞片。叶簇生，叶片宽披针形，先端急尖，基部略变狭，奇数一回羽状；革质，两面光滑；叶轴有披针形边缘，有纤维状鳞片。孢子囊群生于内藏小脉的中部。

本地特殊物种，分布于各岛海边陡峭的悬崖，高潮线 40m 以下石缝中。

2. 半岛鳞毛蕨（*Dryopteris peninsulae*）

鳞毛蕨属植物。

植株高达 50cm。根状茎粗短，近直立。叶簇生；叶柄长达 24cm；叶片厚纸质，长圆形或狭卵状长圆形；羽片 12~20 对；小羽片或裂片达 15 对。孢子囊群圆形，较大；囊群盖圆肾形至马蹄形；孢子近椭圆形，外壁具瘤状凸起。

高山岛有分布。根茎及叶柄残基可入药，有清热解毒、凉血止血之功效。

3. 中华鳞毛蕨（*Dryopteris chinensis*）

鳞毛蕨属植物。

植株高 25~35cm。根状茎粗短，直立，连同叶柄基部密生棕色或中央褐棕色的披针形鳞片。叶簇生；叶柄长 10~20cm；羽片 5~8 对，斜展；叶脉下面可见；叶纸质，干后褐绿色。孢子囊群生于小脉顶部，靠近叶边；囊群盖圆肾形，近全缘，宿存。

高山岛有分布。体态优美，枝叶挺拔，宜布置于庭院假山、石缝处。

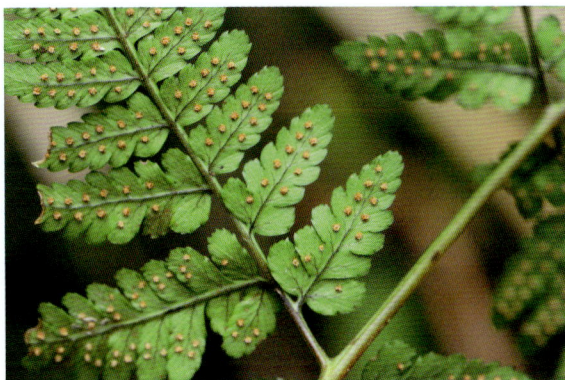

五、蹄盖蕨科 Athyriaceae

本科包含 2 属 2 种蕨类植物。

1. 禾秆蹄盖蕨（*Athyrium yokoscense*）

蹄盖蕨属植物。

植株高 40~70cm。根茎短而粗，直立，顶端和叶柄基部密被淡棕色、中间黑棕色、边缘淡棕色的线状披针形鳞片。叶簇生；叶柄长 20~40cm，淡禾秆色；叶片厚纸质，长圆状披针形。孢子囊群近圆形或椭圆形；囊群盖马蹄形、椭圆形或弯钩形，膜质。

各高山有分布。全草可入药，有驱虫止血之功效。

2. 日本安蕨（*Anisocampium niponicum*）

安蕨属植物。

根状茎横卧，斜升，狭披针形的鳞片。叶簇生，叶柄黑褐色，向上禾秆色，疏被较小的鳞片；叶片卵状长圆形，先端急狭缩，基部阔圆形，羽片互生，斜展；小羽片互生，斜展或平展，基部不对称；裂片披针形、长圆形或线状披针形，尖头，叶脉下面明显，两面无毛。孢子囊群长圆形、弯钩形或马蹄形；囊群盖同形，褐色，膜质；孢子周壁表面有明显的条状褶皱。

各高山有分布。

六、碗蕨科 Dennstaedtiaceae

本科包含2属2种蕨类植物。

1. 细毛碗蕨（*Dennstaedtia hirsuta*）

碗蕨属植物。

根状茎横走或斜升，密被灰棕色长毛。叶近生或几为簇生，柄长9~14cm，幼时密被灰色节状长毛，老时留下粗糙的痕，禾秆色。叶片长10~20cm，宽4.5~7.5cm，长圆披针形，先端渐尖，二回羽状，羽片10~14对；叶脉羽状分叉，不到达齿端，每个小尖齿有小脉1条，水囊不显；叶草质，干后绿色或黄绿色，两面密被灰色节状长毛；叶轴与叶柄同色，和羽轴均密被灰色节状毛。孢子囊群圆形，生于小裂片腋中；囊群盖浅碗形，绿色，有毛。

分布于大岛的湿地处。

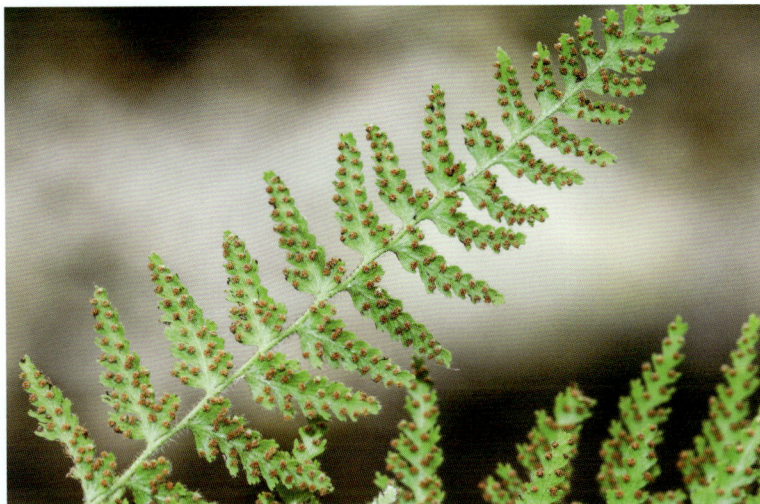

----

2. 蕨（*Pteridium aquilinum* var. *latiusculum*）

蕨属植物。

植株高可达1m。根状茎长而横走，密被锈黄色柔毛，以后逐渐脱落。叶远生；柄长20~80cm，基部粗3~6mm，褐棕色或棕禾秆色，略有光泽，光滑，上面有浅纵沟1条；叶片阔三角形或长圆三角形，长30~60cm，宽20~45cm，先端渐尖，基部圆楔形，三回羽状；叶脉稠密，仅下面明显；叶干后近革质或革质，暗绿色，上面无毛；下面在裂片主脉上部分被棕色或灰白色的疏毛或近无毛；叶轴及羽轴均光滑，小羽轴上面光滑，下面被疏毛，各回羽轴上面均有深纵沟1条，沟内无毛。

长岛偶见其分布。蕨的根状茎可供提取蕨粉，供食用；根状茎的纤维可供制绳缆，耐水湿；嫩叶可食，称蕨菜；全株均可入药，祛风湿、利尿、解热，又可作驱虫剂。

七、凤尾蕨科 Pteridaceae

本科包含 2 属 2 种蕨类植物。

1. 银粉背蕨（*Aleuritopteris argentea*）

粉背蕨属植物，别名通经草、金丝草、铜丝草、金牛草、铜丝茶。

植株高 15~30cm。根状茎直立或斜升（偶有沿石缝横走）先端被披针形。叶簇生；叶柄长 10~20cm，粗约 7mm；叶片五角形，长宽几相等，5~7cm，先端渐尖；裂片三角形或镰刀形，以圆缺刻分开，基部一对较短，羽轴上侧小羽片较短；叶干后草质或薄革质。孢子囊群较多；囊群盖连续，狭，膜质，黄绿色，全缘；孢子极面观为钝三角形，周壁表面具颗粒状纹饰。

各岛均有分布。全草可入药，能解乌头中毒、愈疮，可治精腑肾脏病、热性腹泻或肾虚、疮疖痈毒。

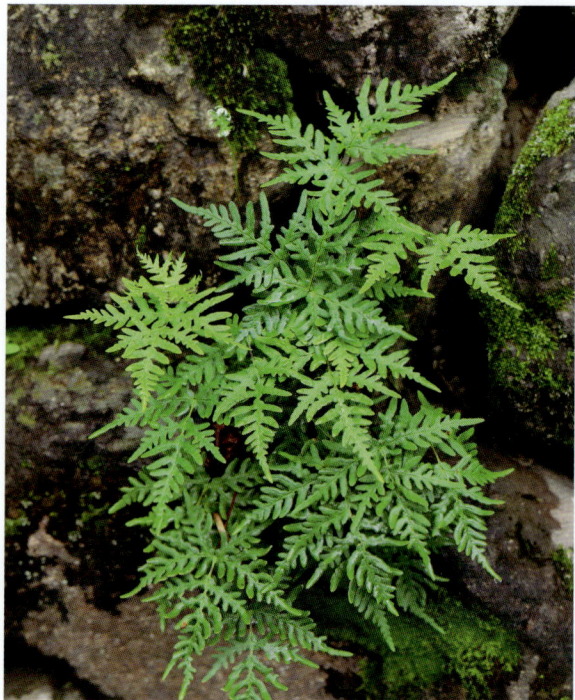

---

2. 水蕨（*Ceratopteris thalictroides*）

水蕨属植物。

植株幼嫩时呈绿色，多汁，柔软，高可达70cm。根状茎短而直立，粗根生于淤泥。叶簇生，绿色，圆柱形，肉质，不膨胀，光滑无毛；叶片直立或幼时漂浮，狭长圆形，先端渐尖，基部圆楔形；裂片互生，斜展，彼此远离，卵形或长圆形，先端渐尖，基部近圆形、心脏形或近平截；小裂片互生，斜展，彼此分开或接近，阔卵形或卵状三角形，先端渐尖、急尖或圆钝，基部圆截形，有短柄，有狭翅，主脉两侧的小脉联结成网状，叶脉呈狭长的五角形或六角形；叶轴及各回羽轴与叶柄同色。孢子囊稀疏，棕色，成熟后露出孢子囊；孢子四面体形，外壁很厚。

各岛均有分布。茎叶入药可治胎毒，消痰积；嫩叶可作蔬菜。

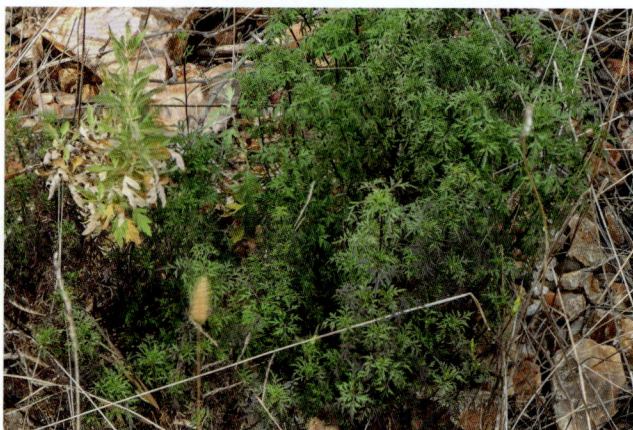

▶▶▶ 第二章 裸子植物门
Gymnospermae

裸子植物多为多年生木本植物，大多为单轴分枝的高大乔木，少为灌木，稀为藤本。次生木质部几全由管胞组成，稀具导管。叶多为线形、针形或鳞形，稀为羽状全裂、扇形、阔叶形、带状或膜质鞘状。花单性，雌雄异株或同株；小孢子叶球（雄球花）具多数小孢子叶（雄蕊），小孢子叶具多数至2个小孢子囊（花药），小孢子（花粉）具气囊或船形具单沟，或球形外壁上具1乳头状凸起或具明显或不明显的萌发孔或无萌发孔，或橄榄形具多纵肋和凹沟，有时还具1远极沟，多为风媒传粉，花粉萌发后花粉管内有2个游动或不游动的精子；大孢子叶（珠鳞、珠托、珠领、套被）不形成封闭的子房，着生1至多枚裸露的胚珠，胚珠直立或倒生，由胚囊、珠心和珠被组成，顶端有珠孔。多数丛生树干顶端或生于轴上形成大孢子叶球（雌球花）。种子裸露于种鳞之上，或多少被变态大孢子叶发育的假种皮所包，其胚由雌配子体的卵细胞受精而成，胚乳由雌配子体的其他部分发育而成，种皮由珠被发育而成；胚具2枚或多枚子叶。

长岛分布：4科4属5种。

一、银杏科 Ginkgoaceae

本科包含1属1种裸子植物。

银杏（*Ginkgo biloba*）

银杏属植物，别名白果、公孙树。

落叶乔木，高可达40 m。树干直立，树皮灰色。枝分长短，长枝上的叶螺旋状散生，短枝上的叶簇生，叶片扇形，有多数叉状细脉，叶有长柄；上缘宽5~8 cm，浅波状，有的有裂。雌雄异株；球花生于短枝叶腋或苞腋；雄球花呈柔黄花序状，雄蕊多数；雌球花有长梗，梗端2叉，叉端生1珠座，仅1个发育成种子。种子核果状，椭圆形至近球形，长25~35 mm；外种皮肉质，有白粉，熟时淡黄色或橙黄色；中种皮骨质，白色；内种皮膜质，胚乳丰富。花期4~5月，果期9~10月。

砣矶井口和北长山店子各有500年以上古树。银杏是优良绿化树种，种子可食用及入药。

二、松科 Pinaceae

本科包含1属2种裸子植物。

1. 赤松（*Pinus densiflora*）

松属植物。

常绿乔木，高达30m。树皮橘红色，裂成不规则的鳞片状块片脱落。一年生枝淡黄色或红黄色，微被白粉，无毛。冬芽矩圆状卵圆形，暗红褐色，微具树脂，芽鳞条状披针形，先端微反卷，边缘丝状。针叶2针一束，长5~12cm，径约1mm，先端微尖，两面有气孔线。雄球花淡红黄色，圆筒形，长5~12mm，聚生于新枝下部呈短穗状；雌球花淡红紫色，单生或2~3个聚生，有短梗。种鳞薄，鳞盾扁菱形，通常扁平，稀具微隆起的横脊，鳞脐平或微凸起有短刺，稀无刺；种子倒卵状椭圆形或卵圆形。花期4月，球果次年9月下旬至10月成熟。

各岛均可见。松针、树皮、带树脂的枝干均可入药。

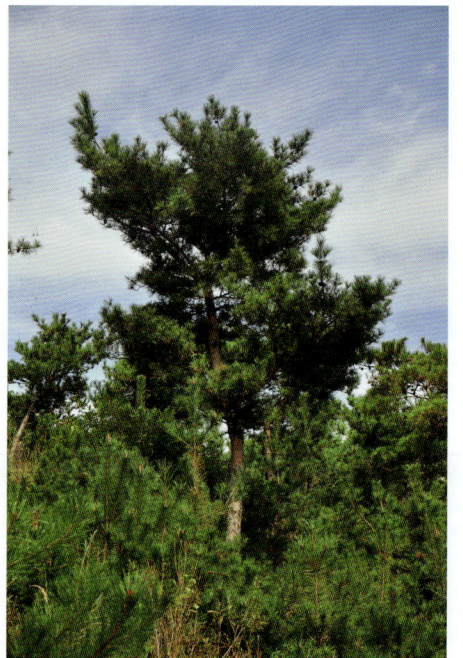

2. 黑松（*Pinus thunbergii*）

松属植物。

常绿乔木，高达 30m。幼树树皮暗灰色，老则灰黑色，粗厚，裂成块片脱落。冬芽银白色，圆柱状椭圆形或圆柱形，顶端尖，芽鳞披针形或条状披针形，边缘白色丝状。针叶 2 针一束，深绿色，有光泽，粗硬，背腹面均有气孔线。雄球花淡红褐色，圆柱形，长 1.5~2cm，聚生于新枝下部；雌球花单生或 2~3 个聚生于新枝近顶端，直立，有梗，卵圆形，淡紫红色或淡褐红色。球果成熟前绿色，熟时褐色，圆锥状卵圆形或卵圆形，长 4~6cm，径 3~4cm，有短梗，向下弯垂；种子倒卵状椭圆形。花期 4~5 月，种子次年 10 月成熟。

本地主要绿化树种，松针、嫩新枝、树皮、含脂枝干、花粉等均可入药。

三、柏科 Cupressaceae

本科包含 1 属 1 种裸子植物。

侧柏（*Platycladus orientalis*）

侧柏属植物，别名柏树、片松。

常绿乔木，高逾 20m。树皮薄，浅灰褐色，纵裂成条片。枝条向上伸展或斜展，扁平，排成一平面。叶鳞形，长 1~3mm，先端微钝。雄球花黄色，卵圆形，长约 2mm；雌球花近球形，直径约 2mm，蓝绿色，被白粉。球果近卵圆形，长 1.5~2（2.5）cm，成熟前近肉质，蓝绿色，被白粉，成熟后木质，开裂，红褐色。种子卵圆形或近椭圆形，顶端微尖，灰褐色或紫褐色，长 6~8mm，稍有棱脊，无翅或有极窄之翅。花期 3~4 月，球果 10 月成熟。

木材淡黄褐色，富树脂，材质细密，纹理斜行，耐腐力强，坚实耐用，可作建筑、器具、家具、农具及文具等用材；枝叶、种子皆可入药。

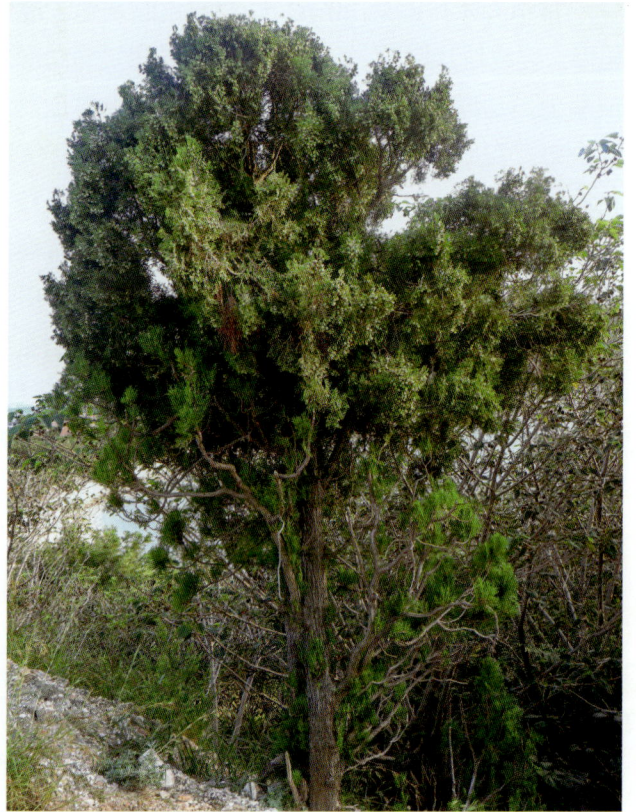

四、麻黄科 Ephedraceae

本科包含 1 属 1 种裸子植物。

草麻黄（*Ephedra sinica*）

麻黄属，别名节骨草。

常绿草本状灌木，高 20~40cm。木质茎短或呈匍匐状。小枝直伸或微曲，表面细纵槽纹常不明显，节间长 2.5~5.5cm，多为 3~4cm，径约 2mm。叶 2 裂，鞘占全长 1/3~2/3，裂片锐三角形，先端急尖。雄球花多呈复穗状，常具总梗，苞片通常 4 对，雄蕊 7~8，花丝合生，稀先端稍分离；雌球花单生，在幼枝上顶生，在老枝上腋生，成熟时肉质红色，矩圆状卵圆形或近于圆球形，长约 8mm，径 6~7mm。种子通常 2 粒，包于苞片内，不露出或与苞片等长，黑红色或灰褐色。花期 5~6 月，种子 8~9 月成熟。

该品种原在黑山船旺盐碱地上大量生长，后因挖鹅卵石被破坏，现仅在老黑山主峰及犁犋把子岛有少量分布。枝叶是发汗散寒要药，根能止汗。

▶▶▶ 第三章 被子植物门

Angiospermae

被子植物是当今世界植物界中最进化、种类最多、分布最广、适应性最强的类群。由少数细胞构成的胚囊和双受精现象，被视为被子植物在进化上的一致性与其他植物类群区别的证据。被子植物在形态上具有不同于裸子植物所具有的孢子叶球的花；胚珠被包藏于闭合的子房内，由子房发育成果实；子叶 1~2 枚（很少 3~4 枚）；维管束主要由导管构成；在生殖上配子体大大简化，以最少的分裂次数而发育，雌配子体中的颈卵器已不发育。在生态上适应于广泛的各式各样的生存条件。在生理功能上具有比裸子植物和蕨类植物大得多的对光能利用的适应性。全世界有 300~450 个科（各个分类系统科的概念不同）25 万种，大多数科分布在热带，2/3 的种限于热带或其邻近地区。

长岛分布：84 科 337 属 618 种。

一、杨柳科 Salicaceae

本科包含 2 属 9 种被子植物。

1. 毛白杨（*Populus tomentosa*）

杨属植物，别名杨树。

落叶乔木，高达 30m。树皮幼时暗灰色，壮时灰绿色，渐变为灰白色，老时基部黑灰色，纵裂，粗糙。叶卵形或三角状卵形，先端渐尖，上面暗绿色有金属光泽，下面光滑，具深波状齿牙缘；叶柄稍短于叶片，侧扁，先端无腺点。雄花序长 10~14(20)cm，雄花苞片约具 10 个尖头，密生长毛，雄蕊 6~12，花药红色；雌花序长 4~7cm，苞片褐色，尖裂，沿边缘有长毛；子房长椭圆形，柱头 2 裂，粉红色。果序长达 14cm；蒴果圆锥形或长卵形，2 瓣裂。花期 3~5 月。

各岛有分布。纹理直，纤维含量高，易干燥，易加工，油漆及胶结性能好，可作建筑、家具、箱板及火柴杆、造纸等用材，是人造纤维的原料；枝叶可入药。

----

2. 响叶杨（*Populus adenopoda*）

杨属植物，别名绵杨。

落叶乔木，高 15~30m。树皮灰白色，树冠卵形。小枝较细，暗赤褐色。芽圆锥形，有黏质。叶片卵状圆形或卵形，先端长渐尖，边缘有内曲圆锯齿，齿端有腺点，上面深绿色，下面灰绿色，叶柄侧扁。苞片条裂，有长缘毛；花盘齿裂，花序轴有毛。蒴果卵状长椭圆形，种子倒卵状椭圆形。花期 3~4 月，果期 4~5 月。

各岛有分布，功用同毛白杨。

----

3. 山杨（*Populus davidiana*）

杨属植物。

落叶乔木，高可达 25m。树皮光滑灰绿色或灰白色，老树基部黑色粗糙；树冠圆形。叶子接近圆形，具有波浪状钝齿。早春先叶开花，雌雄异株，柔黄花序下垂，红色花药，苞片深裂，裂缘有毛。蒴果 2 裂。花期 3~4 月，果期 4~5 月。

各岛有分布，功用同毛白杨。

4. 小叶杨 (*Populus simonii*)

杨属植物,别名南京白杨、河南杨、明杨、青杨。

落叶乔木,高达 20m,胸径 50cm 以上。树皮呈筒状,厚 1~3mm,幼树皮灰绿色,表面有圆形皮孔及纵纹,偶见枝痕;老皮色较暗,表面粗糙,有粗大的沟状裂隙。树皮内表面黄白色,有纵向细密纹。质硬不易折断,断面纤维性。气微,味微苦。花期 3~5 月,果期 4~6 月。

各岛有分布,木材轻软,纹理直,结构细,易加工,可作建筑、家具、造纸、火柴等用材;树皮可入药,有祛风活血、清热利湿之功效。

----

5. 加杨 (*Populus × canadensis*)

杨属植物。

落叶乔木,高 30 多 m。干直,树皮粗厚。芽大,先端反曲,初为绿色,后变为褐绿色,富黏质。雄花序长 7~15cm,花序轴光滑。果序长达 27cm;蒴果卵圆形。花期 4 月,果期 5~6 月。

各岛有分布,功用同毛白杨。

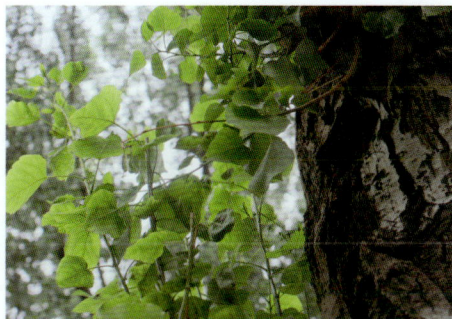

6、钻天杨 (*Populus nigra* var. *italica*)

杨属植物。别名美杨、美国白杨。

落叶乔木,高达 30m。树皮暗灰褐色,老时沟裂,黑褐色。树冠圆柱形。侧枝成 20~30°角开展,小枝圆,光滑,黄褐色或淡黄褐色,嫩枝有时疏生短柔毛。雄花序长 4~8cm,花序轴光滑,雄蕊 15~30;雌花序长 10~15cm。蒴果 2 瓣裂,先端尖,果柄细长。花期 4 月,果期 5 月。

各岛有分布,功用同毛白杨。

----

7. 北京杨 (*Populus × beijingensis*)

杨属植物。

落叶乔木,高可达 25m。树干通直;光滑;皮孔密集。树冠卵形或广卵形。芽细圆锥形,先端外曲,黏质。短枝叶片卵形,长 7~9cm,先端渐尖或长渐尖,基部圆形或广楔形至楔形,边缘有腺锯齿,叶柄侧扁。苞片淡褐色,裂片长于不裂部分。花期 3 月。

各岛有分布,功用同毛白杨。

8. 垂柳（*Salix babylonica*）

柳属植物，别名柳树。

落叶乔木。树冠广圆形。树皮粗糙，深裂，暗灰黑色。小枝黄色或绿色，光滑；幼枝有毛。叶披针形，先端渐尖，基部楔形或近圆形，边缘有明显的细锯齿，上面绿色，下面灰白色，托叶披针形，常早落。雄花序轴具毛，苞片卵形，先端钝；雌花序轴也具柔毛。

在长岛广泛分布。春采花序、夏采叶，其他全年可采，鲜用或晒干，为解热镇痛剂。

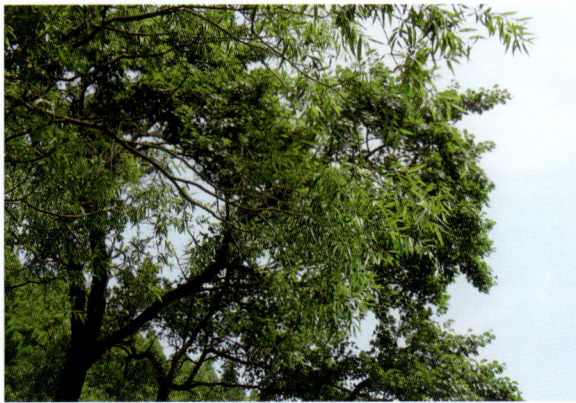

9. 旱柳（*Salix matsudana*）

柳属植物。

落叶乔木。高达18m，胸径达80cm。大枝斜上，树冠广圆形，树皮暗灰黑色，纵裂。枝直立或斜展，褐黄绿色，后变褐色，无毛；幼枝有毛，芽褐色，微有毛。

在长岛广泛分布，功用同垂柳。

二、胡桃科 Juglandaceae

本科包含1属1种被子植物。

胡桃（*Juglans regia*）

胡桃属植物，别名核桃。

落叶乔木。树皮灰白色，浅纵裂。枝条髓部片状，幼枝先端具细柔毛；2年生枝常无毛。羽状复叶小叶，椭圆状卵形至椭圆形，顶生小叶通常较大，先端急尖或渐尖，基部圆或楔形，有时为心脏形，全缘或有不明显钝齿，表面深绿色，无毛，背面仅脉腋有微毛，小叶柄极短或无。雄柔黄花序，萼3裂；雌花1~3朵聚生，花柱2裂，赤红色。果实球形，灰绿色，幼时具腺毛，老时无毛，内部坚果球形，黄褐色，表面有不规则槽纹。花期4~5月，果实成熟期8~9月。

各岛均有分布。材质坚硬，可制作家具；果皮（青龙衣）、种子（核桃）、果中隔膜（分心木）、枝条、叶子均可入药。

三、壳斗科 Fagaceae

本科包含 1 属 6 种被子植物。

1. 麻栎 (*Quercus acutissima*)

栎属植物，别名橡子树。

落叶乔木。树皮暗灰色，不规则深裂。叶卵状披针形或椭圆形，先端渐尖，基部圆形或宽楔形，边缘具刺芒状锯齿，幼时具短绒毛，老后除叶脉外均无毛；叶下面的脉隆起，侧脉直达齿端。雄花序通常集生于新枝叶腋，花梗具毛，花被通常 5 裂；雌花 1~3 朵集生于老枝的叶腋。壳斗杯状，包坚果约 1/2，苞片狭披针形，反曲，具灰白色毛；坚果卵状球形或长卵形，淡褐色，果脐凸起。

各岛均有分布。果实可入药，有涩肠固脱、清热利湿之功效。

2. 栓皮栎 (*Quercus variabilis*)

栎属植物。

落叶乔木，高达 30m，胸径达 1m 以上。树皮黑褐色，深纵裂，木栓层发达。小枝灰棕色，无毛。芽圆锥形，芽鳞褐色，具缘毛。叶片卵状披针形或长椭圆形，顶端渐尖，基部圆形或宽楔形，叶缘具刺芒状锯齿，叶背密被灰白色星状绒毛，侧脉每边 13~18 条，直达齿端；叶柄长 1~3 (5)cm，

无毛。雄花序轴密被褐色绒毛，花被 4~6 裂；雌花序生于新枝上端叶腋，花柱 30 壳斗杯形；小苞片钻形，反曲，被短毛。坚果近球形或宽卵形，顶端圆，果脐突起。花期 3~4 月，果期翌年 9~10 月。

各岛均有分布。我国生产软木的主要原料，壳斗、树皮可供提取栲胶。

3. 小叶栎（*Quercus chenii*）

栎属植物。

落叶乔木，高达30m。树皮黑褐色，纵裂。小枝较细，径约1.5mm。叶片宽披针形至卵状披针形，顶端渐尖，基部圆形或宽楔形，略偏斜，叶缘具刺芒状锯齿，幼时被黄色柔毛，以后两面无毛，或仅背面脉腋有柔毛；叶柄长0.5~1.5cm。雄花序长4cm，花序轴被柔毛。壳斗杯形，包着坚果约1/3；坚果椭圆形，顶端有微毛，果脐微凸起。花期3~4月，果期翌年9~10月。

各岛均有分布，功用同栓皮栎。

----

4. 槲树（*Quercus dentata*）

栎属植物，别名柞栎、大叶波罗。

落叶乔木，高达25m。树皮暗灰褐色，深纵裂。小枝粗壮，有沟槽，密被灰黄色星状绒毛。芽宽卵形，密被黄褐色绒毛。叶片倒卵形或长倒卵形，顶端短钝尖，叶面深绿色，基部耳形，叶缘波状裂片或粗锯齿，幼时被毛，后渐脱落，叶背面密被灰褐色星状绒毛。雄花序生于新枝叶腋，花序轴密被淡褐色绒毛；雌花序生于新枝上部叶腋。壳斗杯形，包着坚果1/3~1/2；坚果卵形至宽卵形，无毛，有宿存花柱。花期4~5月，果期9~10月。

各岛均有分布，功用同栓皮栎。

----

5. 槲栎（*Quercus aliena*）

栎属植物，别名青冈树。

落叶乔木，高达30m。树皮暗灰色，深纵裂。小枝灰褐色，近无毛，具圆形淡褐色皮孔；芽卵形，芽鳞具缘毛。叶片长椭圆状倒卵形至倒卵形，顶端微钝或短渐尖，基部楔形或圆形，叶缘具波状钝齿，叶背被灰棕色细绒毛，侧脉每边10~15条，叶面中脉侧脉不凹陷；叶柄长1~1.3cm，无毛。雄花序长4~8cm，雄花单生或数朵簇生于花序轴，微有毛；雌花序生于新枝叶腋，单生或2~3朵簇生。壳斗杯形，包着坚果约1/2；坚果椭圆形至卵形，果脐微凸起。花期4~5月，果期9~10月。

各岛均有分布，功用同栓皮栎。

6. 蒙古栎（*Quercus mongolica*）

栎属植物，别名青枸子、柞树、辽东栎等。

落叶乔木，高达 15m。树皮灰褐色，纵裂。幼枝绿色，无毛。叶片倒卵形至长倒卵形，长 5~17cm，宽 2~10cm；叶柄长 2~5mm，无毛。雄花序生于新枝基部，雄蕊通常 8；雌花序生于新枝上端叶腋。壳斗浅杯形，小苞片长三角形，长 1.5mm，扁平微凸起，被稀疏短绒毛。坚果卵形至卵状椭圆形，顶端有短绒毛；果脐微凸起，直径 1.3~1.8cm。花期 4~5 月，果期 9 月。

各岛均有分布。叶可饲柞蚕；种子可供酿酒或作饲料。

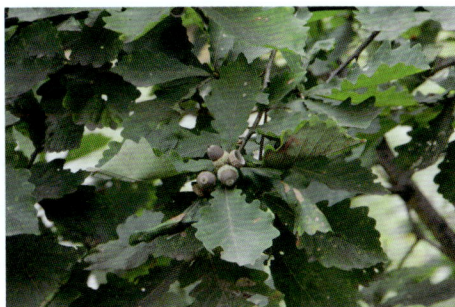

四、榆科 Ulmaceae

本科包含 2 属 6 种被子植物。

1. 榆树（*Ulmus pumila*）

榆属植物，别名白榆、家榆、榆、钻天榆。

落叶乔木，高达 20m。树皮暗灰褐色，粗糙，纵裂。小枝黄褐色，常被短柔毛。叶椭圆状卵形或椭圆状披针形，先端锐尖或渐尖，基部圆形或楔形，两边近对称，叶缘多为单锯齿，脉腋常簇生毛，叶柄被毛。花先叶开放，多数为簇生的聚伞花序。翅果倒卵形，先端具凹陷；种子位于翅果中央，周围均具膜质翅。

各岛均产。嫩叶和榆钱可食用，嫩叶做汤或炒吃；榆叶可消水肿、利小便、下石淋；榆钱能补肺、止咳、敛心神、杀虫匿；树皮或根皮用于治疗水肿、喘息、小便不利、出血、烫火伤等。

---

2. 大果榆（*Ulmus macrocarpa*）

榆属植物，别名黄榆、毛榆、山榆、芜荑。

落叶乔木或灌木植物，高达 20m。树皮暗灰色或灰黑色。叶宽倒卵形、倒卵状圆形、倒卵状菱形或倒卵形，稀椭圆形，厚革质，叶柄长 2~10mm，仅上面有毛或下面有疏毛。果核部分位于翅果中部。花果期 4~5 月。

嵩山和南陉有较大面积分布。供作车辆、农具、家具、器具等用材；翅果含油量高，可食用，也是医药和轻、化工业的重要原料；种子发酵后与榆树皮、红土、菊花末等加工成黄糊，药用杀虫、消积。

3. 榔榆（*Ulmus parvifolia*）

榆属植物，别名秋榆。

落叶乔木。树皮灰色或灰褐色，裂成不规则鳞状薄片剥落，露出红褐色内皮，较平滑。叶质地厚，披针状卵形或窄椭圆形，先端尖或钝，基部偏斜，楔形或一边圆，叶面深绿色，有光泽。花秋季开放，3~6 数在叶脉簇生或排成簇状聚伞花序；花被上部杯状，下部管状，花被片 4，深裂至杯状花被的基部或近基部；花梗极短，被疏毛。翅果椭圆形或卵状椭圆形，果核部分位于翅果的中上部。花果期 8~10 月。

各岛均有分布。茎叶和树皮可入药，有清热利尿、解毒消肿、凉血止血之功效。

---

4. 杭州榆（*Ulmus changii*）

榆属植物。

落叶乔木，高达 20m。树皮暗灰色、灰褐色或灰黑色。冬芽卵圆形或近球形，无毛。叶卵形或卵状椭圆形，稀宽披针形或长圆状倒卵形，长 3~11cm，宽 1.7~4.5cm。花常自花芽抽出，在新生枝上排成簇状聚伞花序，稀出自混合芽而散生新枝的基部或近基部。翅果长圆形或椭圆状长圆形。花果期 3~4 月。

仅产于大竹山岛。木材坚实耐用，不挠裂，易加工，可作家具、器具、地板、车辆及建筑等用材；果可食。

---

5. 春榆（*Ulmus davidiana* var. *japonica*）

榆属植物。

落叶乔木或灌木状，高达 15m，胸径 30cm。树皮色较深，纵裂成不规则条状。幼枝被或密或疏的柔毛，当年生枝无毛或多少被毛。叶倒卵形或倒卵状椭圆形，稀卵形或椭圆形。花在去年生枝上排成簇状聚伞花序。翅果倒卵形或近倒卵形，无毛，宿存花被无毛，裂片 4；果梗被毛，长约 2mm。花果期 4~5 月。

各岛均有分布。可选作造林树种；可作家具、器具、室内装修、车辆、造船、地板等用材；枝皮可代麻制绳，枝条可供编筐。

6. 刺榆（*Hemiptelea davidii*）

刺榆属植物。

小乔木，高可达10m。最大特点是枝上有刺。树皮深灰色或褐灰色。冬芽聚生于叶腋。叶片表面绿色，叶背淡绿色，光滑无毛，叶柄短，托叶矩圆形。小坚果黄绿色，斜卵圆形，翅端渐狭呈缘状，果梗纤细。4~5月开花，9~10月结果。

主要分布于小竹山岛。可供制农具及器具；树皮纤维可作人造棉、绳索、麻袋的原料；嫩叶可作饮料；种子可供榨油；因树枝有棘刺，生长颇速，常呈灌木状，故也是作绿篱用的树种。

五、桑科 Moraceae

本科包含3属5种被子植物。

1. 柘（*Maclura tricuspidata*）

橙桑属植物，别名芥柘。

落叶小乔木或灌木。树皮灰褐色。枝光滑，具长硬刺。叶互生，近革质，卵形、椭圆形或倒卵形，先端渐尖，基部楔形或圆形，叶全缘或3裂，上面深绿色，下面浅绿色，幼时两面被稀疏的毛，老时仅背面沿主脉具细毛。雌雄异株，雌雄花序均为头状，具短梗，单一或成对腋生。聚花果近球形，肉质，红色；瘦果为宿存的肉质化的花被和苞片所包。花期5~6月，果期6~7月。

各岛均有分布。木材坚硬，俗称土黄檀；叶可饲蚕；甚果可食及酿酒；根称穿破石，是治疗消化系肿瘤的重要药材。

2. 桑 (*Morus alba*)

桑属植物。

落叶乔木。树皮灰褐色，浅纵裂。幼枝光滑或有毛。单叶互生，卵形或宽卵形，先端急尖或钝，基部近心形，叶缘具锯齿，有时呈不规则的分裂；上面光滑，下面脉有疏毛，脉腋有簇生毛。雌雄花均呈柔黄花序，花单性，雌雄异株；雌花花被片肉质化，形成聚花果（桑椹），成熟时为黑紫色或白色。花期4~5月，果期5~7月。

各岛均有分布，小黑山和猴矶岛有数棵百年老树。叶可供饲蚕，果可食及供酿酒。叶、枝、果、根皮皆可入药：桑叶疏散风热、清肺润燥、清肝明目；桑枝祛风湿、利关节、行水气；桑椹也叫桑枣，补肝、益肾、熄风、滋液；桑白皮为除去栓皮的根皮，有泻肺平喘、行水消肿之功效。

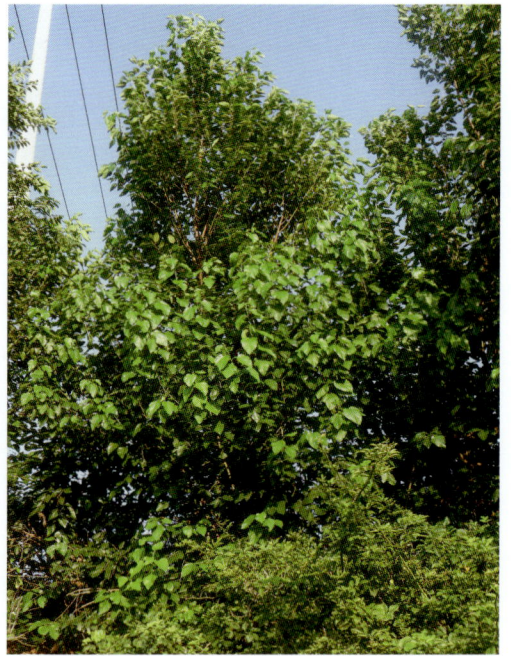

----

3. 鸡桑 (*Morus australis*)

桑属植物，别名小叶桑。

落叶乔木或灌木。无刺。冬芽具芽鳞，呈覆瓦状排列。叶互生，边缘具锯齿，全缘至深裂，基生叶脉三至五出，侧脉羽状；托叶侧生，早落。花雌雄异株或同株，或同株异序，雌雄花序均为穗状；雄花，花被覆瓦状排列，雄蕊与花被片对生。结果时花被增厚为肉质，种子近球形。花期3~4月，果期4~5月。

各岛均有分布。果可供生食、酿酒、制醋；叶可供饲蚕；叶、枝、皮入药同桑。

4. 蒙桑（*Morus mongolica*）

桑属植物。

乔木或灌木。树皮灰褐色。小枝暗红色。叶长椭圆状卵形，长 8~15cm，先端尾尖，基部心形，具三角形单锯齿，稀多锯齿，齿尖具长刺芒，两面无毛，叶柄长 2.5~3.5cm。雄花序长 3cm，雄花花被暗黄色，外面及边缘被长柔毛；雌花序短圆柱状，长 1~1.5cm，花序梗纤细，长 1~1.5cm。花柱明显，柱头 2 裂，内侧密生乳头状凸起。聚花果长 1.5cm，熟时红至紫黑色。花期 3~4 月，果期 4~5 月。

各岛均有分布，多生于山坡石缝处。叶、枝、果、皮入药同桑。

----

5. 构（*Broussonetia papyrifera*）

构属植物，别名毛桃、谷树。

落叶乔木。树皮暗灰色，平滑或浅裂。小枝粗壮，密生绒毛。叶宽卵形或长圆状卵形，不裂或不规则的 3~5 深裂，叶缘具粗锯齿，上面具粗糙伏毛，下面被柔毛。花单性，雌雄异株；雄花成柔荑花序，腋生，下垂，花被片 4，基部结合；雌花成球形头状花序，苞片棒状，先端有毛，花被管状，顶端 3~4 齿裂。聚花果球形，成熟时肉质，橘红色。花期 4~5 月，果期 6~7 月。

各岛均有分布。枝、叶、树皮、根皆可入药；其树汁称楮胶，是古时镶金的黏合剂。

六、大麻科 Cannabaceae

本科包含 3 属 3 种被子植物。

1. 黑弹树（*Celtis bungeana*）

朴属植物，别名小叶朴、黑弹朴、棒棒木。

落叶乔木。树皮灰色或暗灰色。当年生小枝淡棕色，无毛；常生有长椭圆形虫瘿，似小棒棒，故称棒棒木。叶厚纸质，狭卵形、长圆形、卵状椭圆形。果单生叶腋，成熟时蓝黑色，近球形，核近球形。花期 4~5 月，果期 10~11 月。

各岛均有分布。树形美观，树冠圆满宽广，绿荫浓郁，是城乡绿化的良好树种。茎皮为造纸和人造棉原料；果实榨油作润滑油；树皮、根皮入药，治腰痛等病；带虫瘿的小枝称棒棒木，用于治疗支气管哮喘、慢性支气管炎。

----

2. 大麻（*Cannabis sativa*）

大麻属植物，别名山麻。

一年生草本植物。枝具纵沟槽，密生灰白色贴伏毛。叶掌状全裂，裂片披针形或线状披针形，表面深绿，微被糙毛，背面幼时密被灰白色贴状毛后变无毛，边缘具向内弯的粗锯齿。雄花序花黄绿色，花被 5，膜质，外面被细伏贴毛；雌花绿色。瘦果为宿存黄褐色苞片所包，果皮坚脆，表面具细网纹。花期 5~6 月，果期 7 月。

各岛均有分布。种子可入药，用于治疗老人、产妇及体弱津血不足之便秘。

3. 葎草 (*Humulus scandens*)

葎草属植物，别名拉拉藤。

一年生草质藤本，匍匐或缠绕。茎枝和叶柄上密生倒刺，有分枝，具纵棱。叶对生，掌状 3~7 裂，裂片卵形或卵状披针形，基部心形，两面生粗糙刚毛。花腋生，雌雄异株，雄花呈圆锥状柔黄花序，花黄绿色；雌花为球状的穗状花序。聚花果绿色，近松球状；单个果为扁球状的瘦果。花期 7~8 月，果期 8~9 月。

各岛广泛分布。全草可入药，用于治疗肺热咳嗽、肺痈、疮疡、热淋、水肿、皮肤瘙痒。

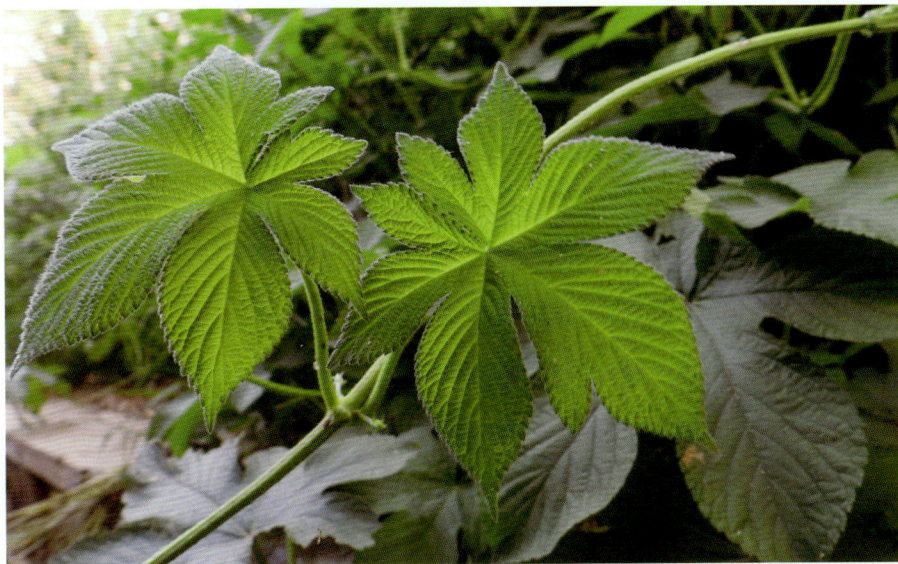

七、荨麻科 Urticaceae

本科包含 1 属 2 种被子植物。

1. 透茎冷水花 (*Pilea pumila*)

冷水花属植物。

一年生草本植物，高 20~50cm。茎肉质，鲜时透明。叶卵形或宽卵形，顶端渐尖，无锯齿，基部楔形，边缘有三角状锯齿，两面疏生短毛和细密的线形钟乳体。花雌雄同株或异株，成短而紧密的聚伞花序，无花序梗或有短梗；雄花的花被片 2，裂片顶端下有短角，雄蕊 2；雌花花被片 3，近等长，线状披针形，内有退化雄蕊 3。瘦果扁卵形，表面散生有褐色斑点。花果期 7~9 月。

大黑山有分布。根、茎药用，有利尿、解热和安胎之功效。

2. 冷水花 (*Pilea notata*)

冷水花属植物。

多年生草本植物。具匍匐茎，茎肉质，纤细，中部稍膨大。叶柄纤细，常无毛，稀有短柔毛；托叶大，带绿色。花雌雄异株，花被片绿黄色，花药白色或带粉红色，花丝与药隔红色。瘦果小，圆卵形，熟时绿褐色。花期6~9月，果期9~11月。

大黑山有分布。全草可药用，有清热利湿、生津止渴和退黄护肝之功效。

八、檀香科 Santalaceae

本科包含1属1种被子植物。

百蕊草 (*Thesium chinense*)

百蕊草属植物。

多年生柔弱草本植物。高15~40cm，全株多少被白粉，无毛。茎细长，簇生，基部以上疏分枝，斜升，有纵沟。叶线形，顶端急尖或渐尖，具单脉。花单一，5数，腋生；花被绿白色；雄蕊不外伸；子房无柄，花柱很短。坚果椭圆状或近球形，淡绿色，表面有明显、隆起的网脉，顶端的宿存花被近球形，长约2mm；果柄长3.5mm。花期4~5月，果期6~7月。

各岛均有分布。含黄酮苷、甘露醇等成分，有清热解暑等功效，可治中暑、扁桃体炎、腰痛等症，并可作利尿剂。

九、马兜铃科 Aristolochiaceae

本科包含 2 属 2 种被子植物。

1. 北马兜铃（*Aristolochia contorta*）

马兜铃属植物，别名干草棵。

多年生草质藤本。根圆柱形，弯曲，黄褐色，有香气。茎细弱，无毛，有臭气。叶互生，三角窄卵形，基部心形，两侧垂耳状。花腋生，花被管镰状弯曲，基部膨大如球。蒴果长圆形或球形，熟时从基部裂成 6 瓣。种子扁平三角形，有翅。

仅分布于小钦岛。根、果可入药，有清肺降气、止咳平喘、清肠消痔之功效。

2. 寻骨风（*Isotrema mollissimum*）

关木通属植物，别名绵毛马兜铃。

攀援半灌木。全株密被黄白色绵毛。叶互生，卵形至椭圆状卵形，长 3~10cm，宽 3~8cm，顶端圆钝至锐尖，基部心形；叶柄长 2~5cm。单花腋生。花梗长 2~4cm，近中部具 1 卵形苞片；花被长约 5cm，筒部弯曲，顶端 3 裂，带紫色；雄蕊 6，花药贴生于花柱体周围；子房 6 室。蒴果圆柱形，长约 3cm，径约 1cm，沿背缝线具宽翅，黑褐色，6 瓣开裂。

全草可入药，有祛风湿、通经络、止痛之功效，用于治疗风湿关节痛、腹痛、疟疾、痈肿。

十、蓼科 Polygonaceae

本科包含 8 属 18 种被子植物。

1. 萹蓄 (*Polygonum aviculare*)

萹蓄属植物，别名扁节草。

一年生草本植物。茎匍匐或斜上，基部分枝甚多，具明显的节及纵沟纹。叶互生，披针形至椭圆形，全缘，绿色，两面无毛。花簇生于叶腋，苞片及小苞片均为白色透明膜质。花被绿色，5 深裂，结果后边缘变为粉红色。瘦果包围于宿存花被内，仅顶端小部分外露，黑褐色，具细纹及小点。花期 6~8 月，果期 9~10 月。

各岛均有分布。全草可入药，有利尿通淋、杀虫止痒之功效。

----

2. 红蓼 (*Persicaria orientalis*)

蓼属植物，别名水红子。

一年生草本植物，高达 2m。茎直立，粗壮，上部多分枝，密被长柔毛。叶宽卵形或宽椭圆形，长 10~20cm，先端渐尖，基部圆或近心形，微下延，两面密被柔毛，叶脉被长柔毛。穗状花序长 3~7cm。瘦果近球形，扁平，双凹。花期 6~9 月，果期 8~10 月。

各岛均有分布。秋季开花时采收全草，切段晒干；种子成熟时采集，有化湿、行滞、祛风、消肿之功效。

----

3. 酸模叶蓼 (*Persicaria lapathifolia*)

蓼属植物，别名大马蓼。

一年生草本植物，高 40~90cm。茎直立，具分枝，无毛，节部膨大。叶披针形或宽披针形，长 5~15cm，宽 1~3cm，顶端渐尖或急尖，基部楔形，上面绿色，常有 1 个大的黑褐色新月形斑点，两面沿中脉被短硬伏毛，全缘，边缘具粗缘毛。总状花序呈穗状，顶生或腋生，近直立，花被淡红色或白色。瘦果宽卵形，双凹。花期 6~8 月，果期 7~9 月。

各岛均有分布。

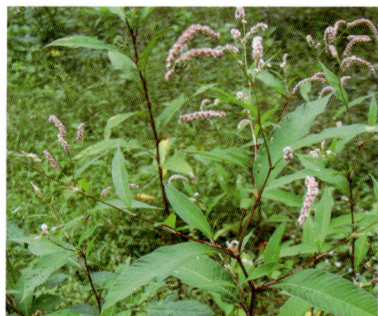

4. 水蓼（*Persicaria hydropiper*）

蓼属植物，别名辣柳菜、辣蓼。

一年生草本植物，高达 70cm。茎直立，多分枝，无毛。叶披针形或椭圆状披针形，长4~8cm，先端渐尖，基部楔形，具缘毛，两面无毛，有时沿中脉被平伏硬毛，具辛辣味，叶腋具闭花受精花。穗状花序下垂，花稀疏。瘦果卵形，长 2~3mm。花期 5~9 月，果期 6~10 月。

各岛均有分布。全草可药用，有消肿解毒、利尿、止痢之功效；又可作调味剂。

5. 两栖蓼（*Persicaria amphibia*）

蓼属植物。

多年生草本植物。水生茎漂浮，全株无毛，节部生根。叶浮于水面，长圆形或椭圆形，长 5~12cm，基部近心形。陆生茎高达60cm，不分枝或基部分枝。叶披针形或长圆状披针形，长 6~14cm，先端尖，基部近圆，两面被平伏硬毛，具缘毛。穗状花序长2~4cm。瘦果近球形，扁平，双凸。花期7~8 月，果期 8~9 月。

各岛均有分布。全草可入药，内服治疗痢疾，外用治疗疔疮。

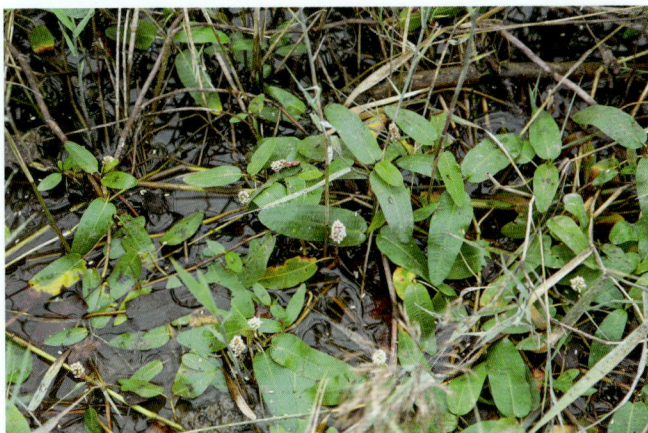

6. 香蓼（*Persicaria viscosa*）

蓼属植物。

一年生草本植物。植株具香味。茎直立或上升，多分枝，密被开展的长糙硬毛及腺毛，高 50~90cm。叶卵状披针形或椭圆状披针形，长 5~15cm，宽 2~4cm。总状花序呈穗状，顶生或腋生，长 2~4cm。瘦果宽卵形，具 3 棱。花期 7~9 月，果期 8~10 月。

各岛均有分布。天然香料植物，全草均可入药，能清热解毒、祛痰止咳，主治上呼吸道感染、气管炎、咽喉肿痛、痢疾、肠炎、湿疹等症。

----

7. 毛蓼（*Persicaria barbata*）

蓼属植物。

多年生草本植物，高达 90cm。根茎横走。茎直立，粗壮，被柔毛，不分枝或上部分枝。叶披针形或椭圆状披针形，两面疏被柔毛，具缘毛。穗状花序长 4~12cm，常数个组成圆锥状。瘦果卵形，具 3 棱，黑色，长 1.5~2mm。花期 8~9 月，果期 9~10 月。

各岛均有分布。全草可入药，具有清热解毒、排脓生肌之功效。

----

8. 柳叶刺蓼（*Persicaria bungeana*）

蓼属植物。

茎直立或上升，高可达 90cm。叶片披针形或狭椭圆形，顶端通常急尖，基部楔形，边缘具短缘毛；叶密生短硬伏毛；托叶鞘筒状，膜质。总状花序呈穗状，顶生或腋生，花序梗密被腺毛，苞片漏斗状；花梗粗壮，比苞片稍长；花被白色或淡红色，花被片椭圆形。瘦果近圆形。7~8 月开花，8~9 月结果。

各岛均有分布。

9. 扛板归（*Persicaria perfoliata*）

蓼属植物。

一年生草本植物。茎攀援，多分枝，长 1~2 米，具纵棱，沿棱具稀疏的倒生皮刺。叶三角形，长 3~7cm，宽 2~5cm，顶端钝或微尖，基部截形或微心形，薄纸质，上面无毛，下面沿叶脉疏生皮刺。总状花序呈短穗状，不分枝顶生或腋生，长 1~3cm。瘦果球形，直径 3~4mm，黑色，有光泽，包于宿存花被内。花期 6~8 月，果期 7~10 月。

各岛均有分布。地上部分可入药，具有清热解毒、利水消肿、止咳之功效，用于治疗咽喉肿痛、肺热咳嗽、小儿顿咳、水肿尿少、湿热泻痢、湿疹、疖肿、蛇虫咬伤。

10. 西伯利亚蓼（*Knorringia sibirica*）

西伯利亚蓼属植物。

多年生草本植物。高达 25cm。根茎细长。茎基部分枝，无毛。叶长椭圆形或披针形，长 5~13cm，基部戟形或楔形，无毛；叶柄长 0.8~1.5cm，托叶鞘筒状，膜质，无毛。圆锥状花序顶生，花稀疏，苞片漏斗状，无毛；花梗短，中上部具关节；花被 5 深裂，黄绿色，花被片长圆形，长约 3mm；雄蕊 7~8，花丝基部宽；花柱 3，较短。瘦果卵形，具 3 棱，黑色，有光泽，包于宿存花被内或稍凸出。花期 6~7 月，果期 8~9 月。

各岛湿地处有分布。具有疏风清热、利水消肿之功效，主治目赤肿痛、皮肤湿痒、水肿、腹水。

11. 叉分蓼（*Koenigia divaricata*）

冰岛蓼属植物，别名酸浆、酸不溜。

多年生草本植物。茎直立，高 70~120cm，无毛，自基部分枝。叶披针形或长圆形，长 5~12cm，宽 0.5~2cm。花序圆锥状，分枝开展；苞片卵形，边缘膜质，背部具脉，每苞片内具 2~3 花。瘦果宽椭圆形，具 3 锐棱，黄褐色，有光泽，长 5~6mm，超出宿存花被约 1 倍。花期 7~8 月，果期 8~9 月。

各岛均有分布。以全草、根入药，全草可用于治疗大小肠积热、瘿瘤、热泻腹痛；根可用于治疗寒疝、阴囊出汗、胃痛、腹泻、痢疾。

12. 何首乌（*Pleuropterus multiflorus*）

何首乌属植物。

多年生草本植物。块根肥厚，长椭圆形，黑褐色。茎缠绕，多分枝，具纵棱，无毛，微粗糙，下部木质化。叶卵形或长卵形，顶端渐尖，基部心形或近心形，两面粗糙，边缘全缘；托叶鞘膜质，偏斜，无毛。花序圆锥状，顶生或腋生，分枝开展，具细纵棱，沿棱密被小凸起；花梗细弱，下部具关节，果时延长；花被 5 深裂，白色或淡绿色。瘦果卵形，具 3 棱，黑褐色，有光泽，包于宿存花被内。花期 8~9 月，果期 9~10 月。

南长山有分布。块根入药，有补肝肾、益精血、乌须发、强筋骨之功效，用于治疗气血亏虚、便秘、疮毒、瘰疬、风疹、瘙痒、眩晕心悸、肢麻、体虚。

13. 卷茎蓼（*Fallopia convolvulus*）

藤蓼属植物，别名蔓首乌。

一年生草本植物。茎缠绕，长 1~1.5m，具纵棱，自基部分枝，具小凸起。叶卵形或心形，顶端渐尖，基部心形，两面无毛，下面沿叶脉具小凸起，边缘全缘，具小凸起。花序总状，腋生或顶生，花稀疏，下部间断。瘦果椭圆形，具 3 棱，长 3~3.5mm，黑色，密被小颗粒，无光泽，包于宿存花被内。花期 5~8 月，果期 6~9 月。

各岛均有分布。

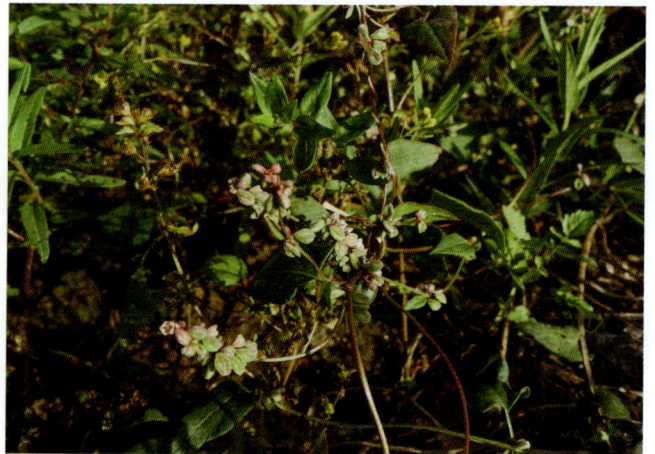

14. 虎杖（*Reynoutria japonica*）

虎杖属植物，别名虎皮秆。

多年生草本植物。根状茎粗壮，横走。茎直立，粗壮，空心，具明显的纵棱，散生红色或紫红斑点。叶宽卵形或卵状椭圆形。花单性，雌雄异株，花序圆锥状，腋生，花被5深裂，淡绿色；雌花被外面3片背部具翅，果时增大。瘦果卵形，黑褐色，有光泽，包于宿存花被内。花期8~9月，果期9~10月。

各岛均有分布。嫩茎可食，根可入药，有祛风利湿、散瘀定痛、化痰止咳之功效。

----

15. 皱叶酸模（*Rumex crispus*）

酸模属植物，别名伯拉叶。

多年生草本植物。根肥厚且大，黄色。茎粗壮直立，绿紫色，有纵沟。根出叶长大，具长柄，托叶膜；叶片卵形或卵状长椭圆形，基部心形、全缘；茎生叶互生，卵状披针形，至上部渐小，变为苞叶。圆锥花序，花小，紫绿色至绿色，两性；内花被片随果增大为果被，缘有牙齿。瘦果卵形，具3棱，茶褐色。花果期5~7月。

各岛均有分布。根入药称牛耳大黄，有清热解毒、止血、通便、杀虫之功效，主治鼻出血、子宫出血、血小板减少性紫癜、大便秘结等，外用治外痔、急性乳腺炎、黄水疮、疖肿、皮癣等。

16. 巴天酸模（*Rumex patientia*）

酸模属植物。

多年生草本植物，高达 1.5m。基生叶长圆形或长圆状披针形，长 15~30cm，宽 5~10cm，先端尖，基部圆或近心形，边缘波状，叶柄粗，长 5~15cm；茎上部叶披针形，具短柄或近无柄，托叶鞘筒状。花两性，圆锥状花序顶生；花梗细，中下部具关节；外花被片长圆形，长约 1.5mm；内花被片果时增大，宽心形，长 6~7mm，先端圆钝，基部深心形，近全缘，全部或一部分具小瘤，小瘤长卵形。瘦果卵形，长 2.5~3mm，具 3 锐棱。花期 5~6 月，果期 6~7 月。

各岛均有分布。开花前茎、叶柔嫩多汁，猪、牛、羊和家禽采食；茎、叶的粗蛋白质、粗脂肪含量较高，粗纤维低，为优良牧草，也可供提取栲胶；叶用清水浸泡后可食用；种子可作精料，可供提取油脂、糠醛，还可提取淀粉。根、叶有清热解毒、活血散瘀、止血、润肠之功效。

----

17. 羊蹄（*Rumex japonicus*）

酸模属植物。

多年生草本植物，高达 1m。基生叶长圆形或披针状长圆形，长 8~25cm，基部圆或心形，边缘微波状，叶柄长 4~12cm；茎上部叶窄长圆形，叶柄较短；托叶鞘膜质，易开裂，早落。花两性，多花轮生，花序圆锥状；花梗细长，中下部具关节，外花被片椭圆形，长 1.5~2mm；内花被片果时增大，宽心形，长 4~5mm，先端渐尖，基部心形，具不整齐小齿，齿长 0.3~0.5mm，具长卵形小瘤。瘦果宽卵形，具 3 锐棱，长约 2.5mm。花期 5~6 月，果期 6~7 月。

各岛均有分布，是滨海湿地绿化的优良植物。嫩叶、嫩芽可食，叶可作家禽饲料；根入药，能清热、凉血、杀虫润肠。

----

18. 齿果酸模（*Rumex dentatus*）

酸模属植物。

多年生草本植物。茎直立，高 30~70cm，自基部分枝，枝斜上，具浅沟槽。茎下部叶长圆形或长椭圆形，顶端圆钝或急尖，基部圆形或近心形，边缘浅波状，茎生叶较小；花序总状，顶生和腋生。瘦果卵形，具 3 锐棱，两端尖，黄褐色，有光泽。花期 5~6 月，果期 6~7 月。

根叶可入药，有祛毒、清热、杀虫、治藓之功效。

十一、苋科 Amaranthaceae

本科包含 13 属 24 种被子植物。

1. 藜 (*Chenopodium album*)

藜属植物，别名灰菜。

一年生草本植物。茎直立，粗壮，具条棱及绿色或紫红色条纹，多分枝，枝条斜向外或开展。叶片菱状卵形至宽披针形，先端急尖或微钝，基部楔形至宽楔形，上面通常无粉，幼时嫩叶上面有紫红色粉，叶缘具不整齐锯齿。花两性，穗状圆锥花序。胞果完全包被于花被内或顶端稍露；果皮薄，与种子紧贴。种子黑色，具光泽。

各岛均有分布。嫩苗可食，全草入药可清热、利湿、祛风、消肿、杀虫。

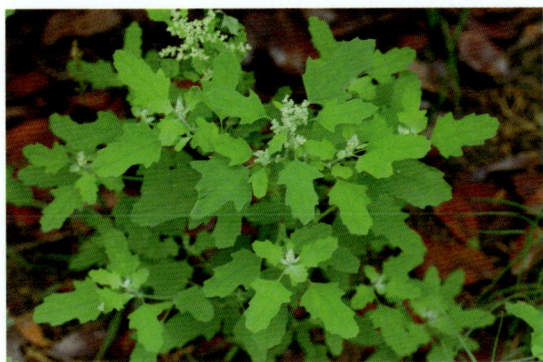

----

2. 小藜 (*Chenopodium ficifolium*)

藜属植物，别名灰菜。

一年生草本植物，高 20~50cm。茎直立，具条棱及绿色色条。叶片卵状矩圆形，长 2.5~5cm，宽 1~3.5cm，通常 3 浅裂；中裂片两边几乎平行，先端钝或急尖并具短尖头，边缘具深波状锯齿；侧裂片位于中部以下，通常各具 2 浅裂齿。花两性。胞果包在花被内，果皮与种子贴生。种子双凸镜状，黑色，有光泽，直径约 1mm，边缘微钝，表面具六角形细洼，胚环形。花期 4~6 月，果期 5~7 月。

各岛均有分布。

----

3. 杂配藜 (*Chenopodiastrum hybridum*)

麻叶藜属植物，别名红锦绸。

一年生草本植物。茎直立，具淡黄色或紫色条棱。叶宽卵形至卵状三角形，两面均呈亮绿色，基部圆形、截形或略呈心形，边缘掌状浅裂，轮廓略呈五角形；上部叶较小，多呈三角状戟形。花两性兼有雌性，排成圆锥状花序；花被裂片 5；雄蕊 5。胞果双凸镜状。种子直径通常 2~3mm，黑色，表面具有明显的圆形深洼或呈凹凸不平状。

各岛均有分布。幼苗可食，全草可入药，有凉血止血、解毒消肿之功效，砣矶有以此治子宫出血的习惯。

4. 菊叶香藜（*Dysphania schraderiana*）

腺毛藜属植物。

一年生草本植物，高 20~60cm，有强烈气味，全体有具节的疏生短柔毛。茎直立，具绿色色条，通常有分枝。叶片矩圆形，边缘羽状浅裂至羽状深裂，先端钝或渐尖，有时具短尖头，基部渐狭，上面无毛或幼嫩时稍有毛，下面有具节的短柔毛并兼有黄色无柄的颗粒状腺体，很少近于无毛；叶柄长 2~10mm。复二歧聚伞花序腋生；花两性。胞果扁球形，果皮膜质。种子横生，周边钝，红褐色或黑色，有光泽，具细网纹。花期 7~9 月，果期 9~10 月。

各岛均有分布。

----

5. 土荆芥（*Dysphania ambrosioides*）

腺毛藜属植物，别名杀虫芥、臭草、鹅脚草。

一年生或多年生草本植物，高 50~80cm，有强烈香味。茎直立，多分枝，有色条及钝条棱。枝通常细瘦，有短柔毛并兼有具节的长柔毛，有时近于无毛。叶片矩圆状披针形至披针形，先端急尖或渐尖，边缘具稀疏不整齐的大锯齿，基部渐狭具短柄，上面平滑无毛，下面有散生油点并沿叶脉稍有毛；下部叶长达 15cm，宽达 5cm；上部叶逐渐狭小而近全缘。花两性及雌性，花柱不明显，丝形，伸出花被外。胞果扁球形，完全包于花被内。种子横生或斜生，黑色或暗红色，平滑，有光泽，边缘钝，直径约 0.7mm。花期 8~9 月，果期 9~10 月。

各岛均有分布。全草可入药，治蛔虫病、钩虫病、蛲虫病；外用治皮肤湿疹，并能杀蛆虫。

6. 刺藜（*Teloxys aristata*）

刺藜属植物，别名针尖藜、刺穗藜。

一年生草本植物。植物体通常呈圆锥形，高10~40cm，无粉，秋后常带紫红色。茎直立，圆柱形或有棱，具色条，无毛或稍有毛，有多数分枝。叶条形至狭披针形，全缘，先端渐尖，基部收缩成短柄，中脉黄白色。复二歧式聚伞花序生于枝端及叶腋，最末端的分枝针刺状；花两性，几无柄。果皮透明，与种子贴生。种子横生，顶基扁，周边截平或具棱。花期8~9月，果期10月。

仅在大钦岛东村有分布。全草可入药，有祛风止痒之功效；煎汤外洗，治荨麻疹及皮肤瘙痒。

----

7. 灰绿藜（*Oxybasis glauca*）

红叶藜属植物。

一年生草本植物，高可达40cm。茎平卧或外倾，具条棱及绿色或紫红色色条。叶片矩圆状卵形至披针形，肥厚，先端急尖或钝，基部渐狭，边缘具缺刻状牙齿，上面无粉，平滑，下面有粉而呈灰白色，稍带紫红色；中脉明显，黄绿色。花两性兼有雌性，通常数花聚成团伞花序，再于分枝上排列成有间断而通常短于叶的穗状或圆锥状花序；花被裂片浅绿色，稍肥厚，通常无粉，狭矩圆形或倒卵状披针形，花丝不伸出花被，花药球形。果皮膜质，黄白色。种子扁球形，花果期5~10月。

各岛均有分布。适应盐碱生境的先锋植物之一，盐碱地种植灰绿藜可降低土壤含盐量，增加土壤的有机质，达到明显改良土壤性质的作用；叶中富含蛋白质，可作为饲料添加剂和人类食品添加剂。

----

8. 中亚滨藜（*Atriplex centralasiatica*）

滨藜属植物。

一年生草本植物，高达50cm。茎常基部分枝。枝细瘦，钝四棱形，被粉粒。叶卵状三角形或菱状卵形，具疏锯齿，近基部的1对锯齿较大，裂片状，或具1对浅裂片，余全缘，先端微钝，基部圆或宽楔形，上面灰绿色，无粉粒或稍被粉粒，下面灰白色，密被粉粒；叶柄长2~6mm。雌雄花混合成簇，腋生。种子宽卵形或圆形，径2~3mm，黄褐色或红褐色。花果期7~9月。

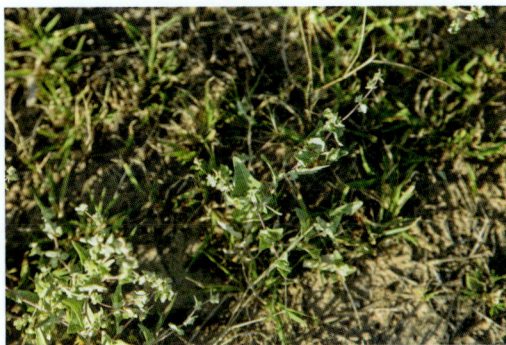

在各岛沿海碱地分布。带苞的果实称"软蒺藜"，有清肝明目、祛风止痒、活血消肿、通乳之功效。鲜草、干草均可作猪饲料。

9. 滨藜 (*Atriplex patens*)

滨藜属植物。

一年生草本植物，高 20~60cm。茎直立或外倾，无粉或稍有粉，具绿色色条及条棱，通常上部分枝。枝细瘦，斜上。叶互生，或在茎基部近对生。叶片披针形至条形，先端渐尖或微钝，基部渐狭，两面均为绿色，无粉或稍有粉，边缘具不规则的弯锯齿或微锯齿，有时几全缘。花序穗状，花序轴有密粉。种子二型，扁平，圆形或双凸镜形，黑色或红褐色，有细点纹，直径 1~2mm。花果期 8~10 月。

在各岛沿海碱地分布。全株有轻微毒性，人接触或食用后，经强烈日光的照晒，裸露皮肤先有刺痒、麻木感，后浮肿，面部、前臂、手部较明显，严重时浮肿面积扩大，出现瘀斑，由鲜红色至灰白色，严重者出现浆液性水疱甚至血疱。

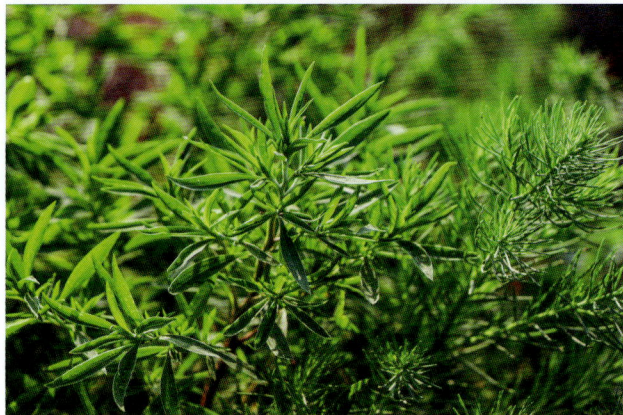

----

10. 地肤 (*Bassia scoparia*)

沙冰藜属植物，别名扫帚菜。

一年生草本植物。根略成纺锤形。茎直立，多斜向上分枝成扫帚状，淡绿色或带紫红色，具多数纵棱。叶披针形或线状披针形，先端短渐尖，基部渐狭。花两性或雌性，花被近球形，淡绿色。胞果扁球形，果皮膜质。种子卵形，黑褐色，稍有光泽。花期 6~9 月，果期 7~10 月。

各岛广布。嫩苗是野菜之一；全草及种子可入药，有清热、利湿、止痒之功效。

----

11. 软毛虫实 (*Corispermum puberulum*)

虫实属植物。

植株高 15~35cm。茎直立，圆柱形，直径约 3mm，分枝多集中于茎基部，斜展。叶条形，先端渐尖具小尖头，基部渐狭。穗状花序顶生和侧生，圆柱形或棍棒状。果核椭圆形，背部有时具少数瘤状凸起或深色斑点；果喙明显，喙尖为喙长的 1/4~1/3，直立或分叉，果翅宽，为核宽的 1/2~2/3，薄，不透明，边缘具不规则细齿。花果期 7~9 月。

海滩偶见，为我国特有种。

12. 碱蓬（*Suaeda glauca*）

碱蓬属植物。

一年生草本植物。茎圆柱形，具细条纹，上部多分枝，上升或斜伸。叶线形，半圆柱状，肉质，通常稍向上弯曲。花杂性，具两性花，兼有雌花；两性花花被杯状，黄绿色；雌花近球形，灰绿色。果期花被肥厚，呈五角星状，胞果包于花被内。果实二型，其一扁平，圆形，紧包于五角星状的花被内；另一球形，上端稍裸露，花被为五角星状，胚胎螺旋状卷曲。

各岛沿海碱地均有分布。嫩苗可食，全草入药可平肝清热、消积。

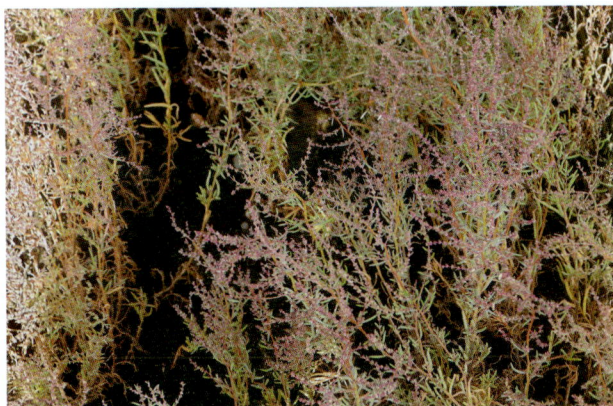

---

13. 盐地碱蓬（*Suaeda salsa*）

碱蓬属植物，别名翅碱蓬、碱葱、盐蒿、海英菜。

一年生草本植物，高 20~80cm，绿色或紫红色。茎直立，圆柱状，黄褐色，有微条棱，无毛；分枝多集中于茎的上部，细瘦，开散或斜升。叶条形，半圆柱状。团伞花序通常含 3~5 花，腋生，在分枝上排列成有间断的穗状花序。胞果包于花被内。种子横生，双凸镜形或歪卵形。花果期 7~10 月。

各岛沿海碱地均有分布。盐地碱蓬含有蛋白质、膳食纤维、多糖、色素、黄酮类化合物等，籽粒含有丰富的共轭亚油酸，具有较高的食用价值和药用价值。

---

14. 猪毛菜（*Kali collinum*）

猪毛菜属植物，别名蓬子棵。

一年生草本植物。茎近直立，通常由基部分枝，枝开展；茎枝绿色，具条纹，光滑无毛。叶线状圆形，基部稍扩展下延，稍抱茎，先端具硬针刺，肉质，深绿色，有时带红色。花两性，生茎顶，排列为细长穗状花序；苞片卵形，具锐长尖，绿色，边缘白色膜质；花被膜质透明。胞果倒卵形，果皮膜质。种子横生或斜生，顶端截形，胚呈螺旋状。

各岛广布。嫩苗可食，全草入药可平肝、降压。

15. 刺沙蓬（*Kali tragus*）

猪毛菜属植物，别名沙蓬。

一年生草本植物。自基部分枝，茎、枝生短硬毛或近于无毛，有白色或紫红色条纹。叶片半圆柱形或圆柱形，无毛或有短硬毛，顶端有刺状尖，基部扩展，扩展处的边缘为膜质。花序穗状，生于枝条的上部；苞片长卵形，顶端有刺状尖，花被片果时变硬，自背面中部生翅；顶端为薄膜质，向中央聚集，包覆果实；柱头丝状，长为花柱的 3~4 倍。种子横生，直径约 2mm。花期 8~9 月，果期 9~10 月。

分布于大黑山海滩。全草可入药，主治高血压病、头痛、眩晕等。

16. 无翅猪毛菜（*Kali komarovii*）

猪毛菜属植物。

叶互生，叶片半圆柱形，平展或微向上斜伸，顶端有小短尖，基部扩展，稍下延，扩展处边缘为膜质。花序穗状，生于枝条的上部；苞片条形，顶端有小短尖，长于小苞片；花被片卵状矩圆形，膜质，无毛，顶端尖，果时变硬，革质，自背面的中上部生篦齿状凸起。胞果倒卵形，直径 2~2.5mm。花期 7~8 月，果期 8~9 月。

各岛均可见。

17. 青葙（*Celosia argentea*）

青葙属植物，别名狗尾草。

一年生草本植物。无毛。茎直立，有分枝，绿色或红色，具明显条纹。叶片披针形或椭圆状披针形，顶端急尖或渐尖，基部渐狭。花多数，密生，在茎端或枝端成单一的无分枝的圆柱状穗状花序；苞片披针形，白色，延长成细芒；花被长圆状披针形，初为白色顶端带红色，或全部粉红色。胞果卵形近球形，包于宿存的花被内。种子凸镜状肾形。花期5~7月，果期8~9月。

主产南诸岛。种子入药称青葙子，有清热泻火，明目退翳之功效。

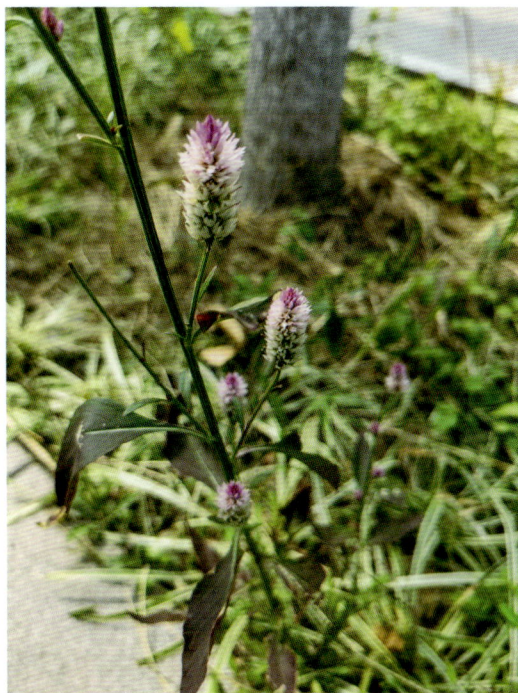

18. 鸡冠花（*Celosia cristata*）

青葙属植物，别名鸡冠苋。

一年生草本植物。全体无毛。茎直立，粗壮。单叶互生，长椭圆形至卵状披针形，先端渐尖，全缘，基部渐狭而成叶柄。穗状花序多变异，生于茎的先端或分枝的末端，常呈鸡冠状，颜色有紫、红、淡红、黄或杂色；花密生，每花有3苞片，花被5，干膜质，透明。胞果成熟时横裂，内有黑色细小种子2至数粒。

花序入药，有凉血止血、止痛止带之功效。

19. 反枝苋 (*Amaranthus retroflexus*)

苋属植物，别名人青菜、西风谷。

一年生草本植物，高可达 1m 多。茎粗壮直立，淡绿色。叶片菱状卵形或椭圆状卵形，顶端锐尖或尖凹，基部楔形，两面及边缘有柔毛，下面毛较密；叶柄淡绿色，有柔毛。圆锥花序顶生及腋生，直立，顶生花穗较侧生者长；苞片及小苞片钻形，白色，花被片矩圆形或矩圆状倒卵形，白色。胞果扁卵形，薄膜质，淡绿色。种子近球形，边缘钝。花期 7~8 月，果期 8~9 月。

各岛广泛分布。嫩苗可食，为野菜之一；全草入药可治腹泻、痢疾、痔疮肿痛出血等。

20. 皱果苋 (*Amaranthus viridis*)

苋属植物。

一年生草本植物，高 40~80cm，全体无毛。茎直立，有不显明棱角，稍有分枝，绿色或带紫色。叶片卵形、卵状矩圆形或卵状椭圆形，顶端尖凹或凹缺，少数圆钝，有 1 芒尖，基部宽楔形或近截形，全缘或微呈波状缘。种子近球形，直径约 1mm，黑色或黑褐色，具薄且锐的环状边缘。花期 6~8 月，果期 8~10 月。

各岛广泛分布。嫩茎叶可作野菜食用，也可作饲料；全草可入药，有清热解毒、利尿止痛之功效。

21. 凹头苋 (*Amaranthus blitum*)

苋属植物，别名野苋、人情菜。

一年生晚春杂草，高 10~30cm。全株无毛。茎平卧而上升，茎部分枝，紫绿色或红色，光滑。叶互生，有柄；叶卵形或菱状卵形，顶端钝圆而有凹缺，基部宽楔形；叶柄与叶片等长。花簇腋生，穗状花序或圆锥花序；花被 3 片，膜质。花期 7~8 月，果期 8~9 月。

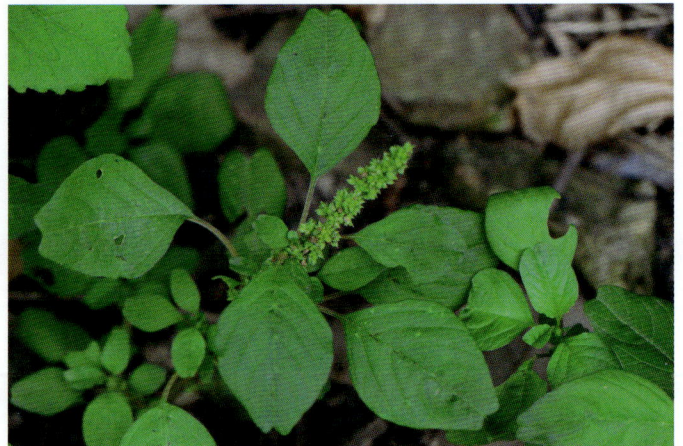

各岛广泛分布。茎、叶可作猪饲料；全草可入药，用于缓和止痛、收敛、利尿、解热剂。

22. 腋花苋（*Amaranthus graecizans* subsp. *thellungianus*）

苋属植物。

一年生草本植物，高 30~65cm。茎直立，多分枝，淡绿色，全体无毛。叶片菱状卵形、倒卵形或矩圆形，顶端微凹，具凸尖，基部楔形，波状缘；纤细。花成腋生短花簇，花数少且疏生；苞片及小苞片钻形，顶端具芒尖；花被片披针形，顶端渐尖，具芒尖；雄蕊比花被片短。胞果卵形，环状横裂，和宿存花被略等长。种子近球形，黑棕色，边缘加厚。花期 7~8 月，果期 8~9 月。

各岛广泛分布。

----

23. 绿穗苋（*Amaranthus hybridus*）

苋属植物，别名任性菜。

一年生草本植物，高可达 50cm。茎直立。叶片卵形或菱状卵形，基部楔形，上面近无毛，下面疏生柔毛；叶柄有柔毛。花序顶生，细长，由穗状花序形成，中间花穗最长；苞片及小苞片钻状披针形，中脉坚硬，绿色，花被片矩圆状披针形，中脉绿色。胞果卵形，环状横裂。种子近球形。7~8 月开花，9~10 月结果。

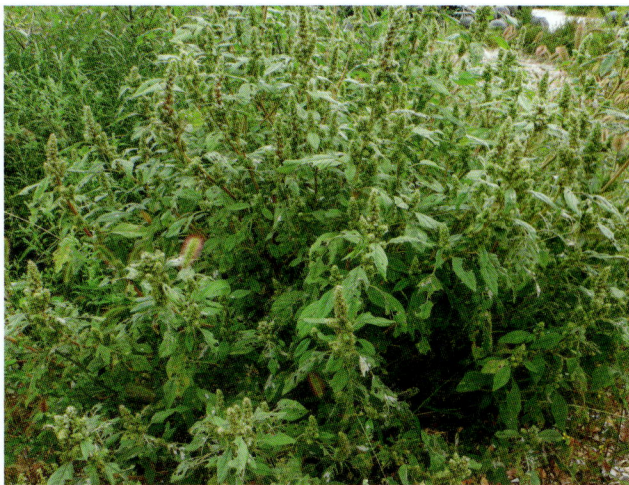

各岛广泛分布。常作为药食、饲用类作物，被中国广泛栽种和利用；绿穗苋营养价值丰富，符合联合国粮食及农业组织（FAO）与世界卫生组织（WHO）推荐的人类蛋白质食用标准，是人类理想的食材之一。

----

24. 喜旱莲子草（*Alternanthera philoxeroides*）

莲子草属植物，别名空心莲子草。

多年生草本植物。茎基部匍匐，管状，老时无毛。叶片矩圆形、矩圆状倒卵形或倒卵状披针形，顶端急尖或圆钝，具短尖，基部渐狭，两面无毛或上面有贴生毛及缘毛；叶柄无毛或微有柔毛。花密生，总花梗的头状花序单生在叶腋；苞片及小苞片白色，苞片卵形；花被片矩圆形，白色，光亮，无毛；子房倒卵形。花期 5~7 月，果期 8~10 月。

属入侵植物，全草可入药，有清热利尿、凉血解毒之功效。

十二、商陆科 Phytolaccaceae

本科包含 1 属 2 种被子植物。

1. 商陆 (*Phytolacca acinosa*)

商陆属植物。

多年生草本，高达 1.5m，全株无毛。根肉质，倒圆锥形。茎圆柱形，具纵沟，肉质，绿或红紫色，多分枝。叶薄纸质，椭圆形或披针状椭圆形，长 10~30cm；叶柄粗，长 1.5~3cm。总状花序圆柱状，直立，多花密生；花序梗长 1~4cm。花两性，径约 8mm；花被片 5，白或黄绿色，花后常反折。果序直立；浆果扁球形，径约 7mm，紫黑色。种子肾形，黑色。花期 5~8 月，果期 6~10 月。

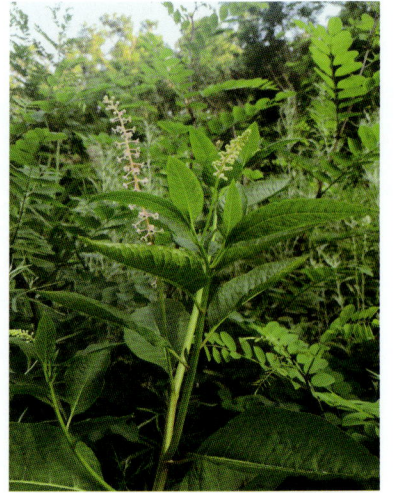

根可入药，可治疗水肿、脚气、喉痹，外敷治疮。果含鞣质，可提取栲胶。嫩茎叶可食。

----

2. 垂序商陆 (*Phytolacca americana*)

商陆属，别名山萝卜。

多年生草本植物。全体光滑无毛。根粗壮，圆锥形，肉质，外皮淡黄色，有横长皮孔；侧根甚多；主根断面有 3~10 层同心环层。茎绿色或紫红色，多分枝。单叶互生，具柄，柄的基部稍扁宽。叶卵状椭圆形或椭圆形，全缘。夏秋开花后，初白色后渐变淡红色；多花排成穗状总状花序，生于枝端或侧出于茎上。浆果扁圆状，有宿萼，熟时呈深红紫色或黑色。

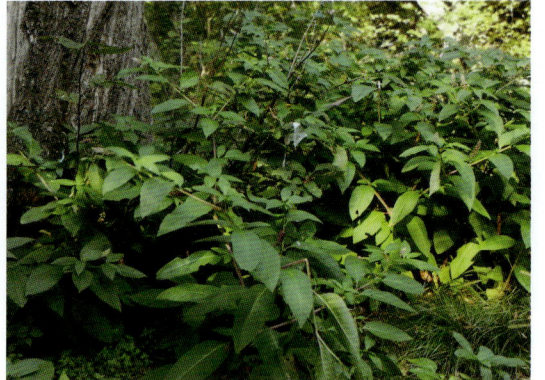

根可入药，有逐水消肿、通利二便、解毒散结之功效。

十三、马齿苋科 Portulacaceae

本科包含 2 属 2 种被子植物。

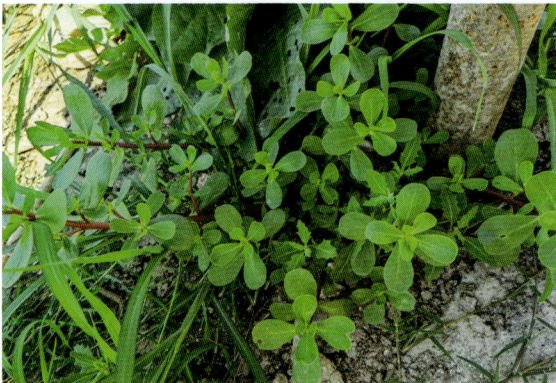

1. 马齿苋 (*Portulaca oleracea*)

马齿苋属植物，别名马玲菜。

一年生草本植物。植物体肉质。茎多分枝，平卧地面，淡绿色，有时呈暗红色。单叶互生，有时为对生，扁倒卵形，先端钝圆或截形，全缘，肉质，光滑无毛。花黄色，顶生枝端。果为盖裂蒴果。种子多数，黑褐色，肾状卵圆形，表面密被小疣状凸起。

各岛广泛分布。嫩苗可食，全草可入药，有清热解毒、散瘀消肿之功效。

2. 土人参 (*Talinum paniculatum*)

土人参属植物。

多年生草本植物。全株无毛。主根粗壮，圆锥形，有少数分枝，皮黑褐色，断面乳白色。茎直立，肉质，基部近木质，多少分枝，圆柱形，有时具槽。叶互生或近对生，具短柄或近无柄，叶片稍肉质，倒卵形或倒卵状长椭圆形，全缘。圆锥花序顶生或腋生，常二叉状分枝，具长花序梗；花小，萼片卵形，紫红色，早落；花瓣粉红色或淡紫红色，长椭圆形、倒卵形或椭圆形。蒴果近球形，3瓣裂，坚纸质。种子多数，扁圆形，有光泽。花期6~8月，果期9~11月。

南长山有分布。根可入药，有健脾润肺、止咳、调经之功效。

十四、石竹科 Caryophyllaceae

本科包含7属14种被子植物。

1. 繁缕 (*Stellaria media*)

繁缕属，别名鹅肠菜。

一年生或二年生草本植物。茎上升，基部多少分枝，常带淡紫红色。叶片宽卵形或卵形，顶端渐尖或急尖，基部渐狭或近心形，全缘。疏聚伞花序顶生，花瓣白色，长椭圆形。蒴果卵形，稍长于宿存萼，具多数种子。种子卵圆形至近圆形，稍扁，红褐色。花期6~7月，果期7~8月。

各岛均有分布。全草入药可清热解毒、凉血、活血止痛、下乳。

2. 中国繁缕（*Stellaria chinensis*）

繁缕属，别名雅雀子窝。

多年生草本植物，高30~100cm。茎细弱，铺散或上升，具4棱，无毛。叶片卵形至卵状披针形，顶端渐尖，基部宽楔形或近圆形，全缘，两面无毛，有时带粉绿色，下面中脉明显凸起。蒴果卵萼形，比宿存萼稍长或等长，6齿裂。种子卵圆形，稍扁，褐色，具乳头状凸起。花期5~6月，果期7~8月。

各岛均有分布。全草可入药，有祛风利关节之功效；也可作饲料。

----

3. 雀舌草（*Stellaria alsine*）

繁缕属，别名葶苈子、天蓬草。

二年生草本植物，高15~25cm。全株无毛。须根细。茎丛生，稍铺散，上升，多分枝。叶无柄，叶片披针形至长圆状披针形，顶端渐尖，基部楔形，半抱茎，边缘软骨质，呈微波状，基部具疏缘毛，两面微显粉绿色。聚伞花序通常具3~5花，顶生或花单生叶腋。蒴果卵圆形。种子呈肾脏形，微扁，褐色，具有皱纹状凸起。花期5~6月，果期7~8月。

各岛均有分布。全株可药用，可强筋骨、治刀伤。

4. 鹅肠菜（*Stellaria aquatica*）

繁缕属植物。

二年生或多年生草本植物。具须根。茎上升，多分枝，长可达 80cm。叶片卵形或宽卵形，顶端急尖，基部稍心形。顶生二歧聚伞花序，苞片叶状；花梗细，花后伸长并向下弯；萼片卵状披针形或长卵形；花瓣白色，裂片线形或披针状线形；子房长圆形，花柱短，线形。蒴果卵圆形，种子近肾形。花期 5~8 月，果期 6~9 月。

各岛均有分布。全草供药用，可祛风解毒，外敷治疔疮；幼苗可作野菜和饲料。

---

5. 漆姑草（*Sagina japonica*）

漆姑草属，别名护盆草。

一年生草本植物。茎丛生，稍铺散。叶片线形，无毛。花小形，单生枝端；花梗细，萼片 5，卵状椭圆形；花瓣 5，狭卵形，稍短于萼片，白色。蒴果卵圆形。种子细小，褐色。花期 3~5 月，果期 5~6 月。

各岛均有分布。全草可入药，有清热解毒、疗疮之功效。

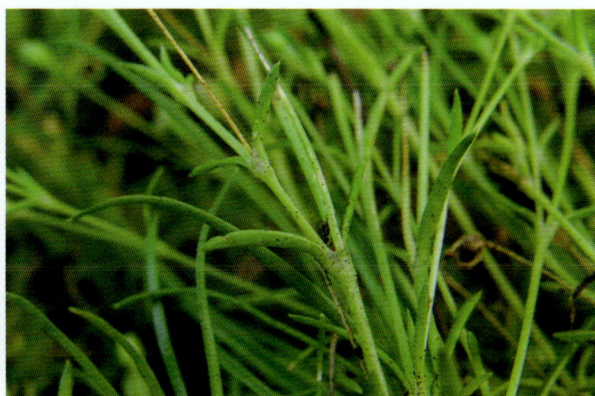

---

6. 麦瓶草（*Silene conoidea*）

蝇子草属植物，别名米瓦罐、香油瓶。

一年生草本植物。茎直立，单生或叉状分枝，全体密被腺毛。基生叶匙形；茎生叶长圆形或披针形，先端渐尖，基部渐狭。聚伞花序顶生，具少数花，花梗不等长；萼筒长，基部特别膨大，上部缢缩呈圆锥状，结果时下部膨大呈圆形；花瓣倒卵形，粉红色。蒴果卵形。种子多数，表面有成行的疣状凸起。

各岛均有分布。嫩苗可食；种子可代粮；全草入药，有清热凉血、止血调经之功效。

7. 女娄菜 (*Silene aprica*)

蝇子草属植物。

一年或二年生草本植物。全株密被灰色短柔毛。主根较粗壮，稍木质。茎单生或数个，直立，分枝或不分枝。叶对生，基生叶倒披针形或狭匙形，茎生叶披针形或线状披针形。圆锥花序较大型；花萼卵状钟形，花瓣白色或淡红色，基部具短毛。蒴果卵形。种子圆肾形，灰褐色，具小瘤。花期 5~7 月，果期 6~8 月。

各岛海边岩石处。全草入药，有活血调经、下乳、健脾、利湿、解毒之功效。

----

8. 坚硬女娄菜 (*Silene firma*)

蝇子草属植物。

一、二年生草本植物，高 50~100cm。全株无毛，有时仅基部被短毛。茎单生或疏丛生，粗壮，直立。叶片椭圆状披针形或卵状倒披针形，基部渐狭成短柄状。假轮伞状间断式总状花序；花梗长 5~18mm，直立；苞片狭披针形；花萼卵状钟形，长 7~9mm；雌雄蕊柄极短或近无；花瓣白色，不露出花萼；副花冠片小，具不明显齿；雄蕊内藏，花柱不外露。蒴果长卵形。种子圆肾形，长约 1mm，灰褐色，具棘凸。花期 6~7 月，果期 7~8 月。

各岛均有分布。嫩苗和嫩茎叶可食用，有助于增强人体免疫功能；种子入药，具有活血通经、下乳消肿、利尿通淋之功效。

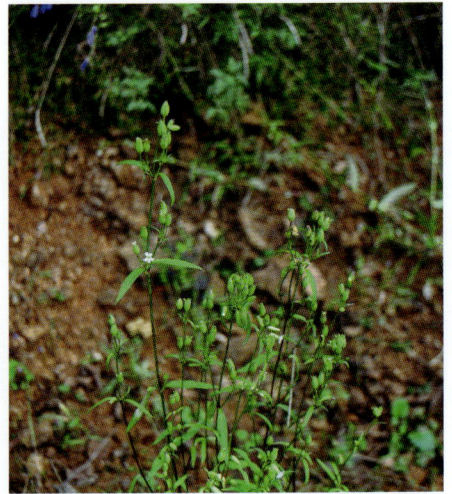

----

9. 山蚂蚱草 (*Silene jenisseensis*)

蝇子草属植物。

多年生草本植物，高 20~50cm。根粗壮，木质。茎丛生，直立或近直立，不分枝，无毛，基部常具不育茎。基生叶叶片狭倒披针形或披针状线形，长 5~13cm，。假轮伞状圆锥花序或总状花序，花梗长 4~18mm，无毛；苞片卵形或披针形，基部微合生，顶端渐尖，边缘膜质，具缘毛；花萼狭钟形。蒴果卵形，长 6~7mm，比宿存萼短。种子肾形，长约 1mm，灰褐色。花期 7~8 月，果期 8~9 月。

各岛均有分布。抗旱、治沙和护坡的优良草种，值得综合开发利用。根具有清热凉血及生津之功效，主治阴虚劳疟、潮热、烦热、骨蒸和盗汗等症。

10. 石生蝇子草（*Silene tatarinowii*）

蝇子草属植物。

多年生草本植物。全株被短柔毛。根圆柱形或纺锤形，黄白色。茎上升或俯仰，长30~80cm，分枝稀疏，有时基部节上生不定根。叶片披针形或卵状披针形，稀卵形，长2~5cm，宽5~15 mm，基部宽楔形或渐狭成柄状，顶端长渐尖，边缘具短缘毛，具1或3条基出脉。二歧聚伞花序疏松。蒴果卵形或狭卵形。种子肾形，长约1mm，红褐色至灰褐色，脊圆钝。花期7~8月，果期8~10月。

各岛均有分布。

11. 长蕊石头花（*Gypsophila oldhamiana*）

石头花属植物，别名山蚂蚱菜、霞草。

多年生草本植物。主根粗壮，淡褐色至灰褐色。根茎分歧，木质化；地上茎多数簇生，直立或斜升，亚灌木化，上部分枝。叶长圆状披针形，先端急尖，基部渐狭，两面淡绿色，无毛。聚伞花序顶生，密集，花序分枝开展；萼筒钟状，5脉，脉绿色或带紫色，脉间膜质；花瓣5，粉红色或白色，狭倒卵形，先端截形。蒴果卵球形，较萼稍长。种子近肾形。

各岛均有分布。嫩苗可食，为野菜之一；根入药，有清热凉血、退虚热之功效。

被子植物门

12. 石竹（*Dianthus chinensis*）

石竹属植物，别名石竹花。

多年生草本植物。全株无毛，带粉绿色。茎疏丛生，直立，上部分枝。叶片线状披针形，顶端渐尖，基部稍狭，全缘或有细小齿。花单生枝端或数花集成聚伞花序；花萼圆筒形，花瓣倒卵状三角形，粉红色。蒴果圆筒形，包于宿存萼内，顶端4裂。种子黑色，扁圆形。花期5~6月，果期7~9月。

各岛均有分布。全草可入药，有利尿通淋、活血通经之功效。

13. 无心菜（*Arenaria serpyllifolia*）

无心菜属植物，别名卵叶蚤缀、鹅不食草。

一、二年生草本植物，高10~30cm。主根细长，支根较多而纤细。茎丛生，直立或铺散，密生白色短柔毛，基部狭，无柄，边缘具缘毛，顶端急尖，两面近无毛或疏生柔毛，下面具3脉，茎下部的叶较大，茎上部的叶较小。聚伞花序，具多花；苞片草质，卵形。蒴果卵圆形，与宿存萼等长，顶端6裂。种子小，肾形，表面粗糙，淡褐色。花期6~8月，果期8~9月。

各岛均有分布。全草可入药，有清热解毒之功效，治睑腺炎和咽喉痛等病。

14. 簇生泉卷耳 (*Cerastium fontanum* subsp. *vulgare*)

卷耳属植物。

多年生或一、二年生草本植物，高 15~30cm。茎单生或丛生，近直立，被白色短柔毛和腺毛。基生叶叶片近匙形或倒卵状披针形，基部渐狭呈柄状，两面被短柔毛；茎生叶近无柄，叶片卵形、狭卵状长圆形或披针形，顶端急尖或钝尖，两面均被短柔毛，边缘具缘毛。聚伞花序顶生。蒴果圆柱形。种子褐色，具瘤状凸起。花期 5~6 月，果期 6~7 月。

各岛均有分布。全草可入药，有清热解毒、消肿止痛之功效，主治感冒、乳痈初起、疔疮肿痛。

十五、金鱼藻科 Ceratophyllaceae

本科包含 1 属 1 种被子植物。

金鱼藻 (*Ceratophyllum demersum*)

金鱼藻属植物，别名细草、软草、鱼草。

多年生草本的沉水性水生植物。全株暗绿色。茎细柔，有分枝。叶轮生，每轮 6~8 叶；无柄；叶片 2 歧或细裂，裂片线状，具刺状小齿。花小，单性，雌雄同株或异株，腋生，无花被；总苞片 8~12，钻状；雄花具多数雄蕊；雌花具雌蕊 1 枚，子房长卵形，上位，1 室；花柱呈钻形，宿存，基部具刺。小坚果卵圆形，光滑。花期 6~7 月，果期 8~10 月。

淡水生。全草可入药，主治血热吐血、咯血、热淋涩痛。

十六、毛茛科 Ranunculaceae

本科包含 7 属 12 种被子植物。

1. 华东唐松草 (*Thalictrum fortunei*)

唐松草属植物，别名马尾连。

多年生草本植物。根茎垂直或稍偏斜，末端丛生细长须根，褐色。茎直立，坚而中空。基生叶有长柄，为二至三回三出复叶。伞房状圆锥花序，花白色或淡堇色。瘦果无柄，卵柱状长圆形，具四棱膜质翅。花期 3~5 月，果期 7~8 月。

北隍城和大黑山分布较多。春秋挖根，切段晒干生用，有清热解毒、祛风凉血、消炎止痢之功效。

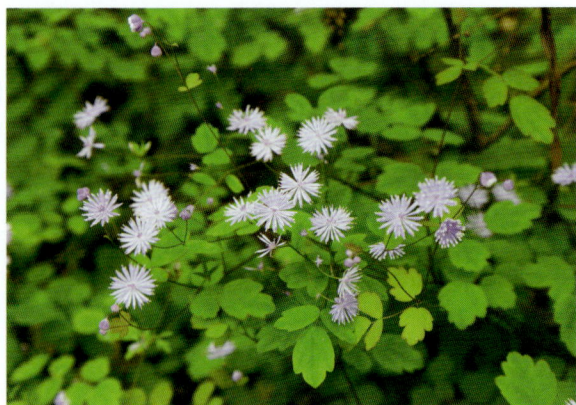

2. 东亚唐松草 (*Thalictrum minus* var. *hypoleucum*)

唐松草属植物，别名穷汉子腿、佛爷指甲。

植株全体无毛。茎高 20~66cm，自下部或中部分枝。基生叶有长柄，为二至三回三出复叶；叶片宽 5~10cm；小叶草质，背面粉绿色，顶生小叶近圆形，直径 1~2cm，顶端圆，基部圆形或浅心形，侧生小叶的基部斜心形，脉在下面隆起，脉网明显。复单歧聚伞花序圆锥状；花药椭圆形。瘦果无柄，圆柱状长圆形，顶端通常拳卷。种子形态瘦果橄榄形，果脐在基端，圆形，小。花期 3~5 月，果期 9~10 月。

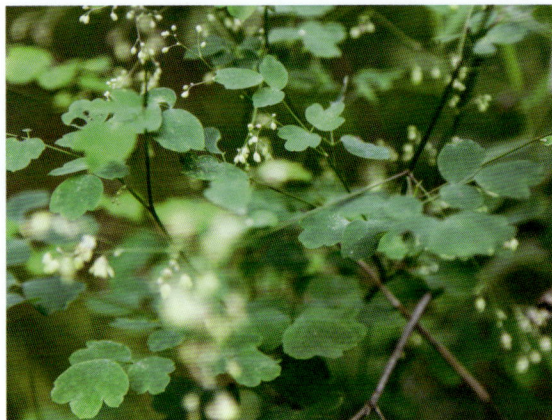

北隍分布较多。

3. 白头翁 (*Pulsatilla chinensis*)

白头翁属植物，别名毫笔花、毛姑朵花、老姑子花、老公花。

多年生草本植物。根状茎粗壮。基生叶 4~5，通常在开花时刚刚生出，有长柄；叶片宽卵形，三全裂，中裂片有柄或近无柄，表面变无毛，背面有长柔毛。花葶有柔毛，苞片 3，基部合生成筒，萼片蓝紫色，长圆状卵形。瘦果纺锤形，扁，有长柔毛。花期 4~5 月，果期 6~7 月。

各岛均有分布。根可入药，有清热解毒、凉血止痢之功效。

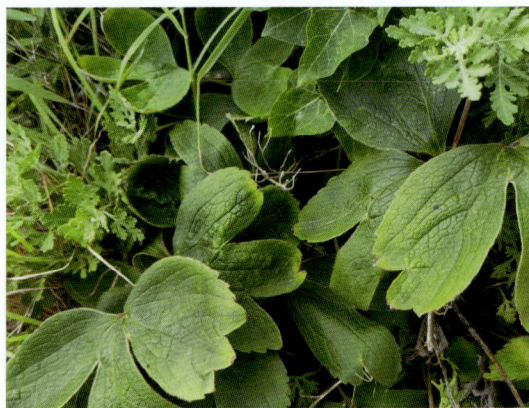

4. 蒙古白头翁（*Pulsatilla ambigua*）

白头翁属植物。

多年生草本植物。植株高 16~22cm。根状茎粗 5~8mm。基生叶 6~8，有长柄，与花同时发育；叶片卵形，表面近无毛，背面有稀疏长柔毛；叶柄长 3~10cm。瘦果卵形或纺锤形，有长柔毛，宿存花柱长 2.5~3cm，下部有向上斜展的长柔毛，上部有近贴伏的短柔毛。花期 5~6 月，果期 6 月。

黑山有分布。根状茎和茎可药用，对阿米巴性痢疾有显著疗效，但新鲜时有毒，如误食易引发胃肠炎和便血；可作土农药，常用来杀虫蛹。

5. 茴茴蒜（*Ranunculus chinensis*）

毛茛属植物。

一年生草本植物。须根多数簇生。茎直立粗壮，高可达 70cm，分枝多，与叶柄均密生开展的淡黄色糙毛。叶片宽卵形至三角形，裂片倒披针状楔形，顶端尖，两面伏生糙毛，侧生小叶柄较短，生开展的糙毛。花序有较多疏生的花，花梗贴生糙毛；萼片狭卵形，花瓣宽卵圆形，与萼片近等长或稍长，黄色或上面白色，花托在果期显著伸长，圆柱形。聚合果长圆形，瘦果扁平。花果期 5~9 月。

长岛阴湿地带可见。全草可药用，有消炎、退肿、截疟及杀虫之功效；亦对水资源和生态环境的保护具有一定的作用。

6. 石龙芮 (*Ranunculus sceleratus*)

毛茛属植物，别名黄花菜。

一年生草本植物。须根簇生。茎直立，高可达50cm。叶多数；叶片肾状圆形。聚伞花序有多数花；花小，萼片椭圆形，花瓣倒卵形，花药卵形。聚合果长圆形，瘦果近百枚极多数。花果期5~8月。

长岛阴湿地带可见。全草可入药，含原白头翁素，有毒，药用能消结核、截疟及治痈肿、疮毒、蛇毒和风寒湿痹。

7. 禺毛茛 (*Ranunculus cantoniensis*)

毛茛属植物，别名自扣草、水辣菜。

多年生或一、二年生草本植物。全株都有粗毛。须根伸长簇生。茎为中空，整株植株30~50cm。叶子为三出复叶，有3条纵脉，边缘有锯齿，互生。花为雌雄同株，单一顶生；花序为聚花序，花萼及花瓣各五枚，花瓣为黄色，花托光滑，多在春天开花；雄蕊以及雌蕊都是多数的。果实为瘦果，聚合成圆球状，有棱及嘴状钩。

长岛阴湿地带可见，功用同石龙芮。

8. 华北耧斗菜 (*Aquilegia yabeana*)

耧斗菜属植物。

多年生草本植物。根圆柱形。茎高可达60cm，上部分枝。基生叶多数，有长柄，小叶片菱状倒卵形或宽菱形，3裂，边缘有圆齿，表面无毛，背面疏被短柔毛；茎中部叶有稍长柄，通常为二回三出复叶。花序有少数花，密被短腺毛；苞片3裂或不裂，狭长圆形；花下垂；萼片紫色，狭卵形，花瓣紫色，子房密被短腺毛。种子黑色，狭卵球形。花期5~6月，果期7~8月。

大钦岛分布较多。根含糖类，可作饴糖或酿酒原料；种子含油，可供工业用。

9. 大花银莲花（*Anemone sylvestris*）

银莲花属植物。

多年生草本植物。植株高可达 50cm。根状茎垂直或稍斜。基生叶有长柄；叶片心状五角形，菱形或倒卵状菱形，有稀疏牙齿，表面近无毛，背面沿脉疏被短柔毛。花莛直立；苞片有柄不等大，似基生叶，基部截形或圆形；花梗有短柔毛；萼片白色，倒卵形，花药椭圆形，花丝丝状；花托近球形。花期 5~6 月，果期 6~7 月。

黑山有分布。该种全草药用，味辛、苦，有破痞、消食之功效和排脓、祛腐、杀虫之作用。

----

10. 大叶铁线莲（*Clematis heracleifolia*）

铁线莲属植物，别名气死大夫。

半灌木状草本。有粗大的主根，木质化。三出复叶对生；小叶片亚革质，卵圆形，宽卵圆形至近于圆形。聚伞花序顶生或腋生，蓝紫色。瘦果卵圆形，两面凸起，红棕色，被短柔毛；花柱丝状，宿存，有白色长柔毛。花期 8~9 月，果期 10 月。

北五岛较多，主产于砣矶霸王山及大钦唐王山。全草及根可入药，有清热止痢、祛风除湿、解毒消肿之功效。

11. 长冬草 (*Clematis hexapetala var. tche-fouensis*)

铁线莲属植物, 别名山棉花。

多年生草本植物。根茎较短, 丛生多数须根, 外表黑褐色, 断面白色。茎高 30~100cm 左右。叶对生, 近革质, 一至二回羽状深裂, 裂片线状披针形。叶片两面无毛或下面疏生长柔毛; 萼片除外面边缘有绒毛外, 其余无毛。花顶生或腋生, 密生白色线状毛。瘦果倒卵形, 扁平, 具白色羽状毛。花期 6~8 月, 果期 7~10 月。

主要产于北纬 38° 以北各岛。根入药可祛风湿、通经络、消骨鲠。

12. 腺毛翠雀 (*Delphinium grandiflorum var. gilgianum*)

翠雀属植物, 别名烟台翠雀花、苦莲。

多年生草本植物。茎高约 35cm。基生叶和近基部叶有稍长柄; 叶片圆五角形, 表面疏被短伏毛, 叶柄疏被开展的柔毛, 小裂片线形或狭线形。花序轴和花梗除了反曲的白色短柔毛之外还有开展的黄色短腺毛; 小苞片生花梗上部, 钻形; 萼片深蓝色, 椭圆形或倒卵状椭圆形, 花瓣无毛, 顶端圆形; 瓣片宽倒卵形, 花丝有少数柔毛; 子房密被长柔毛。种子四面体形。花果期 6~9 月。

山东半岛特有物种, 黑山有分布。全草可作土农药, 杀苍蝇及其幼虫; 根可药用, 在威海等地充作黄连用。

十七、木通科 Lardizabalaceae

本科包含 1 属 1 种被子植物。

木通 (*Akebia quinata*)

木通属植物, 别名五叶藤、海风藤、活血藤等。

落叶木质藤本。茎纤细, 圆柱形, 缠绕, 茎皮灰褐色。掌状复叶互生或在短枝上簇生, 通常有小叶 5 片, 小叶纸质, 倒卵形或倒卵状椭圆形, 上面深绿色, 下面青白色。总状花序腋生, 萼片淡紫色。果孪生或单生, 长圆形或椭圆形, 成熟时紫色, 腹缝开裂。种子多数, 着生于白色、多汁的果肉中。花期 4~5 月, 果期 6~8 月。砣矶未见花果。

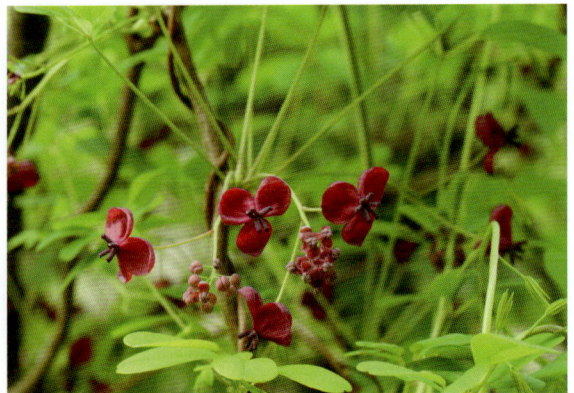

仅分布于砣矶霸王山。果及茎、藤可入药, 有清热利尿、通经下乳之功效。

十八、防己科 Menispermaceae

本科包含2属2种被子植物。

1. 蝙蝠葛（*Menispermum dauricum*）

蝙蝠葛属植物，别名山豆根。

多年生落叶草质藤本。小枝绿色，叶互生，肾形或卵圆形，3~7浅裂，形似蝙蝠，故名；叶柄盾状着生。花单性异株，短圆锥花序腋生，花小，淡绿色。核果近球形，紫黑色。花期5~6月，果期7~9月。

主产大黑山。根入药可清热解毒、消肿利咽。

2. 木防己（*Cocculus orbiculatus*）

木防己属，别名小葛子、土木香等。

木质藤本。小枝灰褐色无毛。叶片纸质至近革质，形状变异极大，上面浓绿色，下面苍白色。花单性，雌雄异株，圆锥花序少花，腋生，花瓣6。核果球形，蓝黑色，果核骨质，背部有小横肋状雕纹。

各岛广泛分布。根可入药，有祛风止痛、行水消肿、解毒、降血压之功效。

十九、木兰科 Magnoliaceae

本科包含 1 属 1 种被子植物。

鹅掌楸（*Liriodendron chinense*）
鹅掌楸属植物，别名马褂木。

乔木，高达 40m，胸径 1m 以上。小枝灰色或灰褐色。叶马褂状，近基部每边具 1 侧裂片，先端具 2 浅裂，下面苍白色，叶柄长 4~8（16）cm。花杯状，花被片 9，绿色，具黄色纵条纹。聚合果长 7~9cm，具翅的小坚果长约 6mm，顶端钝或钝尖，具种子 1~2 粒。花期 5 月，果期 9~10 月。

木材淡红褐色，纹理直、结构细、质轻软、易加工、少变形，干燥后少开裂、无虫蛀，建筑、造船、家具、细木工的优良用材，亦可供制胶合板；叶和树皮入药，祛风除湿、止咳，用于治疗风湿关节痛、风寒咳嗽。

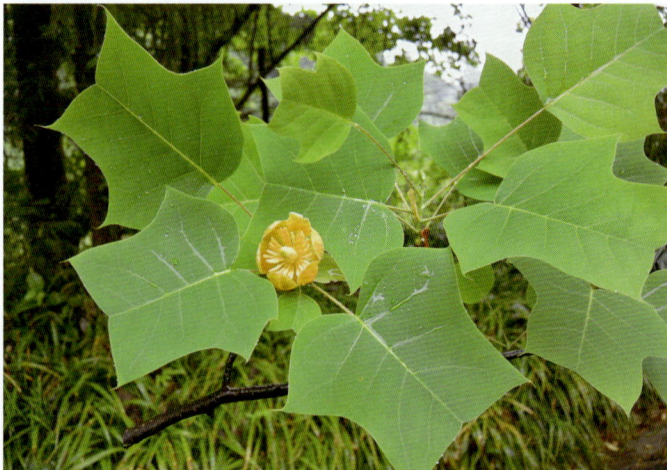

二十、罂粟科 Papaveraceae

本科包含 1 属 3 种被子植物。

1. 延胡索（*Corydalis yanhusuo*）
紫堇属植物，别名长距元胡、元胡。

多年生草本植物。无毛。块茎球形，茎细弱，质脆，丛生。叶具细柄，二回三出全裂，末回裂片椭圆形、狭倒卵形或狭卵形。总状花序顶生，苞片卵形或狭卵形，花瓣淡紫红色至蓝色。蒴果条形，稍呈串珠状。种子多数，卵形或椭圆形，深褐色或黑色，有光泽，具白色种阜。花期 3~4 月，果期 6~7 月。

各岛均有分布。块茎可入药，用于治疗心腹及肢体疼痛、气滞血瘀、疝气、痛经、跌打损伤。

2. 地丁草 (*Corydalis bungeana*)

紫堇属植物,别名苦丁茶。

越年生草本。基本无毛。根细直,淡黄棕色。茎丛生。茎叶互生;叶灰绿色,二至三回羽状全裂,末裂片倒卵形,上部常2浅裂成3齿。总状花序顶生,苞片叶状,羽状深裂;萼片2枚,小,早落;花淡紫色,花瓣4,外轮2瓣先端兜状,中下部狭细成距。蒴果狭扁椭圆形;花柱宿存,内含种子7~12粒。种子扁球形,黑色,表面光滑,具白色膜质种阜。

主要分布于南诸岛,黑山较多。全草可代茶,入药可清热解毒、消痈肿,治温病高热烦躁、流感、上呼吸道感染、扁桃体炎、传染性肝炎、肠炎、痢疾、肾炎、急性阑尾炎、疔疮痈肿、瘰疬。

3. 全叶延胡索 (*Corydalis repens*)

紫堇属植物。

多年生草本植物。高可达20cm。块茎球形,有时瓣裂,内质近白色,微苦。茎细长,枝条发自鳞片腋内。叶二回三出,小叶披针形至倒卵形,全缘,有时分裂,常具浅白色的条纹或斑点,光滑或边缘具粗糙的小乳凸。总状花序,苞片披针形至卵圆形,全缘或顶端稍分裂,花梗纤细,花浅蓝色、蓝紫色或紫红色;外花瓣宽展,具平滑的边缘,顶端下凹;下花瓣略向前伸,柱头小,扁圆形,具不明显乳凸。蒴果宽椭圆形或卵圆形。种子光滑,种阜鳞片状,白色。

各岛均有分布。块茎含原阿片碱、延胡索甲素等多种生物碱,可代延胡索药用。

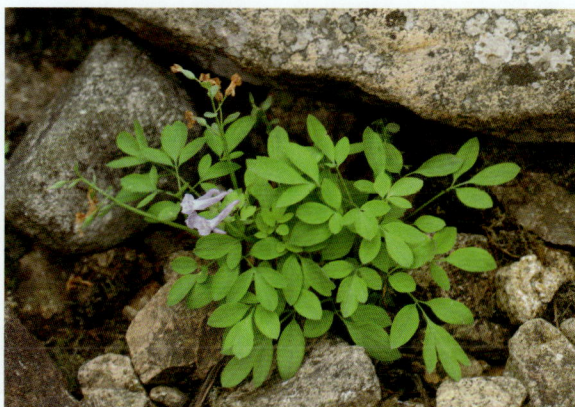

二十一、十字花科 Brassicaceae

本科包含 12 属 18 种被子植物。

1. 独行菜（*Lepidium apetalum*）

独行菜属植物，别名假荠菜。

一、二年生草本植物。茎直立或斜升，多分枝，被微小头状毛。基生叶莲座状，平铺地面，羽状浅裂或深裂，叶片狭匙形；茎生叶狭披针形至条形，有疏齿或全缘。总状花序顶生；花瓣极小，匙形，白色。短角果近圆形。种子椭圆形，棕红色，平滑。

各岛均有分布。种子入药称葶苈子，有泄肺平喘、行水消肿之功效。

----

2. 北美独行菜（*Lepidium virginicum*）

独行菜属植物。

一、二年生草本植物，高可达 50cm。茎直立。基生叶片倒披针形，裂片大小不等；茎生叶有短柄，顶端急尖。总状花序顶生，萼片椭圆形，花瓣白色，倒卵形，雄蕊扁平，花柱极短。种子卵形，红棕色。花期 4~5 月，果期 6~7 月。

各岛均有分布。种子入药，有利水平喘之功效，也作葶苈子用；全草可作饲料。

3. 臭荠 (*Lepidium didymum*)

独行菜属植物，别名芸芥、臭芸芥、臭荠。

一、二年生匍匐草本植物。全草有臭气，通常铺地生，高可达 80cm。茎直立，基部多分枝。叶片为一回或二回羽状全裂，裂片线形或狭长圆形，先端急尖。总状花序，花极小，白色，萼片具有白色膜质边缘；具白色长圆形花瓣或无花瓣。果瓣半球形，表面有粗糙皱纹。种子肾形，红棕色。果实成熟时沿中央分离而不开裂。种子细小，卵形。花期 3 月，果期 4~5 月。

各岛均有分布。

4. 荠 (*Capsella bursa-pastoris*)

荠属植物，别名荠菜。

一、二年生草本植物。茎直立，单一或下部分枝，被单毛、分枝毛及星状毛。基生叶莲座状，大头羽状分裂，偶有全缘；顶生裂片较大，卵形至长圆形；侧裂片长圆卵形，浅裂或有不规则锯齿或近全缘；茎生叶狭披针形，基部箭形，抱茎，边缘有缺刻或锯齿。总状花序顶生及腋生，花白色，萼片长圆形；花瓣卵形，有短爪。短角果倒三角形，扁平，无毛，先端微凹。种子长椭圆形，浅棕色。

各岛均有分布。野菜之一，全草入药可清热解毒、止血、利尿。

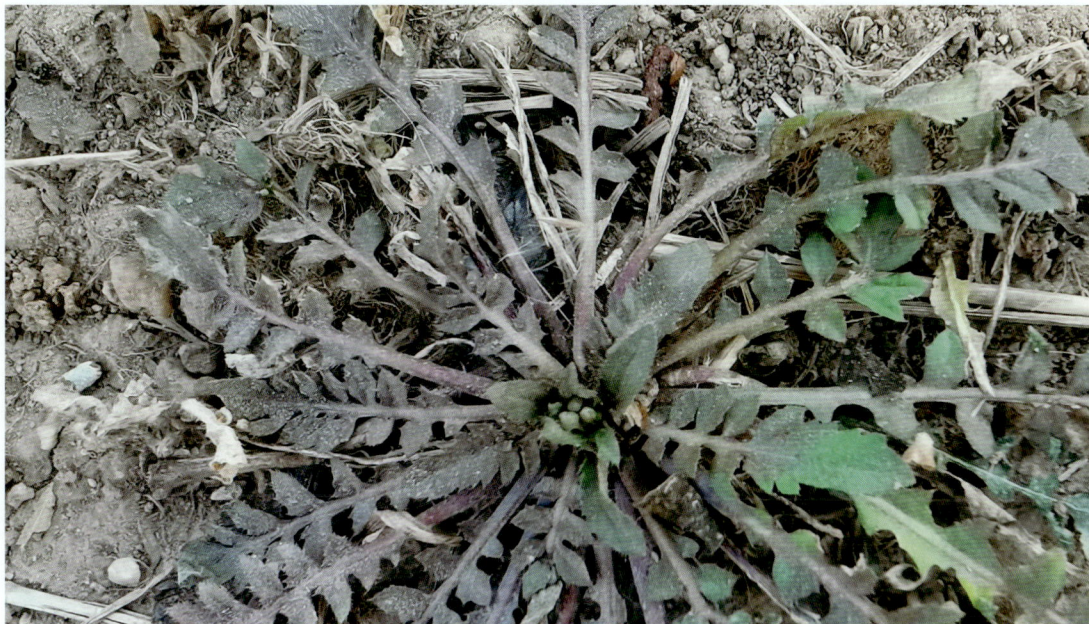

5. 播娘蒿（*Descurainia sophia*）

播娘蒿属植物，别名麦蒿。

一、二年生草本植物。全株呈灰绿色。茎直立，上部分枝，具纵棱槽，密被分枝状短柔毛。叶轮廓为长圆形，二至三回羽状全裂或深裂，最终裂片条形或条状长圆形，先端钝，全缘。总状花序顶生，具多数花；花瓣黄色，匙形。长角果圆筒状，稍扁，淡红褐色，表面有细网纹。花果期为 4~7 月。

各岛均有分布。嫩苗可食；种子入药，有泄肺平喘、行水消肿之功效。

6. 垂果南芥（*Catolobus pendulus*）

垂果南芥属植物，别名毛果南芥。

茎直立，被毛，上部分枝。叶互生，长椭圆形、倒卵形或披针形；先端尖，基部耳状，稍抱茎，边缘有细锯齿，无柄。总状花序顶生；萼片 4，有星状毛；花瓣 4，十字形，较小，白色。长角果扁平，下垂，长 3~10cm。种子多数，边缘有狭翅。

北隍岛有分布，全草可入药。

7. 水田碎米荠（*Cardamine lyrata*）

碎米荠属植物，别名苹果草。

多年生草本植物。高30~70cm，无毛。根状茎较短，丛生多数须根。茎直立，不分枝，表面有沟棱。生于匍匐茎上的叶为单叶，心形或圆肾形，顶端圆或微凹，基部心形，边缘具波状圆齿或近于全缘，有叶柄。总状花序顶生，花梗长5-20mm；萼片长卵形，边缘膜质，内轮萼片基部呈囊状；花瓣白色，倒卵形，长约8mm，顶端截平或微凹，基部楔形渐狭。长角果线形；种子椭圆形，边缘有显著的膜质宽翅。花期4~6月，果期5~7月。

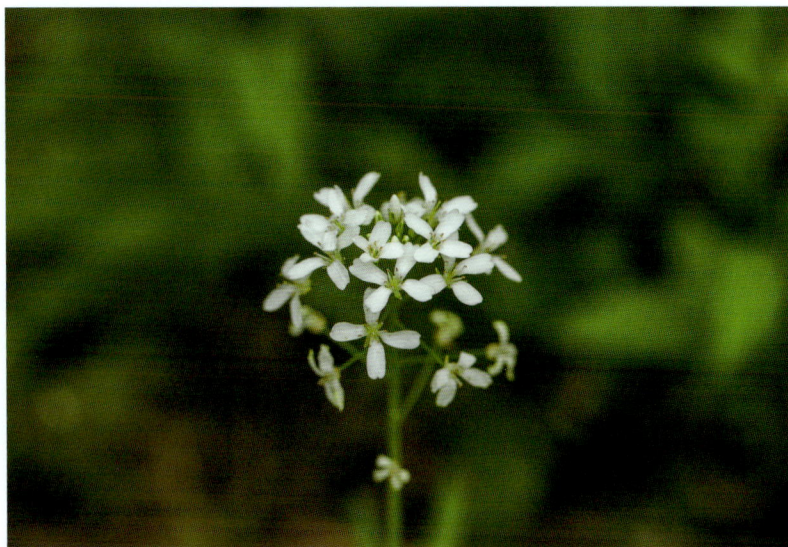

各岛均有分布。幼嫩的茎叶可食用；也可入药，有清热去湿之功效。

----

8. 弯曲碎米荠（*Cardamine flexuosa*）

碎米荠属植物。

一、二年生草本植物，高达30cm。茎自基部多分枝，斜升呈铺散状，表面疏生柔毛。总状花序多数，萼片长椭圆形，花瓣白色，倒卵状楔形。长角果线形，扁平，与果序轴近于平行排列，果序轴左右弯曲，果梗直立开展。种子长圆形而扁，长约1mm，黄绿色，顶端有极窄的翅。花期3~5月，果期4~6月。

各岛均有分布。全草可入药，能清热、利湿、健胃、止泻。

9. 粗毛碎米荠（*Cardamine hirsuta*）

碎米荠属植物。

一年生草本植物。高 15~35cm。茎直立或斜升，下部有时淡紫色，上部毛渐少。基生叶具叶柄，顶生小叶肾形或肾圆形；茎生叶具短柄；全部小叶两面稍有毛。总状花序生于枝顶，花小，花梗纤细；萼片绿色或淡紫色，长椭圆形，外面有疏毛；花瓣白色，倒卵形。长角果线形，稍扁，无毛；果梗纤细，直立开展。种子椭圆形，顶端有时具有明显的翅。花期 2~4 月，果期 4~6 月。

各岛均有分布。常见野菜；也作药用，有清热解毒、祛风除湿之功效。

10. 小果亚麻荠（*Camelina microcarpa*）

亚麻荠属植物。

一年生草本植物。茎生叶基部心形，无柄。花小，萼片直立，内轮的基部不成囊状，近相等；花瓣黄色，爪不明显；雄蕊分离，花丝扁，无齿；侧蜜腺长肾形，位于短雄蕊两侧，有时二者前端联合，中蜜腺无；雌蕊花柱长，柱头钝圆。短角果倒卵形，2 室，果瓣极膨胀，中脉多明显，隔膜膜质，透明。种子每室 2 行，多数，长圆状卵形，遇水有胶黏物质；子叶背倚胚根。花果期 4~7 月。

长岛偶见其分布。

---

11. 葶苈（*Draba nemorosa*）

葶苈属植物。

一、二年生草本植物。茎直立，高可达 45cm，分枝茎有叶片；叉状毛和星状毛，基生叶莲座状，长倒卵形，边缘有细齿，无柄。总状花序有花，密集成伞房状，花后显著伸长，疏松，小花梗细，萼片椭圆形，花瓣黄色，花期后呈白色，倒楔形，花药短心形；雌蕊椭圆形，密生短单毛，短角果长圆形或长椭圆形。种子椭圆形，褐色，种皮有小疣。本种与荠极似，唯角果不同，荠角果倒三角形，本种角果椭圆形。花期 3~4 月，果期 5~6 月。

全岛均有分布。种子入药；种子含油，可供制皂工业用。

12. 小花糖芥 （*Erysimum cheiranthoides*）

糖芥属植物。

一年生草本植物，高可达 50cm。茎直立，有棱角。基生叶莲座状，无柄，平铺地面，叶片有叉毛；茎生叶披针形或线形。总状花序顶生，萼片长圆形或线形，花瓣浅黄色，长圆形。长角果圆柱形，侧扁，稍有棱，柱头头状；果梗粗。种子卵形，淡褐色。花期 5 月，果期 6 月。

南五岛有分布。全草可入药，味辛苦、性寒，有强心利尿、健脾胃、消食之功效；常用的野生蔬菜，春秋采挖鲜嫩植株烫后炒菜或作馅。

13. 花旗杆 （*Dontostemon dentatus*）

花旗杆属植物。

二年生草本植物。茎单生或分枝，高 15~50cm，植株散生白色弯曲柔毛。叶互生；叶片椭圆状披针形，两面稍有毛。总状花序顶生，萼片椭圆形，有白色膜质边缘，背面稍有毛；花瓣 4，淡紫色，倒卵形，先端钝，基部有爪，排成"十"字形。长角果长圆柱形，无毛，长 2~6cm，宿存花柱短，先端微凹。种子棕色，长椭圆形，长约 1mm，宽不及 1mm，有膜质边缘。花期 5~7 月，果期 7~8 月。

各岛均有分布。观花植物，蜜源植物，可用于花坛、花镜及假山的绿化；种子可供榨油。

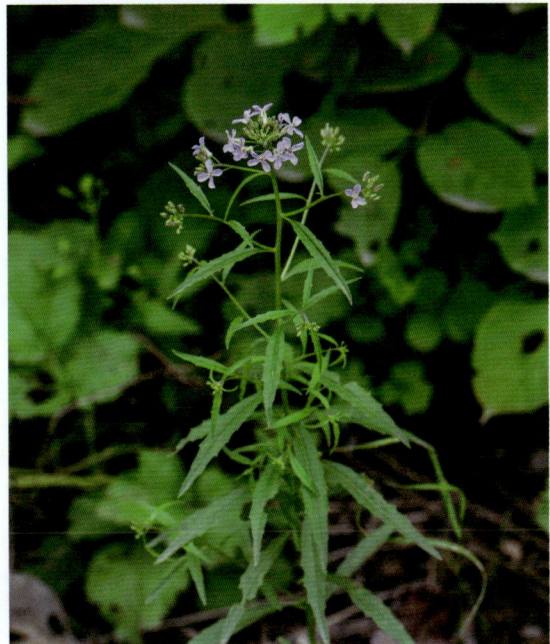

14. 诸葛菜（*Orychophragmus violaceus*）
诸葛菜属植物。

一、二年生草本植物。高可达 50cm，无毛。茎直立，基生叶及下部茎生叶大头羽状全裂，顶裂片近圆形或短卵形，侧裂片卵形或三角状卵形，叶柄疏生细柔毛。花紫色、浅红色或褪成白色，花萼筒状，紫色，花瓣宽倒卵形，密生细脉纹。长角果线形。种子卵形至长圆形，黑棕色。花期 4~5 月，果期 5~6 月。

老黑山有分布。嫩茎叶用开水泡后，再放在冷开水中浸泡，直至无苦味时即可炒食；种子可供榨油。

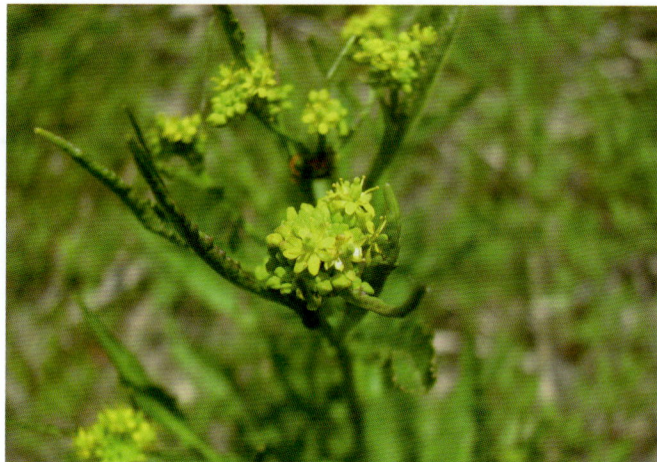

----

15. 风花菜（*Rorippa globosa*）
蔊菜属植物。

一、二年生直立粗壮草本植物。高可达 80cm。茎单一，基部木质化。茎下部叶具柄，上部叶无柄，叶片长圆形至倒卵状披针形，边缘具不整齐粗齿，两面被疏毛。总状花序多数，呈圆锥花序式排列，花小，黄色，具细梗，萼片长卵形，花瓣倒卵形。果瓣隆起，平滑无毛，果梗纤细。种子多数，淡褐色，极细小，扁卵形。花期 4~6 月，果期 7~9 月。

各岛均有分布。植株质地细嫩，类似荠菜的风味，具清热利尿、解毒之功效；食用时可用沸水焯后炒食或凉拌，亦可配其他荤素菜一起炒食。

----

16. 沼生蔊菜（*Rorippa palustris*）
蔊菜属植物。

一、二年生草本植物，高可达 50cm。茎直立，单一或分枝，具棱。基生叶多数，具柄；叶片羽状深裂或大头羽裂，长圆形至狭长圆形，裂片边缘不规则浅裂或呈深波状，顶端裂片较大，基部耳状抱茎。总状花序顶生或腋生，果期伸长，花小，多数，黄色或淡黄色，萼片长椭圆形，花瓣长倒卵形至楔形，花丝线状。果瓣肿胀。种子多数，褐色，细小。花期 4~7 月，果期 6~8 月。

各岛均有分布，功用同风花菜。

17. 蔊菜（*Rorippa indica*）

蔊菜属植物，别名辣米菜、江剪刀草、印度蔊。

一、二年生直立草本植物，高可达40cm。植株较粗壮，茎表面具纵沟。叶互生，基生叶及茎下部叶具长柄，叶形多变化，顶端裂片大，卵状披针形，边缘具不整齐牙齿。总状花序顶生或侧生，花小，数多，细花梗；萼片卵状长圆形，花瓣黄色，匙形。长角果线状圆柱形，短而粗，果梗纤细。种子多数，细小，卵圆形。花期4~6月，果期6~8月。

各岛均有分布。蔊菜全草可入药，内服有解表健胃、止咳化痰、平喘、清热解毒、散热消肿等功效；外用治痈肿疮毒及烫火伤。

----

18. 菥蓂（*Thlaspi arvense*）

菥蓂属植物。

一年生草本植物，高可达60cm，无毛。茎直立。基生叶倒卵状长圆形。总状花序顶生；花白色，花梗细，萼片直立，卵形，花瓣长圆状倒卵形，顶端圆钝或微凹。短角果倒卵形或近圆形，扁平，顶端凹入。种子倒卵形，稍扁平，黄褐色。花期3~4月，果期5~6月。

长岛偶见菥蓂。种子油供制肥皂，也作润滑油，还可食用；全草、嫩苗和种子均可入药，全草清热解毒、消肿排脓；种子利肝明目；嫩苗和中益气、利肝明目；嫩苗用水炸后，浸去酸辣味，加油盐调食。

二十二、景天科 Crassulaceae

本科包含 5 属 11 种被子植物。

1. 八宝（*Hylotelephium erythrostictum*）

八宝属植物，别名蝎子草。

多年生草本植物。块根胡萝卜状。茎直立，高 30~70cm，不分枝。叶对生，少有互生或 3 叶轮生，长圆形至卵状长圆形，长 4.5~7cm，宽 2~3.5cm，先端急尖，钝，基部渐狭，边缘有疏锯齿，无柄。伞房状花序顶生；花密生，直径约 1cm，花梗稍短或同长；萼片 5，卵形，长 1.5mm；花瓣 5，白色或粉红色，宽披针形，渐尖；雄蕊 10，与花瓣同长或稍短，花药紫色。花期 8~10 月，果期 10 月。

各岛均有分布，尤以车由岛为多。带根全草可入药，有止血散瘀、养血安神之功效。

2. 钝叶瓦松（*Hylotelephium malacophyllum*）

八宝属植物。

二年生肉质草本植物。钝叶瓦松属于轴根型植物，茎生叶互生。花序紧密，苞片匙状卵形，花常无梗；萼片长圆形，花瓣白色或带绿色，长圆形至卵状长圆形，雄蕊较花瓣长，花药黄色。种子卵状长圆形。花期 7 月，果期 8~9 月。

各岛均有分布，功用同瓦松。

3. 堪察加费菜（*Phedimus kamtschaticus*）

费菜属植物，别名墙头草。

多年生草本植物。根状茎木质，茎斜上，高可达 40cm，叶少有为轮生，叶片倒披针形、匙形至倒卵形，上部边缘有疏锯齿至疏圆齿。聚伞花序顶生；萼片披针形，基部宽，下部卵形，上部线形，花瓣黄色，披针形，雄蕊较花瓣稍短，花药橙黄色；鳞片细小，近正方形。种子细小，倒卵形，褐色。花期 6~7 月，果期 8~9 月。

各岛均有分布。全草用于内外出血、跌打损伤、蝎蛰虫咬。

4. 费菜（*Phedimus aizoon*）

费菜属植物，别名土三七、景天三七。

多年生草本植物。根状茎短，粗茎高可达 50cm，直立。叶互生，叶坚实，近革质。聚伞花序有多花，萼片肉质，花瓣黄色，花柱长钻形。种子椭圆形。花果期 6~9 月。

各岛均有分布。费菜含有生物碱、齐墩果酸、谷甾醇、黄酮类、景天庚糖、果糖及维生素等药物成分，可预防血管硬化、降血脂、扩张脑血管，通过改善冠状动脉循环等途径，达到降血压、防中风、防心脏病的效果。

5. 垂盆草（*Sedum sarmentosum*）

景天属植物，别名肝炎草。

多年生草本植物。不育枝及花枝细弱，匍匐而节上生根。3叶轮生，倒披针形至长圆形，先端近急尖，基部急狭，有距。聚伞花序，花少，花瓣5，黄色。种子卵形。花期5~7月，果期8月。

各岛均有分布。全草可入药，有利湿退黄、清热解毒之功效。

6. 佛甲草（*Sedum lineare*）

景天属植物，别名狗豆芽、珠芽佛甲草、指甲草。

多年生草本植物。全体无毛。茎高10~20cm。3叶轮生，少有4叶轮或对生的，叶线形，先端钝尖，基部无柄，有短距。花序聚伞状，顶生，疏生花，中央有1朵有短梗的花；萼片线状披针形。蓇葖略叉开，花柱短。种子小。花期4~5月，果期6~7月。

各岛均有分布。全草可药用，有清热解毒、散瘀消肿、止血之功效。

7. 繁缕景天（*Sedum stellariifolium*）

景天属植物，别名火焰草、卧儿菜。

一年生或二年生草本植物。植株被腺毛。茎直立，有多数斜上的分枝，基部呈木质，高10~15cm，褐色，被腺毛。叶互生，正三角形或三角状宽卵形。总状聚伞花序；雄蕊10，较花瓣短；鳞片5，宽匙形至宽楔形，先端有微缺；心皮5，近直立，长圆形，花柱短。种子长圆状卵形，长0.3mm，有纵纹，褐色。花期6~7月至7~8月，果期8~9月。

各岛均有分布。

8. 瓦松（*Orostachys fimbriata*）

瓦松属植物，别名老婆脚丫子。

二年生草本植物。有花茎。一年生莲座丛的叶短；莲座叶匙形，先端增大，为白色软骨质，半圆形，有齿；叶互生，疏生，有刺，线形至披针形。花序总状，紧密，或下部分枝，呈宽的金字塔形；花瓣5，红色，披针状椭圆形。蓇葖果，长圆形，喙细。种子多数，卵形，细小。花期8~9月，果期9~10月。

各岛均有分布。全草可入药，治吐血、鼻衄、血痢、肝炎、疟疾、热淋、痔疮、湿疹、痈毒、疔疮、烫火伤。

9. 晚红瓦松（*Orostachys japonica*）

瓦松属植物。

多年生草本植物。花茎高可达25cm。莲座叶狭匙形，肉质，有软骨质的刺；叶线形至线状披针形，有红斑点。花序总状，苞片与叶相似，花密生，有梗；萼片卵形，花瓣白色，披针形。种子长1mm，褐色。花果期8~10月。

各岛均有分布，功同瓦松。

10. 塔花瓦松（*Orostachys chanetii*）

瓦松属植物。

多年生草本植物。莲座叶线形，白色，软骨质的边，花茎叶线形直立，高可达 30cm。花序外形狭金字塔形，苞片着生在花梗中部；花多数，萼片卵形，花瓣白色，披针形，花药深紫色，鳞片近正方形。蓇葖直立。种子褐色狭长圆形。花期 9 月，果期 10 月。

各岛均有分布，功同瓦松。

---

11. 红景天（*Rhodiola rosea*）

红景天属植物。

多年生草本植物，高 10~20cm。根粗壮，圆锥形，肉质，褐黄色；根茎部具多数须根，根茎短，粗壮，圆柱形，被多数覆瓦状排列的鳞片状的叶。

各岛均有分布。可作药用，能够补气清肺，益智养心，是一味作用广泛的中药；亦有很大的美容效果，可作护肤品，也可食用。

二十三、绣球花科 Hydrangeaceae

本科包含 1 属 1 种被子植物。

大花溲疏（*Deutzia grandiflora*）

溲疏属植物，别名春梅花。

灌木。小枝褐色或灰褐色，光滑，中空。叶对生，叶片卵形或卵状披针形，背面灰白色，质粗糙。聚伞花序，生于枝顶，花较大，花瓣 5，白色。蒴果半球形，具宿存花柱。花期 4 月下旬，果期 6 月。

各岛高山均有分布。果实入药可清热利湿、通利水道、健胃下气。

二十四、蔷薇科 Rosaceae

本科包含 11 属 22 种被子植物。

1. 三裂绣线菊（*Spiraea trilobata*）

绣线菊属植物，别名绣球花。

灌木。小枝细，开展。叶片倒卵形，先端 3 裂，边缘自中部以上有少数圆钝锯齿，两面无毛，背面灰绿色。伞形花序具总梗，无毛，花瓣白色。蓇葖果开展，具宿存花柱。花期 5~6 月，果期 7~8 月。

主要分布于北纬 38°以北各岛。全草可入药，有清热解毒、舒筋活络之功效。

2. 水枸子（*Cotoneaster multiflorus*）

枸子属植物。别名水旬。

落叶灌木，高可达 4 米。枝条细瘦，小枝圆柱形，无毛。叶片卵形或宽卵形，上面无毛，下面幼时稍有绒毛，托叶线形，疏生柔毛。花多数，成疏松的聚伞花序，苞片线形，萼筒钟状，萼片三角形，花瓣平展，近圆形，白色；雄蕊稍短于花瓣。果实近球形或倒卵形，红色。花期 5~6 月，果期 8~9 月。

仅分布于大竹山岛。枝、叶及果实均可入药，主治关节肌肉风湿、牙龈出血等症。

3. 火棘（*Pyracantha fortuneana*）

火棘属，别名赤阳子、红子、救命粮。

常绿灌木或小乔木，高可达 3m。侧枝短，先端呈刺状，嫩枝外被锈色短柔毛，老枝暗褐色，无毛。芽小，外被短柔毛。叶片倒卵形或倒卵状长圆形，基部楔形，下延连于叶柄，两面皆无毛。花集成复伞房花序，直径 3~4cm，花梗和总花梗近于无毛，花直径约 1cm；萼筒钟状，无毛；萼片三角卵形，先端钝；花瓣白色，近圆形，长约 4mm，宽约 3mm。果实近球形，直径约 5mm，橘红色或深红色。花期 3~5 月，果期 8~11 月。

极好的春季看花、冬季观果植物。果实、根、叶可入药，性平，味甘、酸；叶能清热解毒，外敷治疮疡肿毒。

4. 山楂（*Crataegus pinnatifida*）

山楂属植物，别名红果。

乔木或大灌木。有刺，稀无刺者。小枝紫褐色，老枝灰褐色。叶宽卵形或三角状卵形，先端渐尖，基部楔形或宽楔形，通常有3~5对羽状深裂片，裂片卵形至卵状披针形，边缘有稀疏不规则的重锯齿，上面无毛，下面沿中脉和脉腋处有毛；托叶不规则半圆形或卵形，缘有粗齿。伞房花序，多花，总梗及花梗皆有毛；花萼钟状，外被白色柔毛，萼片三角状卵形至披针形，内外皆无毛；花瓣白色。果实近球形，深红色，有浅色斑点，萼片宿存。

江头有分布。叶可代茶，果实入药用于治疗食积不化、肉积不消、产后瘀阻、痛经、经闭。

---

5. 白梨（*Pyrus bretschneideri*）

梨属植物。

高5~8m乔木，树冠开展。二年生枝紫褐色。叶片卵形或椭圆卵形，叶柄嫩时密被绒毛，线形至线状披针形，伞形总状花序。果实黄色，卵形或近球形有细密斑点。种子褐色倒卵形。花期4月，果期8~9月。

野生赵王山坡。白梨的果实有蜡质光泽，果皮薄，果肉厚，果核小，肉质细腻，酥脆多汁，甘甜爽口，含多种营养成分，具有生津、止渴、润肺、宽肠、强心、利尿等医疗功效。

---

6. 褐梨（*Pyrus phaeocarpa*）

梨属植物，别名大杜梨。

乔木，高达5~8m。冬芽长卵形，先端圆钝，鳞片边缘具绒毛。叶片椭圆卵形至长卵形，长6~10cm，宽3.5~5cm，先端具长渐尖头，基部宽楔形，边缘有尖锐锯齿；叶柄长2~6cm，微被柔毛或近于无毛；托叶膜质，早落。伞形总状花序，有花5~8朵，总花梗和花梗嫩时具绒毛，逐渐脱落；花直径约3cm；萼筒外面具白色绒毛；萼片三角披针形，长2~3mm；花瓣卵形，长1~1.5cm，宽0.8~1.2cm，基部具有短爪，白色。果实球形或卵形，直径2~2.5cm，褐色，有斑点。花期4月，果期8~9月。

老黑山有野生。果入药可生津润肺、清热化痰。

7. 豆梨（*Pyrus calleryana*）

梨属植物，别名杜梨子。

落叶乔木。小枝幼时有绒毛，后脱落。叶片宽卵形或卵形，少数长椭圆状卵形，顶端渐尖，基部宽楔形至近圆形，边缘有细钝锯齿，两面无毛。伞形总状花序有花 6~12 朵；花白色，萼筒无毛，萼片外面无毛，内有绒毛。梨果近球形，直径 1~1.5cm，褐色，有斑点，萼片脱落。

南诸岛有分布。果入药可开胃、消食、止痢。

8. 杜梨（*Pyrus betulifolia*）

梨属植物，别名棠梨、土梨、海棠梨。

落叶乔木，株高 10m，枝具刺，二年生枝条紫褐色。叶片菱状卵形至长圆卵形，幼叶上下两面均密被灰白色绒毛；叶柄被灰白色绒毛；托叶早落。伞形总状花序，有花 10~15 朵，花梗被灰白色绒毛，苞片膜质，线形，花瓣白色；雄蕊花药紫色，花柱具毛。果实近球形，褐色，有淡色斑点。花期 4 月，果期 8~9 月。

杜梨抗干旱、耐寒凉，通常作各种栽培梨的砧木，结果期早，寿命很长。木材致密可用于制作各种器物；树皮含鞣质，可供提制栲胶或入药。

9. 龙牙草（*Agrimonia pilosa*）

龙芽草属植物，别名仙鹤草。

多年生草本植物，高 50~120cm。茎直立，全体被白色长柔毛。单数羽状复叶，互生，有柄，小叶片 3~9，长椭圆形或椭圆形，先端锐尖，基部楔形，边缘锐锯齿，两面均被柔毛，具多数黄色腺点；顶端及中部叶大，其间夹杂数对小叶片。总状花序顶生或腋生，花萼筒状，先端 5 裂；花瓣 5，黄色。瘦果包于具钩的宿存花萼内。

各岛均有分布。全草入药是著名的抗癌药，有收敛止血、截疟、止痢、解毒之功效。

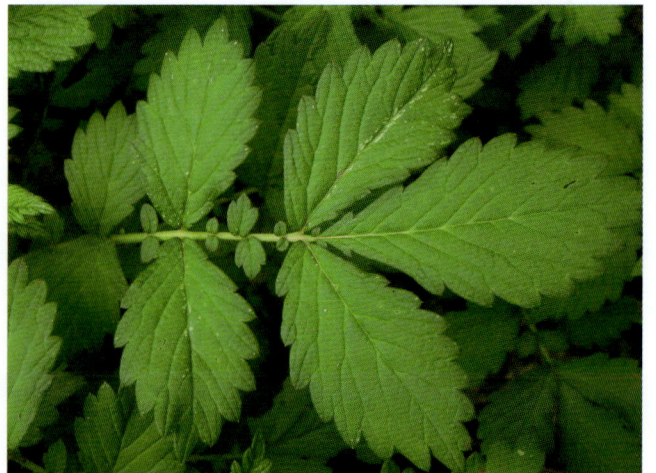

10. 地榆 （*Sanguisorba officinalis*）

地榆属植物，别名马虎枣、一串红、山枣子。

多年生草本植物。根粗壮。茎直立，无毛，有槽。奇数羽状复叶，小叶5~15片，对生，具叶柄，长椭圆形至长圆状卵形，先端钝，基部微心形或近截形，边缘有尖锯齿，常无毛；托叶抱茎，有锯齿。穗状花序，顶生，倒卵形或圆柱形。萼片暗紫红色，花瓣状，卵圆形，开张，基部有毛，无花瓣。瘦果褐色，有细毛，具纵棱，包于宿萼内。种子卵圆形。

各岛均有分布。根可入药，用于治疗各种出血、痢疾、湿疹、皮肤溃烂、烫伤。

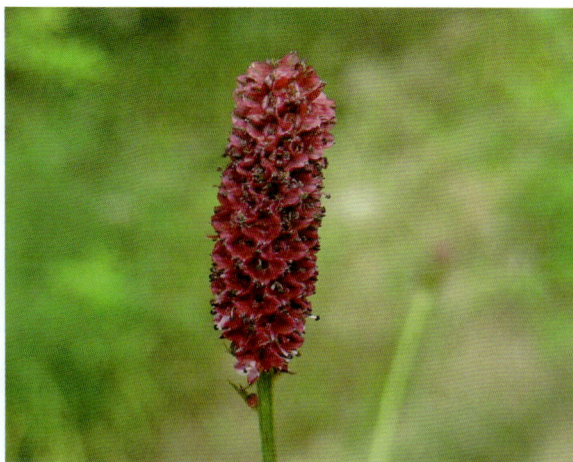

---

11. 茅莓 （*Rubus parvifolius*）

悬钩子属植物，别名山石榴、托盘根。

匍匐灌木。枝呈弓形弯曲，被柔毛和稀疏钩状皮刺。小叶3枚，菱状圆形或倒卵形，上面伏生疏柔毛，下面密被灰白色绒毛，边缘有不整齐粗锯齿。伞房花序顶生或腋生，具花数朵，被柔毛和细刺；花瓣卵圆形或长圆形，粉红色至紫红色。果实卵球形，红色，无毛或具稀疏柔毛；核有浅皱纹。花期5~6月，果期7~8月。

各岛均有分布。根可入药，有清热解毒、活血利尿之功效。

12. 牛叠肚（*Rubus crataegifolius*）

悬钩子属植物。

直立灌木，高 1~2（3）m。枝具沟棱，幼时被细柔毛，老时无毛，有微弯皮刺。单叶，卵形至长卵形，长 5~12cm，宽达 8cm。花数朵簇生或成短总状花序，常顶生；花梗长 5~10mm。果实近球形，直径约 1cm，暗红色；核具皱纹。花期 5~6 月，果期 7~9 月。

大竹山有分布。果酸甜，可生食、制果酱或酿酒。全株含单宁，可供提取栲胶；茎皮含纤维，可作造纸及制纤维板原料；果和根可入药，有补肝肾、祛风湿之功效。

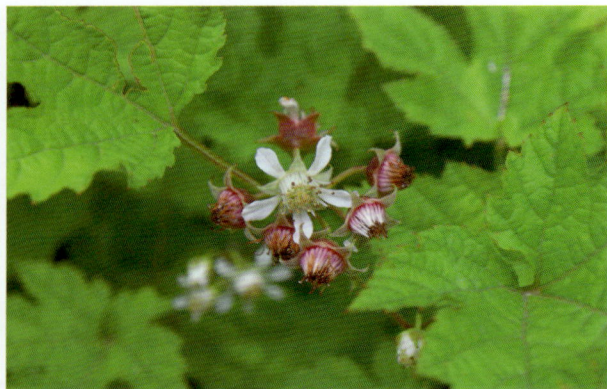

13. 委陵菜（*Potentilla chinensis*）

委陵菜属植物，别名翻白草。

多年生草本植物。根粗壮，圆柱形，稍木质化。花茎直立或上升，奇数羽状复叶，上面绿色，背面灰白色。伞房状聚伞花序，花瓣黄色，宽倒卵形。瘦果卵球形，深褐色，有明显皱纹。花果期 4~10 月。

各岛广泛分布。全草可入药，用于治疗肺热咳嗽、湿热泄泻、痈肿疮毒、出血症。

14. 朝天委陵菜（*Potentilla supina*）

委陵菜属植物。

一、二年生草本植物。主根细长，并有稀疏侧根。茎平展，上升或直立，叉状分枝。基生叶羽状复叶，叶柄被疏柔毛或脱落几无毛；小叶互生或对生，无柄，小叶片长圆形或倒卵状长圆形，基部楔形或宽楔形，边缘有圆钝或缺刻状锯齿，两面绿色；茎生叶与基生叶相似，向上小叶对数逐渐减少；基生叶托叶膜质，褐色，茎生叶托叶草质，绿色，全缘，有齿或分裂。花茎上多叶，萼片三角卵形，顶端急尖，萼片稍长或近等长；花瓣黄色，倒卵形。瘦果长圆形，先端尖。花果期 3~10 月。

各岛广泛分布。块根营养价值高，可食用，亦可入药，是优良的野生天然食品。

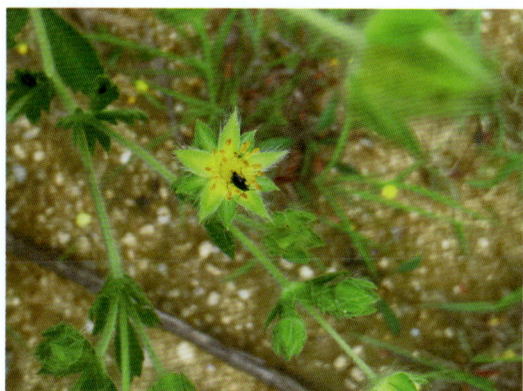

----

15. 菊叶委陵菜（*Potentilla tanacetifolia*）

委陵菜属植物。

多年生草本植物。根粗壮，圆柱形。花茎直立或上升，高 15~65cm。基生叶羽状复叶，叶柄被长柔毛、短柔毛或卷曲柔毛，有稀疏腺体，稀脱落；小叶互生或对生，顶生小叶有短柄或无柄；茎生叶与基生叶相似，唯小叶对数较少；基生叶托叶膜质，褐色，外被疏柔毛，茎生叶托叶革质，绿色，边缘深撕裂状，下面被短柔毛或长柔毛。伞房状聚伞花序，多花；花直径 1~1.5cm；萼片三角卵形；花瓣黄色，倒卵形，顶端微凹；花柱近顶生，圆锥形，柱头稍扩大。瘦果卵球形，长 2.5mm，具脉纹。花果期 5~10 月。

各岛广布。全草入药，有清热解毒、消炎止血之功效，根含鞣质 27%。

----

16. 莓叶委陵菜（*Potentilla fragarioides*）

委陵菜属植物。

多年生草本植物。根、花茎多数，丛生，花茎长可达 25cm。基生叶羽状复叶，有小叶，叶柄被开展疏柔毛，小叶片倒卵形、椭圆形或长椭圆形，近基部全缘，两面绿色；茎生叶，小叶与基生叶小叶相似；基生叶托叶膜质，褐色；茎生叶托叶草质，绿色，卵形。伞房状聚伞花序顶生，多花，花梗纤细；萼片三角卵形；副萼片长圆披针形，花瓣黄色，倒卵形。成熟瘦果近肾形。花期 4~6 月，果期 6~8 月。

各岛均有分布。

17. 山杏 (*Prunus sibirica*)

李属植物，别名杏子。

落叶乔木。小枝褐色或红紫色，有光泽通常无毛。叶片卵圆形或近圆形，先端具短尖，稀具长尾尖；基部圆形或渐狭，边缘具钝锯齿，两面无毛或仅在脉处有毛；叶柄近顶端处常有2腺体。花单生，无梗或具极短梗，先叶开放；萼筒圆筒形，基部被短柔毛，紫红色或绿色；萼片卵圆形至椭圆形，花后反折；花瓣白色或浅粉红色。核果，球形，黄白色至黄红色，常具红晕，微被短柔毛。果梗极短，果肉多汁，成熟时不开裂；果核平滑，沿腹缝处有纵沟。种子扁球形，味苦或甜。

各岛均有分布。叶、枝、花、树皮均有药用价值，种子入药称杏仁，有降气、止咳、平喘、润肠通便之功效。

----

18. 山桃 (*Prunus davidiana*)

李属植物，别名山桃、桃子。

落叶小乔木，树冠开展。小枝红褐色或褐绿色。单叶互生，椭圆状披针形，先端长尖，边缘有粗锯齿。花单生，无柄，通常粉红色，单瓣。核果卵球形，表面有短柔毛。花期3~4月，果期6~9月。

各岛均有分布。叶、花、枝、树皮、根均有药用价值，至冬末成熟的果实称碧桃干，有敛汗涩精、活血止血、止痛作用。种子称桃仁，有活血调经、润肠通便、止咳平喘之功效。

19. 郁李（*Prunus japonica*）

李属植物，别名山李子。

落叶灌木。小枝灰褐色，嫩枝绿色或绿褐色，无毛。叶片卵形或卵状披针形。花1~3朵，簇生，花叶同开或先叶开放；花瓣白色或粉红色。核果近球形，深红色，核表面光滑。花期5月，果期7~8月。

各岛有分布。种仁入药用于治疗便秘、水肿胀满、脚气浮肿。

---

20. 毛樱桃（*Prunus tomentosa*）

李属植物，别名毛樱桃。

落叶灌木。嫩枝密被绒毛。树皮常开裂剥落。叶倒卵形至椭圆形，先端急尖或渐尖，基部楔形，边缘具不整齐锯齿，上面有皱纹，被短绒毛；下面密被长绒毛。花1~3朵，先于叶或与叶同时开放，花梗甚短，有短柔毛；萼筒圆筒形，被短柔毛；萼片卵圆形，有锯齿；花瓣白色或浅粉红色。核果近球形，有毛或无毛，深红色。

大黑山、大竹山分布较多。种子可入药，有补中益气、健脾祛湿、润下通便之功效。

---

21. 麦李（*Prunus glandulosa*）

李属植物。

落叶灌木，高达2m。叶卵状长椭圆形至椭圆状披针形，长5~8cm，先端急尖而常圆钝，基部广楔形，缘有细钝齿，两面无毛或背面中肋疏生柔毛；叶柄长4~6mm。花粉红色或近白色，直径约2cm，花梗长约1cm。果近球形，直径1~1.5cm，红色。

各岛有分布。

22.水榆花楸(*Sorbus alnifolia*)

花楸属植物。

高可达 20m。小枝圆柱形。冬芽卵形，先端急尖，外具数枚暗红褐色无毛鳞片。叶片卵形至椭圆卵形，先端短渐尖，侧脉直达叶边齿尖；叶柄无毛或微具稀疏柔毛。复伞房花序较疏松，有花，总花梗和花梗具稀疏柔毛；萼筒钟状，外面无毛，萼片三角形，白色；花柱基部或中部以下合生，光滑无毛。果实椭圆形或卵形，红色或黄色。花期 5 月，果期 8~9 月。

小钦岛有分布。可作庭院观赏树种；木材坚硬致密，可作建筑模型及家具用材；果实含糖，可食或酿酒；树皮可作染料，含鞣质 8%，亦可供提取栲胶，含纤维素 17%，可作造纸原料。

二十五、豆科 Fabaceae

本科包含 26 属 49 种被子植物。

1. 合欢（*Albizia julibrissin*）

合欢属植物，别名红绒树。

落叶乔木。二回羽状复叶具羽片 4~12 对，小叶 10~30 对，矩圆形至条形，两侧极偏斜，先端急尖，有小短尖，基部圆楔形，托叶条状披针形，早落。头状花序呈伞房状排列，腋生或顶生。花淡红色，具短花梗；萼与花冠疏生短柔毛。荚果条形，扁平，幼时有毛。

各岛有分布。花和树皮入药，有舒郁、理气、安神、活络之功效。

2. 山槐（*Albizia kalkora*）

合欢属植物。

落叶小乔木或灌木。通常高 3~8m。枝条暗褐色，被短柔毛，有显著皮孔。二回羽状复叶；羽片 2~4 对；小叶 5~14 对，长圆形或长圆状卵形。荚果带状，长 7~17cm，宽 1.5~3cm，深棕色；嫩荚密被短柔毛，老时无毛。种子 4~12 粒，倒卵形。花期 5~6 月，果期 8~10 月。

大小钦岛有分布，本种生长快，能耐干旱及瘠薄地。木材耐水湿，花美丽，亦可植为风景树。

3. 紫荆（*Cercis chinensis*）

紫荆属植物，别名裸枝树。

落叶乔木，经栽培后常呈灌木状。单叶互生，近圆形，先端急尖或骤尖，基部深心形，无毛，全缘，叶脉掌状，有叶柄，托叶小，早落。花先叶开放，簇生于老枝上；小苞片 2 个，阔卵形；花玫瑰红色，小花梗细。荚果条形，扁平，沿腹缝线有狭翅不开裂。种子 2~8 粒，扁圆形，近黑色。

各岛有分布。花、果、根皮均可入药，有行气活血、消肿止痛、祛瘀解毒之功效。

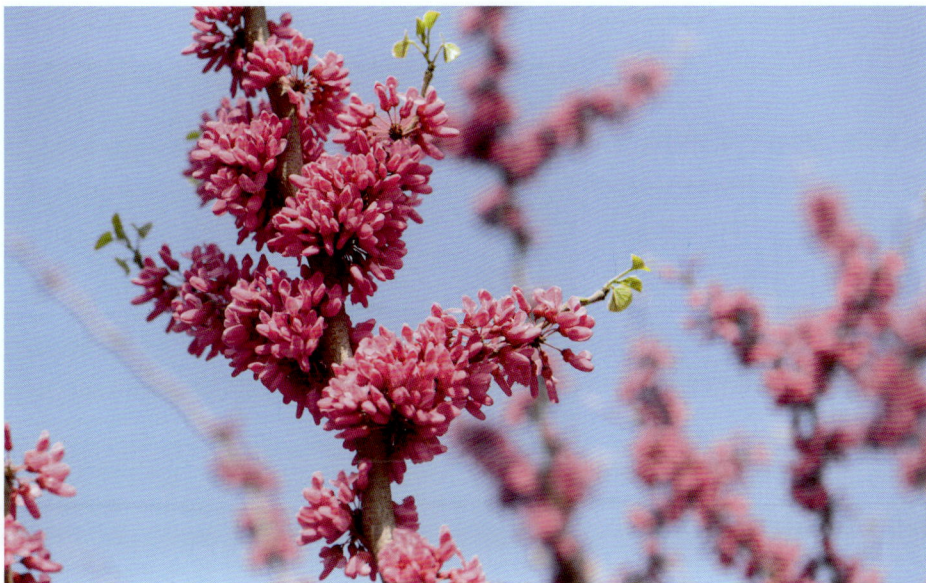

4. 皂荚 (*Gleditsia sinensis*)

皂荚属植物，别名皂板树。

落叶乔木。树皮暗灰色。小枝灰色。枝刺粗壮分枝，柱状圆锥形。羽状复叶，小叶长卵形、长椭圆形至卵状披针形，先端钝或急尖，基部斜圆形或宽楔形，叶缘有细锯齿，无毛或近无毛，下面网脉明显。花杂性，成细长的总状花序；萼4裂，卵状披针形。花瓣黄白色。荚果挺直，稍厚，黑棕色，有白粉霜，生于山坡和村落。

各岛均产，尤以大竹山为多，小黑山尚存数株百年以上古树。枝叶花期采，晒干生用；枝刺全年采；果实秋冬采，生用，有祛顽痰、通窍开闭、祛风杀虫之功效。

---

5. 决明 (*Senna tora*)

决明属植物，别名咖啡豆。

一年生草本植物。高1~2m。羽状复叶具小叶6枚，幼时两面均疏生长柔毛。花通常2朵生于叶腋，总花梗极短；花黄色。荚果条形。种子多数，近菱形，淡褐色，有光泽。

南诸岛有分布。种子入药，用于治疗目赤肿痛、大便秘结，炒用有平肝养肾之功效，用于治疗头痛、头晕、青盲内障。

---

6. 豆茶山扁豆 (*Chamaecrista nomame*)

山扁豆属植物，别名豆茶决明。

一年生草本植物。茎多分枝，分枝瘦长。双数羽状复叶，互生。花单生或2朵以上，腋生；花黄色。荚果条形，扁平，疏被毛。种子16~25粒，深褐色，平滑、光泽。花期8~9月，果期9~10月。

各岛有分布。嫩苗可代茶，全草可入药，有清热解毒、健脾利湿、通便之功效。

7. 槐（*Styphnolobium japonicum*）

槐属植物，别名国槐、金丝槐。

落叶乔木。树皮灰色，粗糙纵裂；内皮鲜黄色，有臭味。单数羽状复叶互生，叶柄基部膨大，小叶长圆形或卵状披针形，全缘。圆锥花序顶生，花乳白色，萼钟形，5浅裂，花冠蝶形。荚果长，有节，呈连珠状，无毛，绿色，肉质，不开裂。种子1~6粒，深棕色，肾形。

各岛均有分布。花蕾入药称槐米，花称槐花，果实称槐角或槐实，有凉血止血、清肝泻火之功效。

8. 苦参（*Sophora flavescens*）

苦参属植物，别名山槐。

多年生灌木状草本。根粗大，圆柱状，外皮黄白色。茎直立，多分枝，具纵沟；幼枝被疏毛，后变无毛。奇数羽状复叶，互生；叶片披针形至线状披针形。花冠蝶形，淡黄白色。荚果念珠状，先端具长喙，成熟时不开裂。种子3~7粒，近球形，黑色。花期6~7月，果期7~9月。

各岛均有分布。根可入药，有清热燥湿、祛风杀虫之功效。

9. 苜蓿（*Medicago sativa*）

苜蓿属植物，别名紫苜蓿。

多年生草本植物。茎直立或有时基部斜卧，多分枝。叶为羽状复叶；小叶3枚，倒卵形、椭圆形、长圆状倒卵形或倒披针形，先端钝圆或截形，有小尖头，基部楔形，仅上部叶缘有锯齿，中下部全缘。托叶披针形，先端锐尖，下部与叶柄合生。总状花序，腋生。花冠蓝紫色或紫色，旗瓣长倒卵形，比翼瓣及龙骨瓣长。荚果，螺旋状蜷曲，表面有毛，先端有喙。种子数粒，肾形，黄褐色。

各岛有分布。嫩苗可食；全草入药有健胃、清热、利尿之功效。

10. 天蓝苜蓿（*Medicago lupulina*）

苜蓿属植物。

多年生草本植物，高可达60cm。全株被柔毛或有腺毛。主根浅，须根发达。茎平卧或上升，多分枝。叶茂盛，羽状三出复叶；托叶卵状披针形；小叶倒卵形、阔倒卵形或倒心形。花序小头状，总花梗细，挺直，比叶长，密被贴伏柔毛；苞片刺毛状，甚小；花冠黄色，旗瓣近圆形。荚果肾形，表面具同心弧形脉纹，被稀疏毛，熟时变黑，有种子1粒。种子卵形，褐色，平滑。花期7~9月，果期8~10月。

各岛有分布。草质优良，富含粗蛋白质及动物必需氨基酸，常作为动物饲料。

11. 草木樨（*Melilotus officinalis*）

草木樨属植物，别名山花生。

二年生草本植物。有香气，茎直立，粗壮，多分枝，具纵棱，微被柔毛。羽状三出复叶。总状花序腋生，花冠黄色，旗瓣倒卵形。荚果倒卵形。种子1粒，黄褐色，平滑。花期5~9月，果期6~10月。

各岛有分布。全草可入药，有清热解毒、杀虫利便之功效。

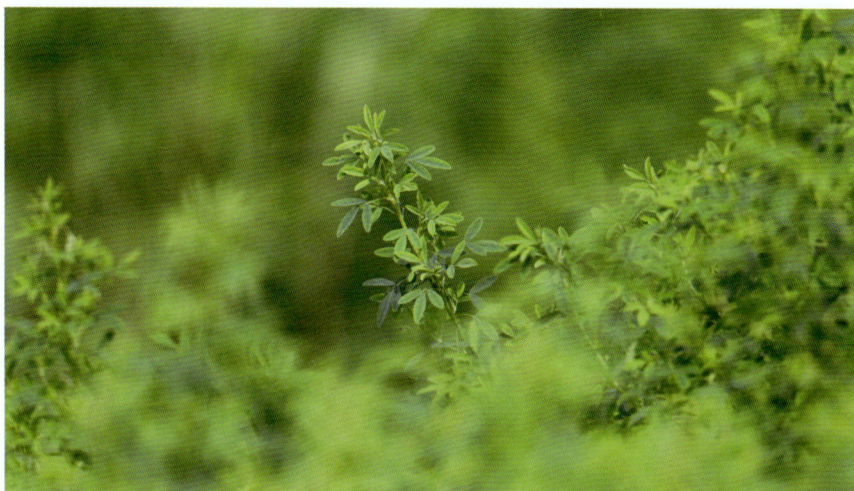

12. 白花草木樨（*Melilotus albus*）

草木樨属植物。

一、二年生草本植物，高可达2m。茎圆柱形，中空，直立，多分枝，羽状三出复叶；托叶尖刺状锥形，叶柄比小叶短；小叶片长圆形或倒披针状长圆形，上面无毛，下面被细柔毛，侧脉两面均不隆起，顶生小叶稍大。总状花序，腋生，具花，排列疏松；苞片线形，花梗短，萼钟形，萼齿三角状披针形，短于萼筒；花冠白色，子房卵状披针形。荚果椭圆形至长圆形。种子卵形，棕色，表面具细瘤点。花期5~7月，果期7~9月。

各岛均有分布，功用同草木樨。

13. 花木蓝 (*Indigofera kirilowii*)

木蓝属植物,别名山绿豆。

小灌木,形似槐树。奇数羽状复叶,对生。穗状花序顶生或腋生,花橙红色或淡紫色。角果有毛,形似绿豆。种子黑色。

各岛有分布。全草可入药,有清热解毒、祛瘀生新之功效。

- -

14. 紫穗槐 (*Amorpha fruticosa*)

紫穗槐属植物,别名棉槐。

落叶灌木,高1~4m。枝褐色,被柔毛,后变无毛,叶互生,基部有线形托叶。穗状花序密被短柔毛,花有短梗;花萼被疏毛或几无毛;旗瓣心形,紫色。荚果微弯曲,顶端具小尖,棕褐色,表面有凸起的疣状腺点。花果期5~10月。

各岛有分布。多用于编织条编;叶微苦、凉,具有祛湿、消肿之功效,主治痈肿、湿疹、烧烫伤。

15. 米口袋（*Gueldenstaedtia verna*）

米口袋属植物，别名山胡萝卜。

多年生草本植物。全株被白色长毛。根红棕色，呈圆锥形或圆柱形，略扭曲有分枝。奇数羽状复叶，丛生。花茎数枝出，每枝有花5~7朵，伞状排列，花冠蝶形，淡紫色。荚果圆柱形，棕色。种子细小而扁，黑绿色或棕黑色。

各岛有分布。全草可入药，有清热解毒、消肿利湿之功效。

16. 红花锦鸡儿（*Caragana rosea*）

锦鸡儿属植物，别名金雀花。

落叶灌木。小枝有棱，无毛。托叶三角形，硬化成针刺状；叶轴脱落或宿存变成针刺状；小叶4，羽状排列，上面一对通常较大，倒卵形或矩圆状倒卵形，先端圆或微凹，有针尖。花单生，花梗中部有关节；花萼钟状，基部偏斜；花冠黄色带红色，旗瓣狭长倒卵形。荚果稍扁，无毛。

各岛有分布。花可食；全草可入药，用于治疗劳热咳嗽、头晕头痛、湿热带下、关节炎、高血压、跌打损伤。

17. 小叶锦鸡儿（*Caragana microphylla*）

锦鸡儿属植物。

灌木植物，高1~2（3）m。老枝深灰色或黑绿色，嫩枝被毛。羽状复叶有5~10对小叶；小叶倒卵形或倒卵状长圆形，长3~10mm，宽2~8mm。花梗长约1cm，花萼管状钟形，花冠黄色，长约25mm，龙骨瓣的瓣柄与瓣片近等长，耳不明显，基部截平；子房无毛。荚果圆筒形，稍扁，长4~5cm，宽4~5mm，具锐尖头。花期5~6月，果期7~8月。

大竹山有分布。固沙和水土保持植物；株形优美，可用作园林绿化；蜜源植物，既是良好的薪炭材，也是良好的绿肥植物；枝条可作绿肥，嫩枝叶可作饲草；根、花及果实入药，可治疗眩晕头痛、风湿痹痛、咳嗽痰喘、高血压、痈疮、咽喉肿痛等。

18. 糙叶黄芪 (*Astragalus scaberrimus*)

黄芪属植物，别名白云英。

多年生草本植物。茎矮小，蔓生，全株密被白色"丁"字毛。羽状复叶，小叶 7~15，托叶狭三角形。总状花序腋生，萼筒状，花冠黄色。荚果圆柱形，略弯，密生白色"丁"字毛，先端有硬尖，无子房柄。

各岛有分布。根代黄芪用，用于治疗水肿、胀满、肺气不足、咳嗽、痰喘、脾胃虚弱、腹泻、消化不良等。

19. 达乌里黄芪 (*Astragalus dahuricus*)

黄芪属植物，别名土黄芪。

一、二年生草本植物。被开展、白色柔毛。茎直立，分枝，有细棱。羽状复叶，小叶有 11~19（23）片，小叶呈长圆形、倒卵状长圆形或长圆状椭圆形。总状花序较密，生 10~20 花，花冠紫色，子房有柄，被毛。荚果线形。种子淡褐色或褐色，肾形。花期 7~9 月，果期 8~10 月。

各岛偶见其分布。全草可入药，有清热解毒之功效。

20. 斜茎黄芪 (*Astragalus laxmannii*)

黄芪属植物，别名沙打旺、直立黄芪、地丁等。

多年生草本植物，高可达 100cm。根较粗壮，暗褐色，羽状复叶，叶柄较叶轴短；托叶三角形，渐尖，小叶片长圆形、近椭圆形或狭长圆形，上面疏被伏贴毛，下面较密。总状花序长圆柱状、穗状、稀近头状，生数花，排列密集；总花梗生于茎的上部，

较花梗极短；苞片狭披针形至三角形，花萼管状钟形，萼齿狭披针形，花冠近蓝色或红紫色，旗瓣倒卵圆形，翼瓣较旗瓣短，瓣片长圆形，子房被密毛，有极短的柄。荚果长圆形。花期 6~8 月，果期 8~10 月。

各岛均有分布。优良牧草和保土植物；种子入药，为强壮剂，治神经衰弱。

21. 蔓黄芪（*Phyllolobium chinense*）

蔓黄芪属植物，别名沙苑子。

多年生草本植物。根系发达，主根粗大。茎匍匐，常由基部分枝。单数羽状复叶，小叶椭圆形或卵状椭圆形，先端钝或微缺，全缘，上面无毛，下面密被短毛。总状花序腋生，花萼钟形，被黑色和白色短硬毛；花冠蝶形，黄色。荚果纺锤形，腹背稍扁，被黑色短硬毛。种子肾形，灰棕色或深棕色。

南诸岛分布，以庙岛多见。种子入药，用于治疗眩晕、翳障。

---

22. 胡枝子（*Lespedeza bicolor*）

胡枝子属植物，别名铁扫帚。

直立灌木，高 1~3m，多分枝。羽状复叶具 3 小叶；小叶质薄，卵形、倒卵形或卵状长圆形，长 1.5~6cm，宽 1~3.5cm，全缘，上面绿色，无毛，下面色淡，被疏柔毛，老时渐无毛。总状花序腋生，常构成大型、较疏松的圆锥花序；花冠红紫色。荚果斜倒卵形，稍扁，长约 10mm，宽约 5mm，表面具网纹，密被短柔毛。花期 7~9 月，果期 9~10 月。

各岛广泛分布。嫩叶可代茶；根、茎、花全草入药，有益肝明目、清热利尿、通经活血之功效。

---

23. 美丽胡枝子（*Lespedeza thunbergii* subsp. *formosa*）

胡枝子属植物，别名柔毛胡枝子、路生胡枝子、南胡枝子。

高可达 2m。多分枝，枝伸展，被疏柔毛。托叶片披针形至线状披针形，褐色，被疏柔毛；小叶椭圆形、长圆状椭圆形或卵形，稀倒卵形，两端稍尖或稍钝。总状花序单一，腋生，比叶长，或构成顶生的圆锥花序；被短柔毛；苞片卵状渐尖，密被绒毛；花梗短，被毛；花萼钟状，裂片长圆状披针形，花冠红紫色。荚果倒卵形或倒卵状长圆形，表面具网纹且被疏柔毛。花期 7~9 月，果期 9~10 月。

各岛广布。木材坚韧，纹理细致，可作建筑及家具用材；其种子含油量高，富含多种氨基酸、维生素和矿物质，是营养丰富的粮食和食用油资源。

24. 绒毛胡枝子 (*Lespedeza tomentosa*)

胡枝子属植物，别名山豆花。

匍匐或半匍匐亚灌木。全株被白色柔毛。羽状三出复叶，顶生小叶矩圆形或卵状矩圆形，先端圆形，基部钝，上面疏被，下面密被白色柔毛。总状花序腋生，花密集，花梗无关节，五瓣花腋生，呈头状花；花萼浅杯状，萼齿5；花冠淡黄色。荚果倒卵形，有白色短柔毛。

各岛均有分布。全草可入药，用于治疗虚劳浮肿、脾胃不和、胃寒疼痛、腰膝酸软等。

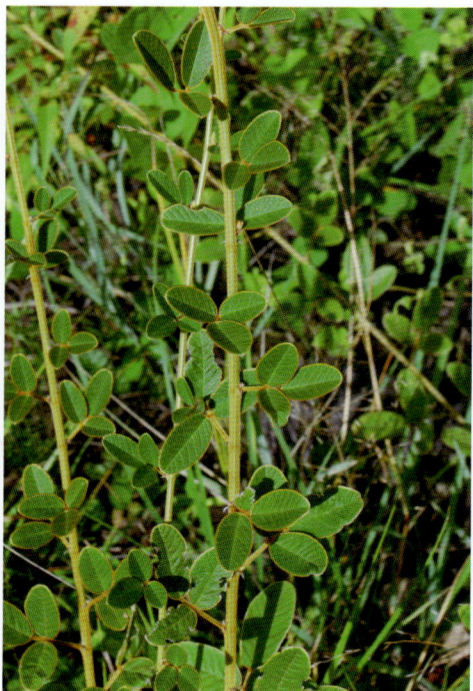

----

25. 兴安胡枝子 (*Lespedeza davurica*)

胡枝子属植物。

小灌木，高达1m，枝有短柔毛。3小叶，顶生小叶披针状矩圆形，长2~3cm，先端圆钝，有短尖，基部圆形，上面无毛，下面密生短柔毛；托叶条形。总状花序腋生，花梗无关节；无瓣花簇生于下部枝条之叶腋，小苞片条形；花萼浅杯状，萼齿5，披针形，几与花瓣等长，有白色柔毛；花冠黄绿色，旗瓣矩圆形，长约1cm，翼瓣较短，龙骨瓣长于翼瓣；子房有毛。荚果倒卵状矩形，长约4mm，宽约2.5mm，有白色柔毛。

各岛广泛分布。饲用植物，幼嫩枝条各种家畜均喜食。

26. 多花胡枝子 (*Lespedeza floribunda*)

胡枝子属植物。

小灌木，高可达 100cm。根细长，枝有条棱，托叶线形，先端刺芒状；羽状复叶；小叶具柄，叶片倒卵形，宽倒卵形或长圆形。总状花序腋生；花梗细长，超出叶；花多数；小苞片卵形，先端急尖；花萼被柔毛，上部分离，裂片披针形或卵状披针形，先端渐尖；花冠紫色、紫红色或蓝紫色，旗瓣椭圆形，翼瓣稍短，龙骨瓣长于旗瓣。荚果宽卵形。花期 6~9 月，果期 9~10 月。

各岛广泛分布。饲草植物，还可防风固沙，作水土保持植物。

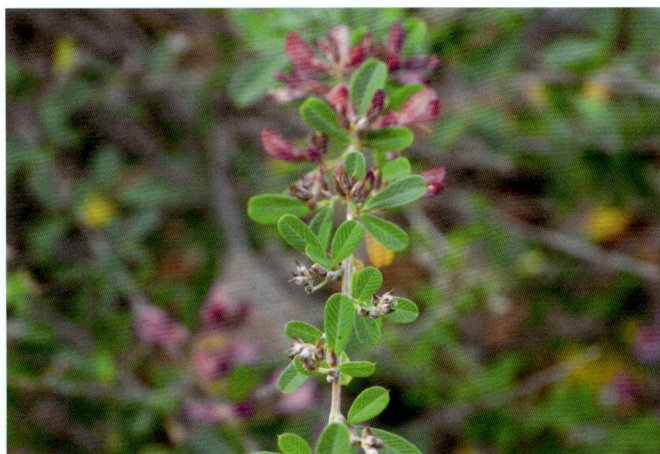

27. 长叶胡枝子 (*Lespedeza caraganae*)

胡枝子属植物，别名长叶铁扫帚。

灌木，高约 50cm。茎直立，基部有分枝；分枝斜升，有棱，棱上被短伏毛。羽状复叶具 3 小叶；叶柄长 3~5mm，被短伏毛；小叶线状长圆形，长 2~4cm，宽 2~4mm，先端钝或微凹，基部楔形，上面几无毛，下面被伏毛。总状花序腋生，花序梗长 0.5~1cm，密生白色伏毛，具 3~4(5) 朵花；花萼窄钟形，花冠白色或黄色。有瓣花的荚果长圆状卵形；闭锁花的荚果宽卵形，均疏被白色伏毛。

各岛广泛分布。

28. 截叶铁扫帚 （*Lespedeza cuneata*）

胡枝子属植物，别名夜关门。

小灌木，高达 1m。茎被柔毛。叶具 3 小叶，密集；叶柄短；小叶楔形或线状楔形，长 1~3cm，宽 2~7mm，先端平截，具小刺尖，基部楔形，上面近无毛，下面密被贴伏毛。总状花序具 2~4 花，花序梗极短；花萼 5 深裂，裂片披针形，密被贴伏柔毛；花冠淡黄色或白色，旗瓣基部有紫斑，翼瓣与旗瓣近等长，龙骨瓣稍长，先端带紫色；闭锁花簇生于叶腋。荚果宽卵形或近球形，长 2.5~3.5mm，宽约 2.5mm，被贴伏柔毛。

各岛广泛分布。饲草植物，可用于水土保持；性微寒、味苦，益肝明目、利尿解热。

29. 阴山胡枝子 （*Lespedeza inschanica*）

胡枝子属植物。

灌木，高可达 80cm。茎下部近无毛，上部被短柔毛。托叶丝状钻形，被柔毛；羽状复叶；小叶片长圆形或倒卵状长圆形，先端钝圆或微凹，基部宽楔形或圆形，顶生小叶较大。总状花序腋生，与叶近等长，小苞片长卵形或卵形；花萼深裂，裂片披针形，萼筒外被伏毛；花冠白色，旗瓣近圆形，花期反卷，翼瓣长圆形。荚果倒卵形，密被伏毛，短于宿存萼。

各岛广泛分布。耐旱，耐贫瘠土壤，根系庞大，具根瘤，地上部丛生，是很好的荒山绿化和水土保持植物；全株可药用，治疗水泻、痢疾、感冒、跌打损伤、小儿遗尿等。

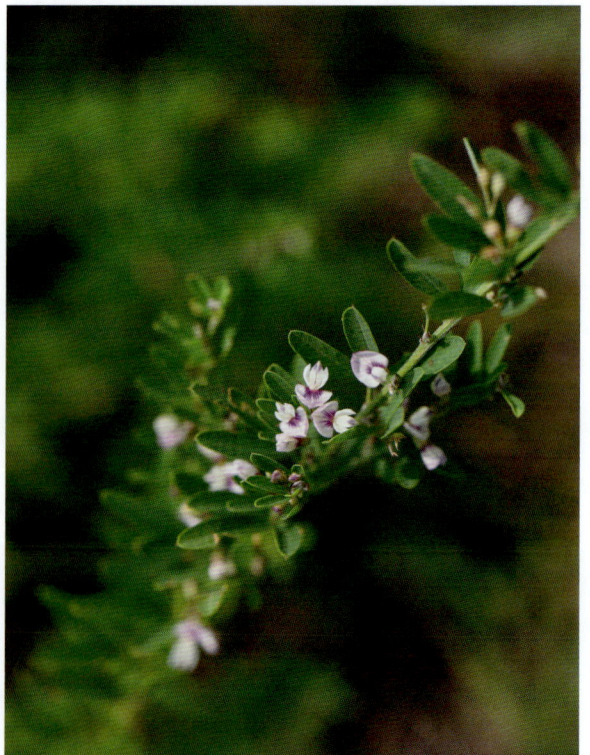

30. 细梗胡枝子 (*Lespedeza virgata*)

胡枝子属植物。

小灌木，高可达 1m。基部分枝，枝细，带紫色，被白色伏毛。托叶线形，羽状复叶；小叶片椭圆形、长圆形或卵状长圆形，稀近圆形，先端钝圆，有时微凹，有小刺尖，上面无毛，下面密被伏毛，侧生小叶较小；叶柄被白色伏柔毛。总状花序腋生，具稀疏的花；总花梗纤细，苞片及小苞片披针形，花梗短；花萼狭钟形，旗瓣基部有紫斑，翼瓣较短，龙骨瓣长于旗瓣或近等长；闭锁花簇生于叶腋，无梗。荚果近圆形。花期 7~9 月，果期 9~10 月。

各岛广泛分布。全草可入药，主治慢性肾炎、疟疾、关节炎、中暑等症。

31. 尖叶铁扫帚 (*Lespedeza juncea*)

胡枝子属植物。

小灌木，高可达 1m。全株被伏毛，分枝或上部分枝呈扫帚状。托叶线形，羽状复叶；小叶片倒披针形、线状长圆形或狭长圆形，先端稍尖或钝圆，有小刺尖，基部渐狭，边缘稍反卷，上面近无毛，下面密被伏毛。总状花序腋生，稍超出叶，近似伞形花序；总花梗长；

苞片及小苞片卵状披针形或狭披针形，花萼狭钟状，裂片披针形，先端锐尖，花冠白色或淡黄色，旗瓣基部带紫斑，花期不反卷或稀反卷，龙骨瓣先端带紫色，旗瓣、翼瓣与龙骨瓣近等长，有时旗瓣较短；闭锁花簇生于叶腋，近无梗。荚果宽卵形。花期 7~9 月，果期 9~10 月。

各岛广泛分布。可饲用、绿肥用，作冬贮饲料，并可作为北方野生优良牧草加以驯化，以治理风沙、保持水土、改良土壤、增加地力。

32. 鸡眼草（*Kummerowia striata*）

鸡眼草属植物，别名掐不齐。

一年生草本植物。茎平伏，上升，多分枝，茎和枝上被疏生向上的白毛，有时仅节处有毛。叶为三出羽状复叶；小叶纸质，倒卵形、宽倒卵形或倒卵状楔形，全缘。花常 1~2 朵腋生；花冠上部暗紫色。荚果椭圆形或卵形，稍侧偏。花期 7~8 月，果期 8~10 月。

各岛有分布。全草可入药，用于治疗风热感冒、胃肠炎、痢疾、热淋、肝炎、跌扑损伤、疔疮肿毒。

----

33. 长萼鸡眼草（*Kummerowia stipulacea*）

鸡眼草属植物。

高 7~15cm，茎平伏、上升或直立。茎和枝上被疏生向上的白毛，有时仅节上有毛。叶具 3 小叶；托叶长 3~8mm，较叶柄长或有时近等长，叶柄短，小叶倒卵形、宽倒卵形或倒卵状楔形，先端微凹，基部楔形，下面中脉及边缘有毛，侧脉多而密。花常 1~2 朵，花萼 5 裂，有缘毛，基部具 4 枚小苞片；花冠上部暗紫色，长 5.5~7mm，旗瓣椭圆形，先端微凹，下部渐窄成瓣柄，较龙骨瓣短，翼瓣窄披针形，与旗瓣近等长，龙骨瓣钝，上面有暗紫色斑点。荚果椭圆形或卵形，稍侧扁。花期 7~8 月，果期 8~10 月。

各岛均有分布。全草可药用，能清热解毒、健脾利湿，又可作饲料及绿肥。

34. 救荒野豌豆（*Vicia sativa*）

野豌豆属植物，别名关东花。

多年生草本植物。羽状复叶，有卷须；小叶长椭圆形或倒卵形，先端截形，凹入，有细尖，基部楔形，两面疏生黄色柔毛；托叶戟形。花生叶腋，萼钟状，萼齿5，披针形，渐尖，有白色疏短毛；花冠紫色或红色。荚果条形，扁平，近无毛。种子棕色，圆球形。

各岛均产。早春野菜，花可食；全草可入药，活血平胃、利五脏、明耳目。

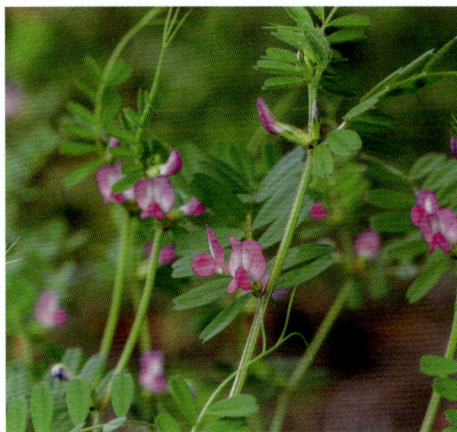

35. 四籽野豌豆（*Vicia tetrasperma*）

野豌豆属植物。

一年生缠绕草本。高20~60cm。茎纤细柔软，有棱，多分枝，被微柔毛。总状花序长约3cm，有1~2花；花甚小，长约6mm；花萼斜钟状，萼齿圆三角形；花冠淡蓝色，或带蓝或紫白色，旗瓣长圆倒卵形；子房长圆形，有柄，胚珠4，花柱上部四周被毛。荚果长圆形，棕黄色，近革质，具网纹。种子，扁圆形，褐色。花期3~6月，果期6~8月。

各岛均产，功用同救荒野豌豆。

36. 山野豌豆（*Vicia amoena*）

野豌豆属植物。

多年生草本植物，高0.3~1m。全株疏被柔毛，稀近无毛。茎具棱，多分枝，斜升或攀援。总状花序通常长于叶，花冠红紫色、蓝紫色或蓝色；花萼斜钟状，萼齿近三角形，上萼齿明显短于下萼齿；旗瓣倒卵圆形，瓣柄较宽，翼瓣与旗瓣近等长，瓣片斜倒卵形，龙骨瓣短于翼瓣；子房无毛，花柱上部四周被毛，子房柄长约0.4cm。荚果长圆形，长1.8~2.8cm，两端渐尖，无毛。种子圆形，深褐色，具花斑。花期4~6月，果期7~10月。

各岛均产，功用同救荒野豌豆。

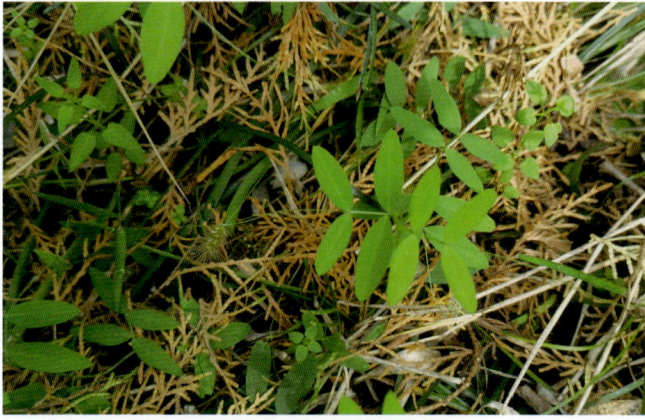

37. 窄叶野豌豆（*Vicia sativa* subsp. *nigra*）

野豌豆属植物。

一、二年生草本植物，高可达80cm。茎多分枝。偶数羽状复叶，叶轴顶端卷须发达；小叶片线形或线状长圆形，叶脉不甚明显，两面被浅黄色疏柔毛。花腋生，有小苞叶；花萼钟形，萼齿三角形，花冠红色或紫红色，旗瓣倒卵形，翼瓣与旗瓣近等长，龙骨瓣短于翼瓣；子房纺锤形，柄短。荚果长线形，种皮黑褐色，革质，种脐线形。花期3~6月，果期5~9月。

各岛均产，功用同救荒野豌豆。

---

38. 大花野豌豆（*Vicia bungei*）

野豌豆属植物。

一、二年生缠绕或匍匐状草本植物。高可达50cm。茎有棱，多分枝。羽状复叶顶端卷须有分枝；托叶半箭头形，小叶片长圆形或狭倒卵长圆形，先端平截微凹，稀齿状，上面叶脉不甚清晰，下面叶脉被疏柔毛。总状花序长于叶或与叶轴近等长；萼钟形，被疏柔毛，萼齿披针形；花冠红紫色或金蓝紫色，旗瓣倒卵披针形，先端微缺，翼瓣短于旗瓣，长于龙骨瓣；子房柄细长，沿腹缝线被金色绢毛，花柱上部被长柔毛。荚果扁长圆形。种子球形。花期4~5月，果期6~7月。

大黑山有分布，功用同救荒野豌豆。

39. 广布野豌豆（*Vicia cracca*）

野豌豆属植物。

多年生草本植物，高40~150cm。根细长，多分枝。茎攀援或蔓生，有棱，被柔毛。偶数羽状复叶，叶轴顶端卷须有2~3分枝。总状花序与叶轴近等长，花多数，密集一面向着生于总花序轴上部。荚果长圆形或长圆菱形，长2~2.5cm，宽约0.5cm。种子3~6，扁圆球形，直径约0.2cm，种皮黑褐色，种脐长相当于种子周长1/3。花果期5~9月。

各岛均产，功用同救荒野豌豆。

40. 日本山黧豆（*Lathyrus japonicus*）

山黧豆属植物，别名海豌豆、海滨香豌豆。

多年生草本植物。根状茎极长，横走。茎匍匐斜升，无毛。叶轴末端具卷须，单一或分枝，小叶长椭圆形或长倒卵形，先端圆或急尖，基部宽楔形，两面无毛。总状花序比叶短，有花2~5朵，萼钟状，花紫色。荚果棕褐色或紫褐色，压扁，无毛或被稀疏柔毛。种子近球状。花期5~7月，果期7~8月。

南诸岛海边分布较多。全草可入药，用于肾虚腰痛、遗精、月经不调、咳嗽痰多，外用治疗疮。

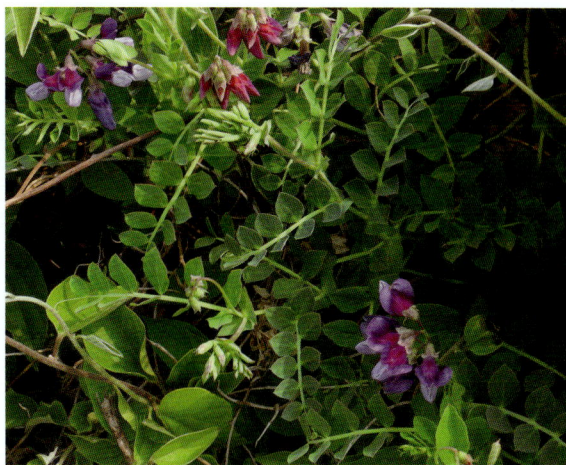

---

41. 大山黧豆（*Lathyrus davidii*）

山黧豆属植物，别名野豌豆、豌豆花。

多年生草本植物。具块根，高1~1.8m。茎圆柱状，直立或斜升，无毛。托叶半箭形，下部的与小叶近等大，全缘或下面稍有锯齿；叶长4~6cm，叶轴末端具分枝的卷须。总状花序腋生，约与叶等长，有花10余朵；萼钟状，花冠深黄色，瓣片扁圆形，瓣柄窄倒卵形，瓣片卵形，基部具耳及线形瓣柄；子房线形，无毛。荚果线形，具长网纹。种子紫褐色，宽长圆形，光滑。花期5~7月，果期8~9月。

各岛均分布。种子可入药，有疏肝理气、调经止痛之功效，常用于治疗痛经、月经不调。

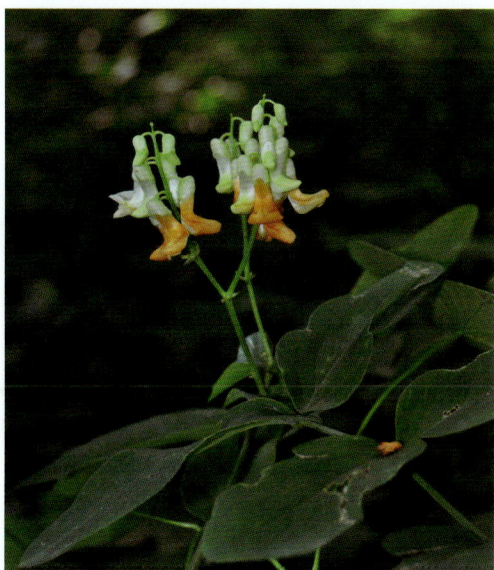

99

---

42. 山黧豆（*Lathyrus quinquenervius*）

山黧豆属植物。

多年生草本植物。根状茎横走，茎直立，单一，高20~50cm，具棱及翅，有毛，后变无毛。叶具小叶1~2对；小叶质地坚硬，椭圆状披针形或线状披针形。总状花序腋生，具5~8朵花；花梗长3~5mm，花蓝紫色或紫色。荚果线形，长3~5cm，宽4~5mm。花期5~7月，果期8~9月。

挡浪岛有分布。山黧豆味辛，性温。归肝、胃经。全草、种子均可入药，有祛风除湿，活血止痛，温中散寒等功效。

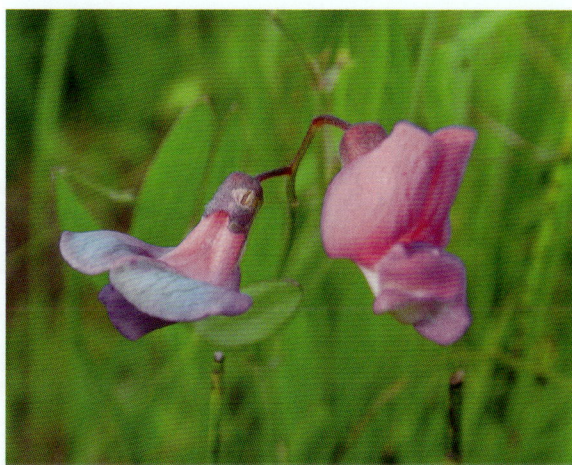

43. 两型豆（*Amphicarpaea edgeworthii*）

两型豆属植物，别名野毛扁豆。

一年生缠绕草本。体被侧生淡褐色粗毛覆盖。小叶 3，两面疏被贴生伏毛，顶生小叶菱状卵形或卵形，先端钝或锐，基部圆形或略宽楔形，侧生小叶偏卵形，先端钝有细尖，基部圆或宽楔形几无柄；总状花序，具 3~5 花腋生，比叶短；花淡紫色或白色；旗瓣倒卵形，先端圆，基部有耳；翼瓣椭圆形，先端圆，基部有耳，龙骨瓣椭圆形，侧稍凹，有爪。荚果扁平，镰刀状，先端有短尖，表面有黑褐色网状，沿腹缝线有长硬毛，含 3 种子。种子长圆肾形，扁平，红棕色，有黑色斑纹。其地下亦有豆荚。花期 7~9 月，果期 9~11 月。

仅产于大竹山岛，长岛偶见其分布。种子可入药，具抗炎、抗氧化、抗肿瘤、抗菌等功效，用于治妇科病。

44. 葛（*Pueraria montana* var. *lobata*）

葛属植物，别名噶子。

多年生草质藤本。块根肥厚圆柱状，多纤维。茎坚韧，匍匐于地面或缠绕于树上。叶互生，具长柄，有毛；侧生叶片多偏斜，顶生叶片菱状卵圆形。总状花序腋生，蝶形花冠，紫红色。荚果长条形，扁平，密被黄褐色硬毛。花期 7~8 月，果期 8~10 月。

各岛均产。根可制淀粉，为高级食用淀粉；花和根可入药，有解肌退热、生津、透疹、升阳止泻之功效。

45. 贼小豆（*Vigna minima*）

豇豆属植物，别名山绿豆。

羽状复叶具 3 小叶；小叶的形状和大小变化颇大，卵形、卵状披针形、披针形或线形，先端急尖或钝，基部圆形或宽楔形，两面近无毛或被极稀疏的糙伏毛。总状花序柔弱；通常有花 3~4 朵；花冠黄色，旗瓣极外弯，近圆形，长约 1cm，宽约 8mm；龙骨瓣具长而尖的耳。荚果圆柱形，无毛，开裂后旋卷。种子 4~8 粒，长圆形，深灰色，种脐线形，凸起。花果期 8~10 月。

主要分布于南北长山、大黑山。

---

46. 硬毛棘豆（*Oxytropis hirta*）

棘豆属植物。

多年生草本植物，高 7~10cm。根直伸，根径 5~7mm。茎缩短，密被枯萎叶柄和托叶，轮生羽状复叶长 4~7cm；托叶膜质，于基部与叶柄贴生，于中部彼此合生，分离部分卵形，被贴伏白色柔毛；叶柄与叶轴被开展硬毛。8 花组成穗形总状花序；花萼筒状，微膨胀；萼齿披针形，长 5~7mm；花冠红紫色；子房被硬毛，胚珠 22~27。荚果革质，长圆形，腹面具深沟，被白色柔毛。花果期 5~6 月。

黑山有分布。地上部分入药，可治疗瘟疫、丹毒、腮腺炎。

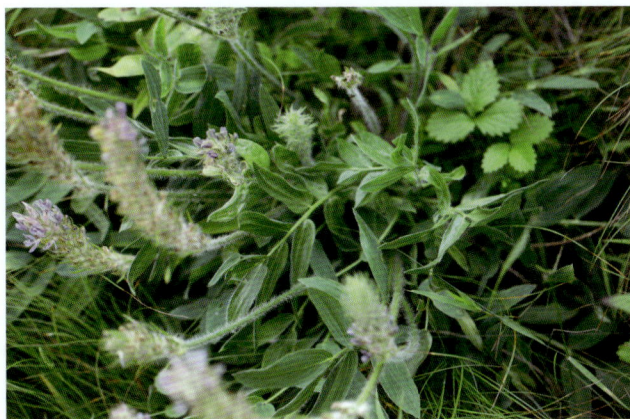

---

47. 野大豆（*Glycine soja*）

大豆属植物。

一年生缠绕草本植物。长可达 4m。茎、小枝纤细。托叶片卵状披针形，顶生小叶卵圆形或卵状披针形，两面均被绢状的糙伏毛，侧生小叶斜卵状披针形。总状花序通常短，花小，花梗密生黄色长硬毛；苞片披针形；花萼钟状，裂片三角状披针形，花冠淡红紫色或白色，旗瓣近圆形。荚果长圆形。种子间稍缢缩，椭圆形，稍扁。7~8 月开花，8~10 月结果。

各岛均有分布。家畜喜食的饲料，可栽作牧草、绿肥和水土保持植物；种子及根、茎、叶均可入药。

48. 农吉利（*Crotalaria sessiliflora*）

猪屎豆属植物，别名野百合、紫花野百合。

直立草本，高30~100cm，基部常木质。托叶线形，长2~3mm，宿存或早落；单叶，叶片形状常变异较大，通常为线形或线状披针形；叶柄近无。总状花序顶生、腋生或密生枝顶形似头状；花梗短，长约2mm；花萼二唇形，长10~15mm；花冠蓝色或紫蓝色。种子10~15粒。花果期5月至翌年2月。

长岛偶见其分布。该种可供药用，有清热解毒、消肿止痛、破血除瘀之功效，治风湿麻痹、跌打损伤、疮毒、疥癣等症，抗癌效用同大猪屎豆。

---

49. 合萌（*Aeschynomene indica*）

合萌属植物，别名田皂角。

豆科一年生草本或亚灌木状植物。茎直立。叶对生。总状花序，腋生，花萼膜质，花冠淡黄色，子房扁平，线形。种子黑棕色，肾形。花果期7~10月。

全草可入药，中药名为梗通草，能清热利湿、祛风明目、通乳。

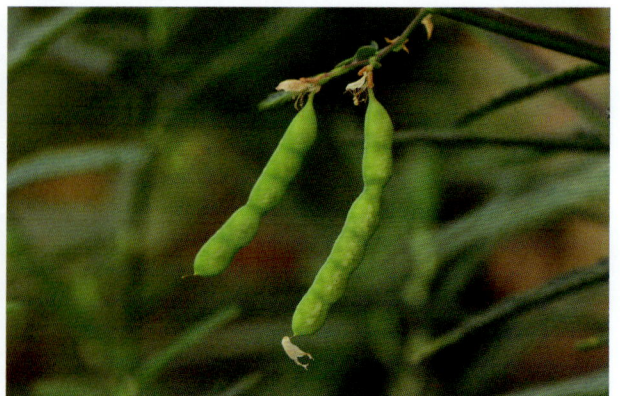

二十六、酢浆草科 Oxalidaceae

本科包含 1 属 1 种被子植物。

酢浆草（*Oxalis corniculata*）

酢浆草属植物，别名酸醋、扑搂酸。

多年生草本植物。根茎稍肥厚。茎细弱，多分枝，匍匐，茎叶有酸味。叶基生或茎上互生。花单生或数朵集伞形花序，腋生，总花梗淡红色，与叶近等长；花瓣5，黄色，长圆状倒卵形。蒴果长圆柱形，5棱。种子长卵形，褐色或红棕色，具横向肋状网纹。花果期6~9月。

各岛均产。全草可入药，有清热利湿、凉血散瘀、消肿解毒之功效。

二十七、牻牛儿苗科 Geraniaceae

本科包含 2 属 3 种被子植物。

1. 牻牛儿苗（*Erodium stephanianum*）

牻牛儿苗属植物。

多年生草本植物，高通常15~50cm。叶对生，托叶三角状披针形，全缘或具疏齿，表面被疏伏毛，背面被疏柔毛。伞形花序，花瓣紫红色，倒卵形。蒴果长约4cm。种子褐色，具斑点。花期6~8月，果期8~9月。

全草供药用，有祛风除湿和清热解毒之功效；全草含鞣质，可提制树胶。

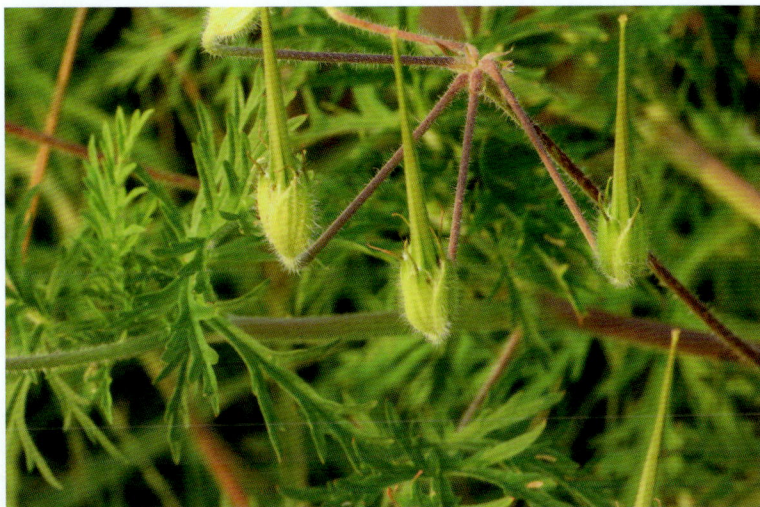

2. 鼠掌老鹳草（*Geranium sibiricum*）

老鹳草属植物。

多年生草本植物，高达 70cm。具直根。茎仰卧或近直立，疏被倒向柔毛。叶对生，肾状五角形，基部宽心形，掌状 5 深裂，裂片倒卵形、菱形或长椭圆形。花序梗粗，腋生，长于叶，被倒向柔毛。萼片卵状椭圆形或卵状披针形，背面沿脉疏被柔毛；花瓣倒卵形，白色或淡紫红色，先端微凹或缺刻。蒴果长 1.5~1.8cm，疏被柔毛，果柄下垂。花期 6~7 月，果期 8~9 月。

各岛均有分布。作牲畜饲料，药用可治疗疱疹性角膜炎。

3. 老鹳草（*Geranium wilfordii*）

老鹳草属植物。

多年生草本植物，高可达 50cm。根茎粗壮直生，茎直立，单生，叶基生和茎生叶对生；托叶卵状三角形或上部为狭披针形，基生叶片圆肾形。花序腋生和顶生，稍长于叶，总花梗被倒向短柔毛，苞片钻形，花梗与总花梗相似，花、果期通常直立；萼片长卵形或卵状椭圆形，花瓣白色或淡红色，倒卵形，花丝淡棕色。蒴果被短柔毛和长糙毛。花期 6~8 月，果期 8~9 月。

各岛均有分布。老鹳草的叶形美观，叶色鲜艳，花色多，花美观，植株矮小，适合作地被植物用；全草供药用，有祛风通络之功效。

二十八、亚麻科 Linaceae

本科包含 1 属 2 种被子植物。

1. 野亚麻（*Linum stelleroides*）

亚麻属植物，别名胡麻子。

一年生草本植物。茎直立，圆柱形，基部木质化，有洞落的叶痕点，不分枝或自中部以上分枝，无毛。叶互生，线形或线状披针形。单花或多花组成聚伞花序，花瓣 5，淡蓝色。蒴果球形或扁球形，成熟时顶端开裂。种子扁卵形，黄褐色，有光泽。花期 6~9 月，果期 8~10 月。

南诸岛有分布。全草可入药，用于治疗便秘、皮肤干燥、瘙痒、毛发枯萎脱落。

2. 亚麻（*Linum usitatissimum*）

亚麻属植物。

一年生草本植物。茎直立，可达 1.2m 高，上部细软，有蜡质。叶互生，披针状，20~40mm 长，3mm 宽，表面有白霜。花瓣 5，直径为 15~25mm，蓝色或白色。果实为蒴果。种子扁卵圆形。花期 6~8 月，果期 7~10 月。

各岛均有分布。亚麻是人类最早使用的纯天然植物纤维，距今已有 1 万年以上的历史，由于其具有吸汗、透气性良好和对人体无害等显著特点，越来越被人类所重视；同时，亚麻还是油料作物，亚麻油含多量不饱和脂肪酸，故用来预防高脂血症和动脉粥样硬化。

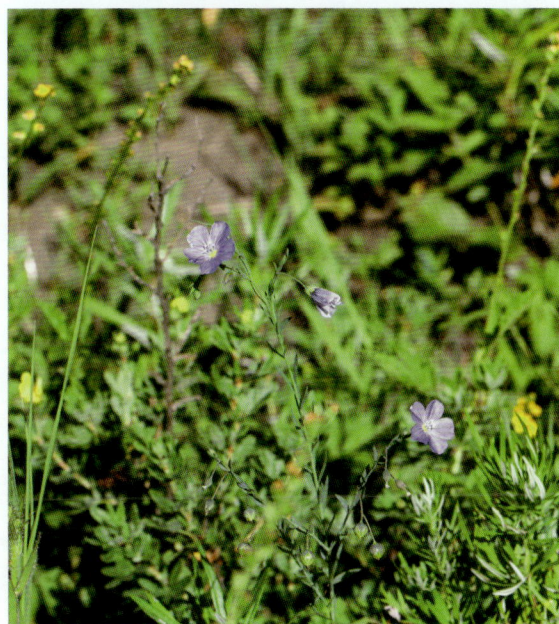

二十九、蒺藜科 Zygophyllaceae

本科包含 1 属 1 种被子植物。

蒺藜（*Tribulus terrestris*）

蒺藜属植物，别名刺蒺藜。

一年生草本植物。茎平卧，被长柔毛或长硬毛。偶数羽状复叶，小叶对生，3~8 对。花腋生，黄色；萼片 5，宿存；花瓣 5。果有分果瓣 5，硬，中部边缘有锐刺 2 枚，下部常有小锐刺 2 枚，其余部位常有小瘤体。花期 5~8 月，果期 6~9 月。

各岛均有分布。果实可入药，有平肝疏肝、祛风明目之功效。

三十、芸香科 Rutaceae

本科包含 4 属 8 种被子植物。

1. 花椒（*Zanthoxylum bungeanum*）

花椒属植物。

灌木或小乔木。茎枝疏生斜上的皮刺，基部侧扁。叶互生，单数羽状复叶，叶轴具狭窄的翼，小叶通常 5~9 片，对生，卵形、椭圆形至广卵形，边缘锯齿状。伞房状圆锥花序顶生，雌雄异株。果实红色至紫红色，密生疣状凸起的腺点。种子 1，黑色，有光泽。

各岛均有分布。新芽可食；枝能祛风湿、止痛；果实入药，用于治疗痰饮、肠鸣胀满、肿满、小便不利。

2. 无刺花椒（*Zanthoxylum bungeanum* var. *inermis*）

花椒属植物，别名山花椒。

灌木或小乔木。树皮灰白色。茎枝几无皮刺或极稀疏。叶互生，单数羽状复叶，小叶通常 5~7 片，对生，卵形、椭圆形至长椭圆形，全缘。伞房状圆锥花序顶生，花黄色，芳香。果实红色至紫红色，密生疣状凸起的腺点。种子 1，黑色，有光泽。

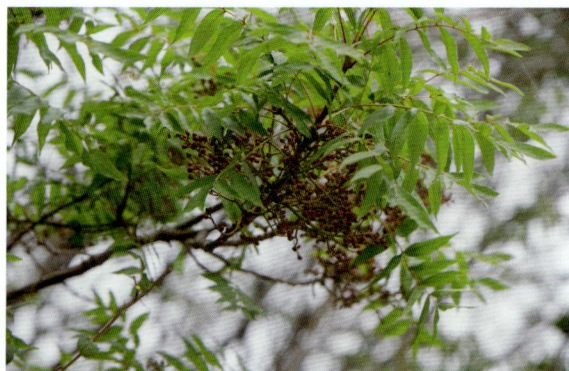

长岛特殊物种，仅分布于大竹山。1986 年中药普查时，由谢在佩定种。果实麻辣之味不及花椒，但当地驻军亦以此做菜。

3. 野花椒 (*Zanthoxylum simulans*)

花椒属植物。

乔木或灌木状。枝干散生基部宽扁锐刺，幼枝被柔毛或无毛。奇数羽状复叶，叶轴具窄翅；小叶 5~9(15)，对生，无柄，卵圆形、卵状椭圆形或菱状宽卵形，先端尖或短尖。聚伞状圆锥花序顶生。花被片 5~8，1 轮，大小近相等，淡黄绿色；雄花具 5~8(10) 雄蕊；雌花具 2~3 心皮。果红褐色，果瓣基部骤缢窄成长 1~2mm 短柄，密被微凸油腺点，果瓣径约 5mm。花期 3~5 月，果期 7~9 月。

各岛均有分布。具有温中止痛、杀虫止痒之功效，用于治疗脾胃虚寒、脘腹冷痛、呕吐、泄泻、蛔虫腹痛、湿疹、皮肤瘙痒、阴痒、龋齿疼痛。

4. 青花椒 (*Zanthoxylum schinifolium*)

花椒属植物。

灌木，高达 2m。茎枝无毛，基部具侧扁短刺。奇数羽状复叶，叶轴具窄翅；小叶 7~19，对生，纸质，叶轴基部小叶常互生，宽卵形、披针形或宽卵状菱形，长 0.5~1(7)cm，宽 4~6(25)mm，先端短尖至渐尖，基部圆或宽楔形，上面被毛或毛状凸体，下面无毛，具细锯齿或近全缘，侧脉不明显。伞房状聚伞花序顶生；萼片 5，宽卵形，长 0.5mm；花瓣淡黄白色，长圆形，长约 2mm；雌花具 3(4~5) 心皮，几无花柱。果瓣红褐色，径 4~5mm，具淡色窄缘，顶端几无芒尖，油腺点小。花期 7~9 月，果期 9~12 月。

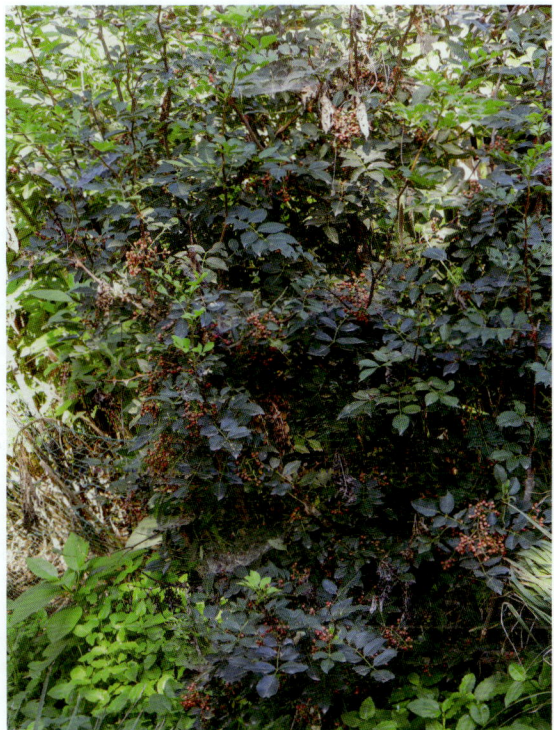

各岛均有分布。植株可作防护刺篱；果也可作调味香料；果皮作为调味料，可供提取芳香油，又可入药；种子可食用，又可供加工制作肥皂；根、叶及果可入药，能消寒解毒、消食健胃。

5. 臭檀吴萸（*Tetradium daniellii*）

吴茱萸属植物，别名臭辣树。

落叶乔木。枝暗紫褐色，幼枝有柔毛。单数羽状复叶，对生，小叶呈椭圆状卵形或长椭圆状披针形，表面深绿色近于无毛，背面灰白色。聚伞圆锥花序顶生，花单性，小型，白色或淡绿色。蓇葖果成熟时紫红色或淡红色，每一分果瓣有 1 粒种子。花期 7~8 月，果期 9~10 月。

南诸岛有分布，尤以小黑山为多。果实入药称北吴茱萸，有清热祛痰、理气止痛之功效。

6. 楝叶吴萸（*Tetradium glabrifolium*）

吴茱萸属植物。

树高达 20m，胸径 80cm。树皮灰白色，不开裂，密生圆或扁圆形、略凸起的皮孔。叶有小叶 7~11 片，很少 5 片或更多，小叶斜卵状披针形，少有更大的，两侧明显不对称。花序顶生，花甚多；萼片及花瓣均 5 片，很少同时有 4 片的。种子长约 4mm，宽约 3.5mm，褐黑色。花期 7~9 月，果期 10~12 月。

黑山土岛有分布。木材有酸辣气味，无虫蛀，较耐腐，是天花板、楼板、门窗、枪托、车、船内装饰及文具等用材；根及果用作草药，有健胃、祛风、镇痛、消肿之功效。

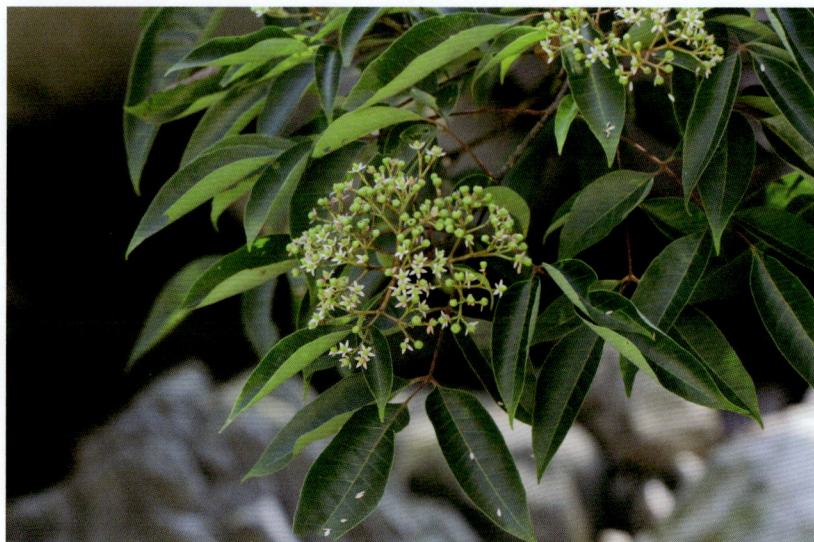

7. 枳 (*Citrus trifoliata*)

柑橘属植物，别名枸橘、臭橘子。

灌木或小乔木。枝绿色，嫩枝扁，有刺。叶柄有狭长的翼叶，通常指状三出叶。花单朵或成对腋生，先叶开放，花瓣白色，匙形。果近圆球形或梨形，大小差异较大；果皮暗黄色，粗糙，果心充实，瓢囊6~8瓣；果肉含黏液，微有香橼气味，甚酸且苦，带涩味。种子阔卵形，乳白或乳黄色，有黏液。花期5~6月，果期10~11月。

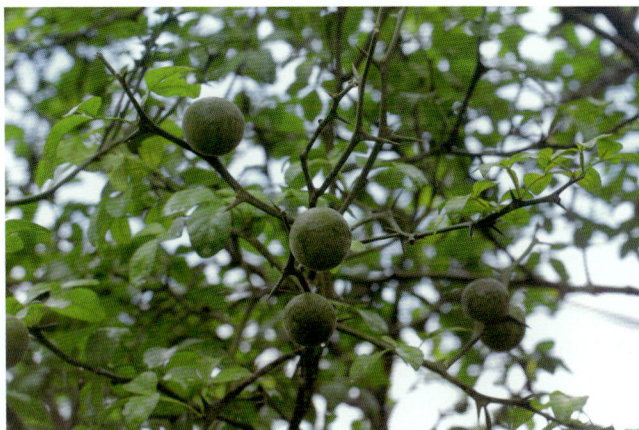

南长山有分布。果实可入药，用于治疗胃脘气痛、饮食不化、便秘、肝郁、乳腺增生、疝气。

----

8. 黄檗 (*Phellodendron amurense*)

黄檗属植物。

落叶乔木，高达 20(30)m，胸径 1m。老树树皮具厚木栓层，淡灰色至灰褐色，深纵裂，内皮鲜黄色，味苦。奇数羽状复叶对生，叶轴及叶柄均细；小叶 5~13，薄纸质至纸质，卵状披针形或卵形，长 6~12cm，先端长渐尖，基部宽楔形或圆，具细钝齿及缘毛，上面无毛或中脉疏被短毛，下面基部中脉两侧密被长柔毛，后脱落。萼片宽卵形，长约 1mm；花瓣黄绿色，长 3~4mm；雄花较花瓣长。果具 5~8(10) 浅纵沟。花期 5~6月，果期 9~10月。

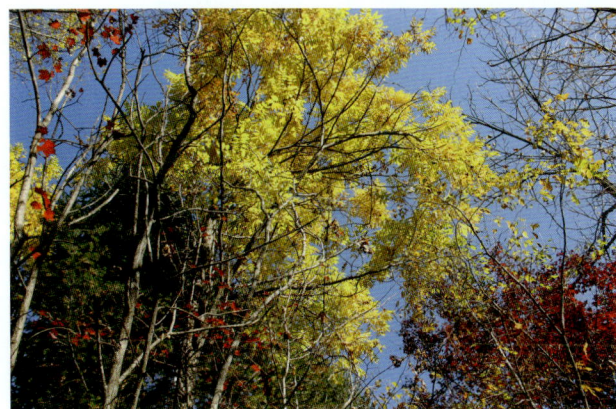

木材可做家具用材；树皮内层药用，有清热、解毒、消炎、杀菌、镇咳祛痰之功效。

三十一、苦木科 Simaroubaceae

本科包含 2 属 2 种被子植物。

1. 臭椿 (*Ailanthus altissima*)

臭椿属植物，别名樗树。

落叶乔木。树皮平滑有直纹。新枝赤褐色，初有细毛，后稍脱落。单数羽状复叶，互生，有短柄，披针状卵形。圆锥花序顶生，花小，绿色，杂性，萼短 5 裂，花瓣 5。翅果长椭圆形，淡黄绿色。花期 4~5月，果期 8~9月。

各岛均产。根皮入药，有清热燥湿、涩肠、止血、止带之功效；果实称凤眼草，有清热燥湿、止血、治痢疾、肠风便血、尿血、崩漏、白带之功效。

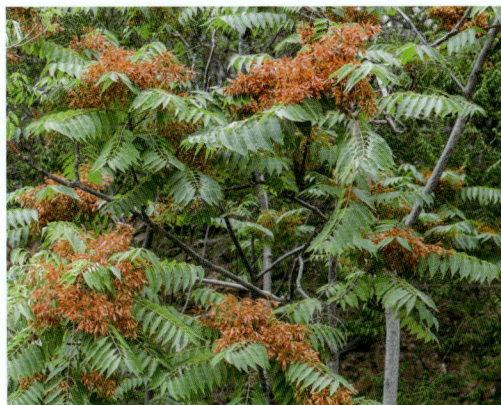

2. 苦木 (*Picrasma quassioides*)

苦木属植物，别名熊胆树、黄楝树、苦皮树。

落叶乔木。高可达 10 余 m。树皮紫褐色，全株有苦味。叶互生，卵状披针形或广卵形，叶面无毛，托叶披针形。雌雄异株，组成腋生复聚伞花序，花瓣与萼片同数，卵形或阔卵形。核果成熟后蓝绿色。种皮薄，萼宿存。花果期 4~9 月。

各岛均有分布。木有毒，入药能泻湿热、杀虫治疥；亦可作为园艺农药，多用于驱除蔬菜害虫。

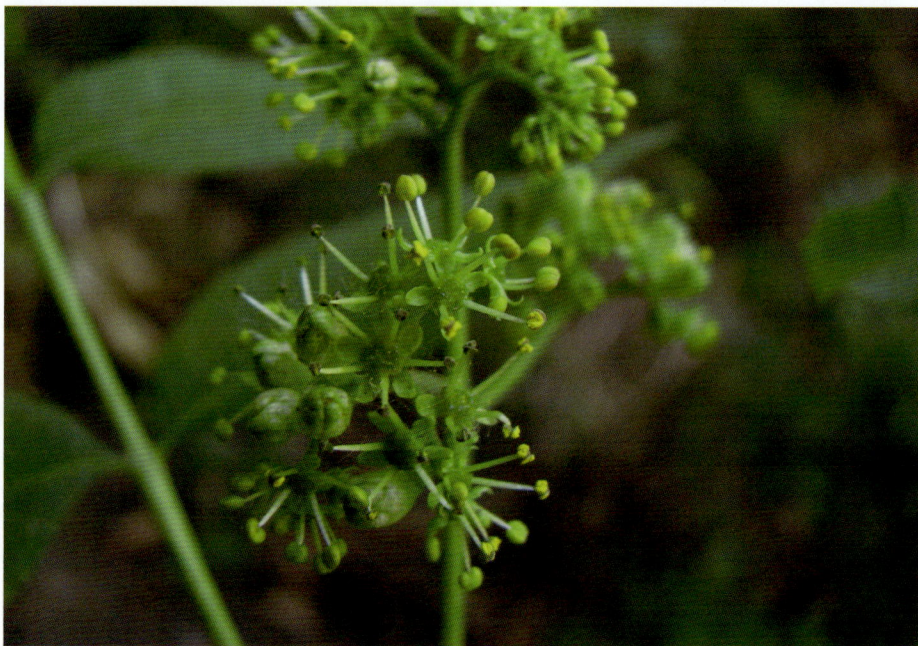

三十二、楝科 Meliaceae

本科包含 2 属 2 种被子植物。

1. 香椿 (*Toona sinensis*)

香椿属植物，别名椿头。

落叶乔木。树皮灰褐色，成窄条片脱落。幼枝粉绿色，有毛，搓之具特殊气味。偶数或奇数羽状复叶。叶柄基部膨大，有浅沟；小叶长圆状披针形或狭卵状披针形，先端渐尖或尾尖，基部偏斜，全缘或有浅锯齿，嫩时下面有毛，后脱落，小叶柄短。圆锥花序，顶生，下垂；花白色，钟状，有芳香；萼小，5 浅裂；花瓣 5，卵状长圆形。蒴果倒卵形或椭圆形，熟时红褐色，有皮孔。种子上端有翅。花期 6~7 月，果期 10~11 月。

各岛均有分布。嫩芽可食；根皮可入药，有除热、燥湿、涩肠、止血、杀虫作用；果实称香铃子，有理气及降血糖作用。

2. 楝 (*Melia azedarach*)

楝属植物，别名苦楝子。

落叶乔木，高可达 10m。树皮灰褐色，分枝广展，叶为二至三回奇数羽状复叶，小叶对生，叶片卵形、椭圆形至披针形，顶生略大。圆锥花序约与叶等长，花芳香；裂片卵形或长圆状卵形，先端急尖；花瓣淡紫色，倒卵状匙形，两面均被微柔毛；花药着生于裂片内侧，且互生；子房近球形，无毛，每室有胚珠，花柱细长，柱头头状。核果球形至椭圆形，内果皮木质。种子椭圆形。花期 4~5 月，果期 10~12 月。

各岛有分布。其花、叶、果实、根皮均可入药，根皮可驱蛔虫和钩虫，根皮粉调醋可治疥癣，用苦楝子做成油膏可治头癣；果核仁油可供制润滑油和肥皂等。

三十三、远志科 Polygalaceae

本科包含 1 属 2 种被子植物。

1. 远志 (*Polygala tenuifolia*)

远志属植物，别名小草。

多年生草本植物。根圆柱形，肥厚，淡黄白色。茎直立或斜上，丛生，上部多分枝。叶互生，狭线形，先端渐尖，基部渐窄，全缘，无柄或近无柄。总状花序偏侧生于小枝顶端，细弱，通常稍弯曲；花淡蓝紫色，花瓣的 2 侧瓣倒卵形，中央花瓣较大，呈龙骨瓣状，背面顶端有撕裂成条的鸡冠状附属物。蒴果扁平，卵圆形，边有狭翅。种子卵形，微扁，棕黑色。花期 5~7 月，果期 7~9 月。

仅产大黑山岛。根皮入药，有宁心安神、祛痰开窍、消散痈肿之功效。

2. 瓜子金 (*Polygala japonica*)

远志属植物。

多年生草本植物，高 10~30cm。根圆柱形，表面褐色，有纵横皱纹和结节，枝根细。茎丛生，微被灰褐色细毛。叶互生，厚纸质，卵状披针形，侧脉明显，有细柔毛。总状花序腋生，花紫色；萼片 5，内面 2 片较大，花瓣状；花瓣 3，基部与雄蕊鞘相连，龙骨状，背面先端有流苏状附属物；雄蕊 8，花丝几全部连合成鞘状；子房上位，柱头 2 裂，不等长。蒴果广卵形，顶端凹，边缘有宽翅，具宿萼。种子卵形，密被柔毛。花期 4~5 月，果期 5~8 月。

仅产大黑山岛。入药用于治疗咳嗽、痰多、慢性咽喉炎、跌扑损伤、疔疮疖肿、毒蛇咬伤。

三十四、大戟科 Euphorbiaceae

本科包含 4 属 10 种被子植物。

1. 地构叶 (*Speranskia tuberculata*)

地构叶属植物，别名珍珠透骨草。

多年生草本植物。分枝较多，被伏贴短柔毛。叶纸质，披针形或卵状披针形，顶端渐尖，稀急尖，基部阔楔形或圆形，边缘具疏离圆齿。总状花序，雄花在上，雌花在下。蒴果扁球三角形，被柔毛和具瘤状凸起。种子卵形。花果期 5~9 月。

产北诸岛。全草可入药，用于治疗风湿骨痛、疮疡肿毒、阴囊湿疹、跌打损伤、血滞经闭、积聚痞块。

2. 铁苋菜 (*Acalypha australis*)

铁苋菜属植物，别名血见愁。

一年生草本植物。叶互生，卵状菱形至椭圆形，先端渐尖，基部楔形，边缘有钝齿。花单性，雌雄同株，穗状花序腋生；雄花序极短，生于极小的苞片内；雌花序生于叶状苞片内；苞片开展时肾形，合时如蚌。蒴果小，三角状半圆形。种子卵形，灰褐色。

各岛均产。田间杂草之一；全草可入药，治腹泻、咳嗽吐血、便血、创伤出血、疳积、皮炎、湿疹。

3. 蓖麻 (*Ricinus communis*)

蓖麻属植物，别名扁扁籽。

一年生粗壮草本。小枝、叶和花序通常被白霜，茎多液汁。叶近圆形，掌状 7~11 裂，裂缺几达中部，裂片卵状长圆形或披针形，顶端急尖或渐尖，边缘具锯齿；叶柄粗壮，中空。总状花序或圆锥花序，苞片阔三角形，膜质，早落。蒴果卵球形或近球形，果皮具软刺或平滑。种子椭圆形，微扁平，平滑，斑纹淡褐色或灰白色；种阜大。花期 5~8 月，果期 7~10 月。

各岛有分布。种子可入药，有消肿拔毒、泻下导滞、通络利窍之功效。

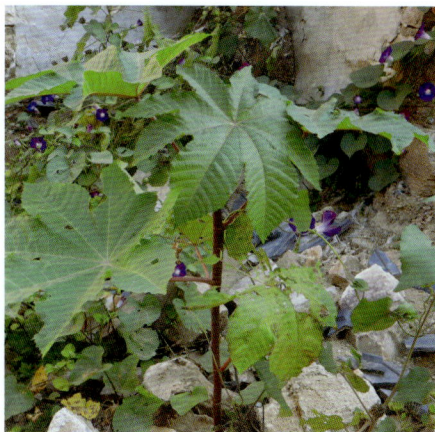

----

4. 银边翠 (*Euphorbia marginata*)

大戟属植物，别名高山积雪。

一年生草本植物。根纤细，极多分枝。茎单一，自基部向上极多分枝，高可达 60~80cm。叶互生，椭圆形绿色，苞叶椭圆形，近无柄花序单生于苞叶内或数个聚伞状着生，雄花多数，雌花 1 枚。种子圆柱状，淡黄色至灰褐色。花果期 6~9 月。

全草可入药，用于治疗月经不调、无名肿毒和跌打损伤等。

----

5. 地锦草 (*Euphorbia humifusa*)

大戟属植物，别名铺地锦、血见愁。

一年生草本植物。根细小。茎细，呈叉状分枝，表面带紫红色，光滑无毛或疏生白色细柔毛，全株含白色乳汁。单叶对生，具短柄或几无柄；叶片长椭圆形，绿色或带紫红色。聚伞花序腋生，细小。蒴果三棱状球形，表面光滑。种子细小，卵形，褐色。

各岛有分布。全草可入药，用于治疗热毒泻痢、疮疡、崩漏、吐血、黄疸、湿热下注。

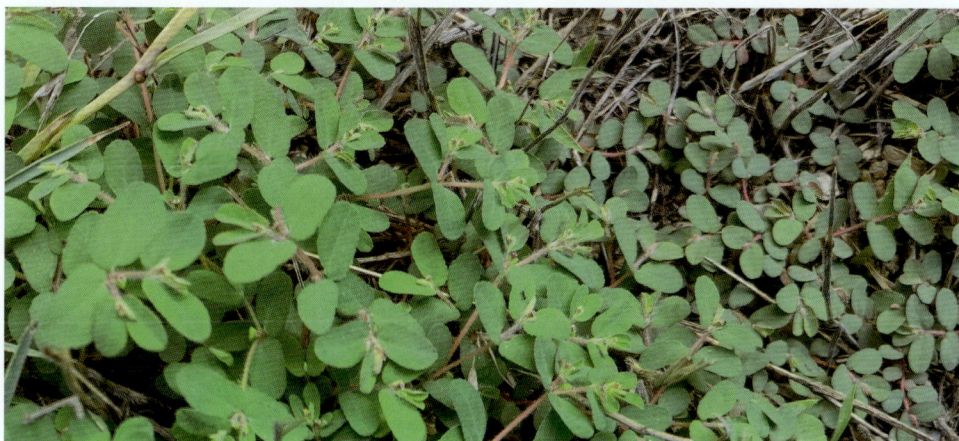

6. 乳浆大戟（*Euphorbia esula*）

大戟属植物，别名猫眼草。

多年生草本植物。全体含白色乳汁。根细长而微弯曲，部分呈串珠状。茎直立，淡红紫色，无毛。单叶互生，几无柄，全缘，光滑无毛。夏秋开黄绿色花，顶生总状花序。蒴果近圆形，3 瓣裂。

各岛均有分布。全草可入药，用于治疗水肿、鼓胀、痈肿疮毒、瘰疬。

7. 泽漆（*Euphorbia helioscopia*）

大戟属植物，别名猫眼草。

越年生草本，全株含乳汁。茎基部紫红色，分枝多。单叶互生，叶片倒卵形或匙形，先端钝圆或微凹，基部阔楔形，边缘在中部以上有细锯齿。杯状聚伞花序顶生，排列成复伞形；伞梗 5 枝，基部轮生叶状苞片 5 枚，形同茎叶而较大，每枝再作一至二回分枝，分枝处轮生倒卵形苞叶 3 枚；花单性，无花被。蒴果表面平滑。种子卵圆形，表面有网纹，熟时褐色。花期 4~5 月，果期 6~7 月。

各岛广布。全草可入药，用于治疗水气肿满、痰饮喘咳、疟疾、菌痢、瘰疬、癣疮、结核性瘘管、骨髓炎。

8. 大戟（*Euphorbia pekinensis*）

大戟属植物。

多年生草本植物，高可达 80cm。根圆锥状。茎直立，被白色短柔毛，上部分枝。叶片互生，矩圆状披针形至披针形。杯状花序总苞坛形。蒴果三棱状球形，表面具疣状凸起。种子卵形，光滑。花期 5~8 月，果期 6~9 月。

各岛均有分布，生于山坡、路边、荒坡或草丛中。根可入药，有逐水通便、消肿散结之功效，主治水肿，并有通经之效；亦可作兽药用；有毒，慎用。

----

9. 斑地锦草（*Euphorbia maculata*）

大戟属植物。

一年生草本植物。根纤细。茎匍匐。叶片对生，长椭圆形至肾状长圆形，先端钝，基部偏斜，不对称，略呈渐圆形，边缘中部以下全缘，中部以上常具细小疏锯齿；叶面绿色，有紫色斑块；叶背淡绿色或灰绿色，两面无毛；叶柄极短。花序单生于叶腋，基部具短柄，总苞狭杯状，裂片三角状圆形；腺体黄绿色，横椭圆形，雄花微伸出总苞外；雌花子房柄伸出总苞外，花柱短。蒴果三角状卵形。种子卵状四棱形，无种阜。花果期 3~9 月。

各岛均有分布。全草入药，有止血、清湿热、通乳之功效，主治黄疸、泄泻、疳积、血痢、尿血、血崩、外伤出血、乳汁不多、痈肿疮毒。

10. 钩腺大戟（*Euphorbia sieboldiana*）

大戟属植物。

多年生草本植物。根茎具不定根。茎高达 70cm。叶互生，椭圆形、倒卵状披针形或长椭圆形，长 2~5(6)cm，宽 0.4~1.5cm，基部窄楔形，全缘；叶柄极短。总苞叶 3~5，椭圆形或卵状椭圆形，长 1.5~2.5cm；伞幅 3~5，长 2~4cm；苞叶 2，常肾状圆形，长 0.8~1.4cm。花序单生，二歧分枝顶端，无梗；总苞杯状，高 3~4mm，边缘 4 裂，裂片三角形或卵状三角形，内侧具短柔毛，腺体 4，新月形，两端具角，角尖钝或长刺芒状，常黄褐色。雄花多数，伸出总苞；雌花子房柄伸至总苞边缘。蒴果三棱状球形，长 3.5~4mm，光滑。种子近长卵圆形，灰褐色，具不明显纹饰；种阜无柄。花果期 4~9 月。

各岛均有分布。根状茎入药，具泻下和利尿之效；煎水外用洗疥疮；有毒，慎用。

三十五、叶下珠科 Phyllanthaceae

本科包含 2 属 2 种被子植物。

1. 一叶萩（*Flueggea suffruticosa*）

白饭树属植物，别名叶底珠、大扫帚菜。

落叶灌木。茎直立，分枝多。树皮褐黄色。小枝紫红色，一年生枝浅绿色，具棱。叶倒卵状椭圆形或椭圆形，先端钝圆或急尖，基部楔形，全缘，两面无毛。花单性，雌雄异株，无花瓣，簇生于叶腋；萼片 5，卵形。蒴果扁球形，红褐色，无毛，3 浅裂。种子半圆形，褐色，有 3 棱。

各岛广布。嫩芽可食；茎枝及根可入药，治风湿腰痛、四肢麻木、偏瘫、阳痿、面神经麻痹、小儿麻痹后遗症。

2. 叶下珠 (*Phyllanthus urinaria*)

叶下珠属植物。

一年生草本植物, 高可达 60cm。茎通常直立, 基部多分枝。叶片纸质, 因叶柄扭转而呈羽状排列, 长圆形或倒卵形, 下面灰绿色, 侧脉明显; 叶柄极短; 托叶卵状披针形。雌雄同株, 雄花簇生于叶腋, 萼片倒卵形, 花粉粒长球形; 雌花单生于小枝中下部的叶腋内; 萼片近相等, 卵状披针形, 黄白色; 花盘圆盘状, 边全缘; 子房卵状, 有鳞片状凸起, 花柱分离。蒴果圆球状, 红色, 表面具小凸刺, 有宿存的花柱和萼片。种子橙黄色。花期 4~6 月, 果期 7~11 月。

长岛偶见其分布。全草有解毒、消炎、清热止泻、利尿之功效, 可治赤目肿痛、肠炎腹泻、痢疾、肝炎、小儿疳积、肾炎水肿、尿路感染等。

三十六、漆树科 Anacardiaceae

本科包含 2 属 2 种被子植物。

1. 盐麸木 (*Rhus chinensis*)

盐麸木属植物, 别名假樗树。

落叶小乔木。小枝棕褐色, 被锈色柔毛, 具圆形小皮孔。奇数羽状复叶有小叶 3~6 对, 纸质, 边缘具粗钝锯齿, 背面密被灰褐色毛, 叶轴具宽的叶状翅。圆锥花序宽大, 多分枝, 花乳白色。核果球形, 略压扁, 成熟时红色。花期 8~9 月, 果期 10 月。

各岛均产, 北隍城尤多。本品在南方常生虫瘿, 即中药五倍子。根可入药, 用于治疗感冒发热、支气管炎、咳嗽咯血、肠炎、痢疾、痔疮出血; 外用治跌打损伤、毒蛇咬伤、漆疮。

2. 黄连木 (*Pistacia chinensis*)

黄连木属植物。别名黄连树。

落叶乔木。树干扭曲。树皮暗褐色，呈鳞片状剥落。幼枝灰棕色，具细小皮孔。羽状复叶互生，小叶对生或近对生，纸质，披针形或卵状披针形，全缘。花单性异株，先花后叶，圆锥花序腋生，雄花序排列紧密，雌花序排列疏松，花小。核果倒卵状球形，略压扁，成熟时紫红色，干后具纵向细条纹，先端细尖。花期 3~4 月，果期 9~11 月。

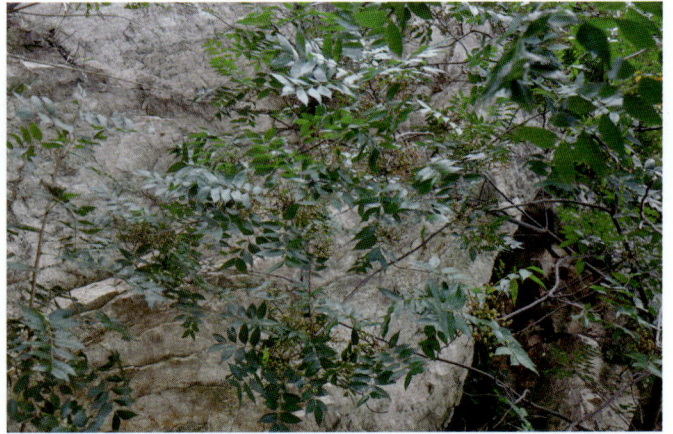

产大竹山岛。嫩叶有香味，经焖炒加工后可替代茶叶作饮料，清凉爽口，还可腌食作菜蔬；树皮及叶可入药，治痢疾、淋症、肿毒、牛皮癣、痔疮、湿疮及漆疮初起等。

三十七、卫矛科 Celastraceae

本科包含 2 属 5 种被子植物。

1. 南蛇藤 (*Celastrus orbiculatus*)

南蛇藤属植物，别名山冬青。

藤状灌木。小枝光滑无毛，有多数皮孔。叶通常阔倒卵形、近圆形或长方椭圆形，先端圆阔，具有小尖头或短渐尖，边缘具锯齿。聚伞花序腋生，花黄绿色。蒴果近球形，黄色。种子椭圆状稍扁，有红色肉质假种皮。花期 5~6 月，果期 7~10 月。

各岛均有分布。茎藤及根可入药，有散血通经、祛风湿、强筋骨、消炎解毒之功效；果在山东、河南曾作合欢花入药，有镇定安神之功效。

2. 白杜（*Euonymus maackii*）

卫矛属植物，别名丝棉木。

落叶小乔木或灌木。树冠圆形或卵形。树皮灰褐色。小枝绿色，近四棱形。叶对生，椭圆状卵形或宽卵形，边缘有细锯齿。聚伞花序腋生，花3~7朵，黄绿色。蒴果4瓣裂，淡红色或带黄色。种子有橘红色假种皮。花期5~6月，果熟期9~10月。

各岛均有较大分布。根及树皮可入药，用于治疗风湿性关节炎、腰痛、跌打伤肿、血栓性闭塞性脉管炎、肺痈、衄血、疔疮肿毒。

3. 卫矛（*Euonymus alatus*）

卫矛属植物，别名鬼箭羽。

落叶灌木。小枝常具4列宽阔木栓翅。叶对生，长椭圆形或椭圆状披针形，边缘具细锯齿，两面光滑无毛。聚伞花序，花白绿色。蒴果粉红色，近倒心形。种子有红色假种皮。花期5~6月，果期7~10月。

主要分布于砣矶、大钦。带栓翅的枝条可入药，用于治疗月经不调、闭经、胸痹、癥闭、水肿、虫积。

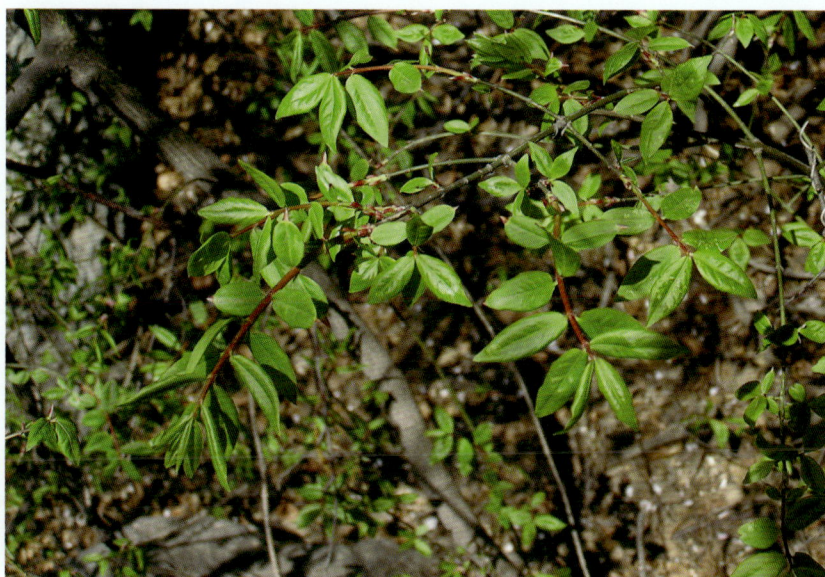

4. 扶芳藤 (*Euonymus fortunei*)

卫矛属植物，别名胶东卫矛、爬冬青。

蔓性半常绿灌木。小枝圆形。叶片近革质，长圆形、宽倒卵形或椭圆形，顶端渐尖，基部楔形，边缘有粗锯齿。聚伞花序2歧分枝，成疏松的小聚伞；花淡绿色，4数。蒴果扁球形，粉红色，4纵裂，有浅沟。种子包有黄红色的假种皮。花期8~9月，果期9~10月。

各岛均产。茎枝入药，用于治疗风湿痹痛、筋骨拘挛、喉痹、痈肿、产后淋漓、赤白带下。

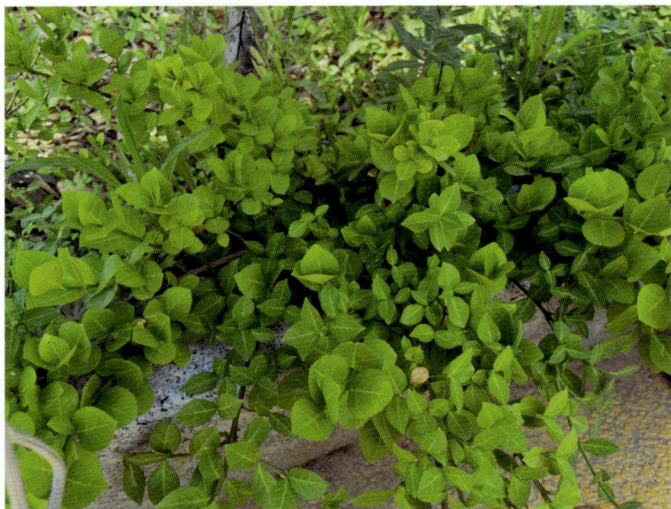

5. 栓翅卫矛 (*Euonymus phellomanus*)

卫矛属植物，别名鬼箭羽、木栓翅、水银木。

灌木，高3~4m。枝条硬直，常具4纵列木栓厚翅，在老枝上宽可达5~6mm。叶长椭圆形或略呈椭圆倒披针形，长6~11cm，宽2~4cm。聚伞花序2~3次分枝，有花7~15朵。种子椭圆状，种脐、种皮棕色，假种皮橘红色，包被种子全部。花期7月，果期9~10月。

各岛均有分布。

三十八、无患子科 Sapindaceae

本科包含2属2种被子植物。

1. 栾 (*Koelreuteria paniculata*)

栾属植物，别名茶树。

乔木，不完全二回羽状复叶，对生或互生，纸质。圆锥花序顶生，花小，黄绿色，稍芬芳。果球形，包藏于宿萼内，宿萼圆锥形，具3棱。花期6~8月，果期9~10月。

各岛均产，以老黑山野生最多。花入药称栾华，有清热解毒，清肝明目之功效。

2. 文冠果（*Xanthoceras sorbifolium*）

文冠果属植物，别名文冠茶。

落叶灌木或小乔木。小枝粗壮，褐红色，无毛。奇数羽状复叶，互生；叶片膜质或纸质，披针形或近卵形，两侧稍不对称，先端渐尖，基部楔形，边缘有锐利锯齿，顶生小叶通常3深裂。花序先叶抽出或与叶同时抽出，花杂性，雄花和两性花同株，两性花的花序顶生，雄花序腋生，总花梗基部常有残存芽鳞；花瓣5，白色，基部紫红色或黄色。蒴果近球形或阔椭圆形，有3棱角，室背开裂为3果瓣。种子扁球状，黑色而有光泽。花期为4~5月，果期为7~8月。

南诸岛有分布，大黑山有数百年古树。干、枝、果可入药，主要治疗风湿热痹、筋骨疼痛、高血脂、高血压、血管硬化和慢性肝病。

三十九、鼠李科 Rhamnaceae

本科包含3属6种被子植物。

1. 枣（*Ziziphus jujuba*）

枣属植物，别名大枣。

小乔木。枝平滑无毛，具成对的针刺，直伸或钩曲，幼枝纤弱而簇生，颇似羽状复叶，呈"之"字形曲折。单叶互生，叶片卵圆形至卵状披针形，少有卵形，先端短尖而钝，基部歪斜，边缘具细锯齿。花小型，成短聚伞花序，丛生于叶腋，黄绿色；萼5裂，上部呈花瓣状，下部连成筒状，绿色；花瓣5。核果卵形至长圆形，熟时深红色，果肉味甜，核两端锐尖。花期4~5月。果期7~9月。

各岛均有分布。果实既是干果，又能入药，有补中益气、养血安神、缓和药性之功效；树皮治痢疾、肠炎、慢性气管炎、目昏不明、烧烫伤、外伤出血。

----

2. 酸枣（*Ziziphus jujuba* var. *spinosa*）

枣属植物，别名棘子。

灌木或小乔木，小枝弯曲呈"之"字形，紫褐色，被柔毛，后变无毛。枝上有二型刺，一为针形，一为反曲刺。叶互生，椭圆形、卵形或卵状披针形，先端短尖而钝，基部偏斜，边缘有细锯齿。花2~3朵簇生叶腋，小型，黄绿色，萼片5，卵状三角形，花瓣小，5片，与萼互生。核果近球形，先端钝，熟时暗红色，有酸味。

各岛广泛分布。根皮及种仁可入药，用于治疗虚烦不眠、忧思伤脾、心悸、骨蒸、自汗盗汗。

3. 圆叶鼠李（*Rhamnus globosa*）

鼠李属植物，别名绿子柴。

灌木。小枝对生或近对生，灰褐色，顶端具针刺。叶近对生，稀兼互生，或在短枝上簇生，近圆形、倒卵状圆形或卵圆形。聚伞花序腋生，花黄绿色。核果近球形，成熟时黑色。种子黑褐色，有光泽。花期 4~5 月，果期 6~10 月。

各岛均产。果实可入药，治水肿腹胀、癥瘕、瘰疬、疥癣、齿痛。

4. 小叶鼠李（*Rhamnus parvifolia*）

鼠李属植物。

灌木，高 1.5~2m。小枝对生或近对生，紫褐色，初时被短柔毛，后变无毛，平滑，稍有光泽，枝端及分叉处有针刺。花单性，雌雄异株，黄绿色，4 基数，有花瓣，通常数个簇生于短枝上；花梗长4~6mm，无毛；雌花花柱 2半裂。核果倒卵状球形，直径 4~5mm，成熟时黑色，具 2 分核，基部有宿存的萼筒。种子矩圆状倒卵圆形，褐色，背侧有长为种子 4/5 的纵沟。花期 4~5 月，果期 6~9 月。

长岛偶见其分布。果实可入药，具有清热泻下、解毒消瘰之功效，常用于治疗热结便秘、瘰疬、疥癣、疮毒。

5. 东北鼠李 (*Rhamnus schneideri* var. *manshurica*)

鼠李属植物。

枝无毛互生，小枝黄褐色或暗紫色，枝端有针刺。单叶互生，或在短枝上簇生，叶片椭圆形、倒卵形或卵状椭圆形，先端突尖、短渐尖或渐尖，基部楔形或近圆形，叶柄有短柔毛，托叶条形。花簇生在短枝上，花单性，雌雄异株，雌花花梗无毛，萼片披针形。核果黑色圆球形或倒卵状球形，果梗无毛；种子深褐色。花期5~6月；果期7~10月。

南长山有分布。

6. 猫乳 (*Rhamnella franguloides*)

猫乳属植物，别名鼠矢枣。

落叶灌木或小乔木，高2~9m。幼枝绿色，被短柔毛或密柔毛。叶倒卵状矩圆形，顶端尾状渐尖，基部圆形，稀楔形，边缘具细锯齿，上面绿色，无毛，下面黄绿色，被柔毛或仅沿脉被柔毛，侧脉每边5~11 (13) 条；叶柄长2~6mm，被密柔毛；托叶披针形，长3~4mm，基部与茎离生，宿存。花黄绿色，两性，6~18个排成腋生聚伞花序；总花梗长1~4mm，被疏柔毛或无毛；萼片三角状卵形，边缘被疏短毛；花瓣宽，倒卵形，顶端微凹。核果圆柱形，成熟时红色或橘红色。花期5~7月，果期7~10月。

南诸岛有分布。成熟果实或根可入药，有补脾益肾、疗疮之功效，用于治疗体质虚弱、劳伤乏力、疥疮。

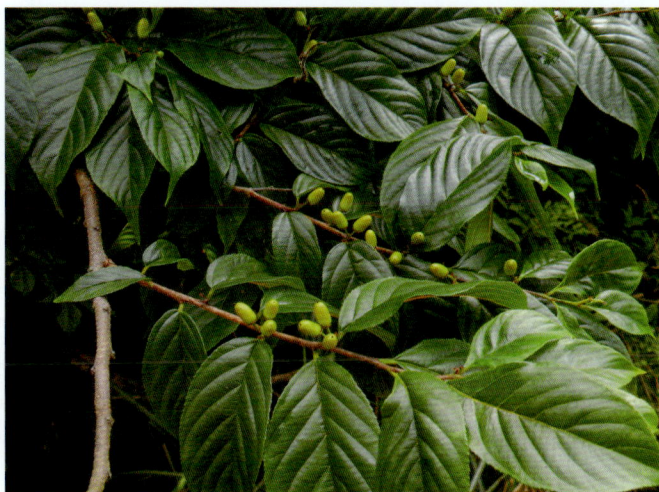

四十、葡萄科 Vitaceae

本科包含 4 属 10 种被子植物。

1. 地锦（*Parthenocissus tricuspidata*）

地锦属植物，别名爬墙虎、爬山虎。

多年生大型落叶木质藤本。枝上有卷须，卷须短，多分枝，卷须顶端及尖端有黏性吸盘，遇到物体便吸附在上面。叶互生，小叶肥厚，基部楔形，变异很大，边缘有粗锯齿，秋季变为鲜红色。聚伞花序，花多为两性，花小，黄绿色。浆果小球形，熟时蓝黑色，被白粉。花期 6 月，果期 9~10 月。

本地有野生，各岛均有栽培。茎叶入药，用于治疗风湿关节痛、跌打损伤、痈疖肿毒。

----

2. 五叶地锦（*Parthenocissus quinquefolia*）

地锦属植物，别名美国地锦、美国爬山虎。

木质藤本。小枝无毛。嫩芽为红色或淡红色。卷须总状 5~9 分枝，嫩时顶端尖细而卷曲，遇附着物时扩大为吸盘。掌状复叶 5 小叶，小叶倒卵圆形、倒卵状椭圆形或外侧小叶椭圆形，长 5.5~15cm，先端短尾尖，基部楔形或宽楔形，有粗锯齿，两面无毛或下面脉上微被疏柔毛。圆锥状多歧聚伞花序假顶生，序轴明显，长 8~20cm，花序梗长 3~5cm；花萼碟形，边缘全缘，无毛；花瓣长椭圆形。果球形，直径 1~1.2cm。有种子 1~4 粒。花期 6~7 月，果期 8~10 月。

各岛有分布，功用同地锦。

3. 蛇葡萄 （*Ampelopsis glandulosa*）

蛇葡萄属植物，别名锈毛蛇葡萄。

木质藤本。小枝圆柱形，有纵棱纹。叶为单叶，心形或卵形，叶片上面无毛，下面脉上被稀疏柔毛，边缘有粗钝或急尖锯齿；叶柄长1~7cm，被疏柔毛。花序梗长1~2.5cm，被疏柔毛；花梗长1~3mm，疏生短柔毛；花蕾卵圆形，高1~2mm，顶端圆形；萼碟形，边缘波状浅齿，外面疏生短柔毛；花瓣5，卵椭圆形，高0.8~1.8mm，外面几无毛；花盘明显，边缘浅裂。果实近球形。花期7~8月，果期9~10月。

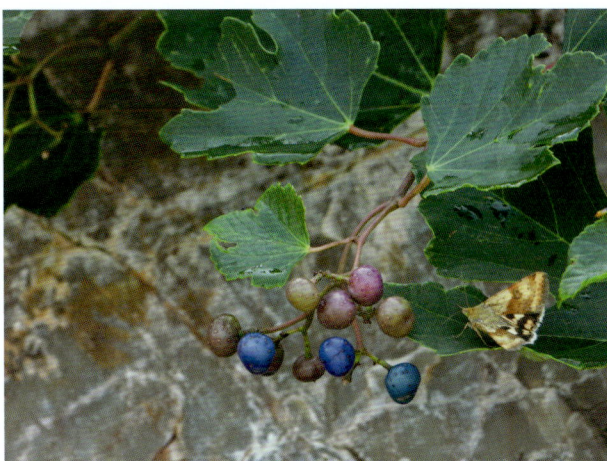

各岛广泛分布。根皮可入药，具有清热解毒、祛风活络、止痛、止血、敛疮之功效。

4、光叶蛇葡萄 （*Ampelopsis glandulosa* var. *hancei*）

蛇葡萄属植物。

落叶性灌木或爬藤。枝条圆柱状，具脊状凸起，卷须2或3分叉。单叶3~5裂，通常有不分裂的叶片混生；叶基心形，叶的缺刻通常尖形，极少为圆形，叶缘具尖齿。花序梗1~3cm，花柄1~3mm；花芽小，1~2mm，花瓣卵形至椭圆形，花药长椭圆形，子房基部着生于花盘。浆果熟时蓝色，具2~4粒种子。种子长椭圆形。花期4~8月，果期7~10月。

各岛广泛分布，果可供酿酒，根有舒筋活络、祛风湿之功效。

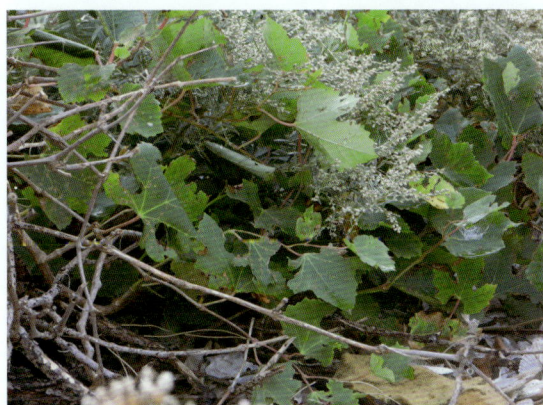

5. 葎叶蛇葡萄 （*Ampelopsis humulifolia*）

蛇葡萄属植物，别名七角白蔹。

木质藤本。小枝无毛或偶有微毛。叶硬纸质，近圆形至阔卵形，长10~15cm，掌状中裂或近深裂，先端渐尖，基部心形或近截形，边缘有粗齿，上面鲜绿色，有光泽，下面苍白色，无毛或脉上微有毛；叶柄与叶片等长或稍短，无毛。聚伞花序与叶对生，疏散，有细长总花梗；花小，淡黄色；萼杯状；花瓣5；雄蕊5，与花瓣对生。浆果球形，淡黄色或蓝色。花期5~6月，果期7~8月。

各岛均有分布。根皮可入药，能消炎解毒、活血散瘀、祛风除湿。

6. 掌裂蛇葡萄 (*Ampelopsis delavayana* var. *glabra*)

蛇葡萄属植物。

木质藤本。小枝圆柱形，有纵棱纹，被疏柔毛。叶为掌状5小叶，小叶大多不分裂，边缘锯齿通常较深而粗，或混生有浅裂叶者，光滑无毛或叶下面微被柔毛。花序为疏散的伞房状复二歧聚伞花序，通常与叶对生或假顶生。果实近球形，直径0.6~0.8cm，有种子2~3粒。种子倒卵圆形。花期5~8月，果期7~9月。

主要分布于南长山岛。可用于钢架或混凝土棚架的绿化，也可以用于围墙、栅栏等建筑物的绿化。根皮可以入药，味辛、性热，具有散瘀消肿、去腐生肌、接骨止痛、祛风湿之功效，主治跌打损伤、骨折、疮疖肿痛、风湿痹痛。

----

7. 白蔹 (*Ampelopsis japonica*)

蛇葡萄属植物，别名琉琉扣。

多年生草质藤本。块根粗壮，肉质，长纺锤形，深棕褐色。茎多分枝，卷须与叶对生。掌状复叶互生，两面无毛。聚伞花序小，与叶对生，花小，黄绿色。浆果球形，熟时白色或蓝色，有针孔状凹点。花期5~6月，果期9~10月。

各岛有分布。块根可入药，用于治疗热毒疮痈、瘰疬、烫伤。

----

8. 乌蔹莓 (*Causonis japonica*)

乌蔹莓属植物，别名五爪龙。

草质藤本。小枝圆柱形。叶为鸟足状5小叶，中央小叶长椭圆形或椭圆披针形，顶端急尖或渐尖，基部楔形，侧生小叶椭圆形或长椭圆形，边缘每侧有6~15个锯齿，上面绿色，无毛，下面浅绿色，无毛或微被毛。花序腋生，复二歧聚伞花序；花瓣4，三角状卵圆形，花柱短，柱头微扩大。果实近球形。种子三角状倒卵形，顶端微凹，基部有短喙，种脐在种子背面近中部呈带状椭圆形，上部种脊凸出，表面有凸出肋纹，腹部中棱脊凸出，两侧洼穴呈半月形，从近基部向上达种子近顶端。花期3~8月，果期8~11月。

各岛有分布。枝叶可入药，有清热利湿、解毒消肿、利尿、止血之功效。

9. 蘡薁（*Vitis bryoniifolia*）

葡萄属植物，别名野葡萄、山葡萄。

木质藤本。小枝圆柱形，有棱纹，嫩枝密被蛛丝状绒毛或柔毛，以后脱落变稀疏。叶长圆卵形；叶柄长 0.5~4.5cm，初时密被蛛丝状绒毛或绒毛和柔毛，以后脱落变稀疏；托叶卵状长圆形或长圆披针形，膜质，褐色，无毛或近无毛。花杂性异株，圆锥花序与叶对生；花序梗长 0.5~2.5cm，花梗无毛，花蕾倒卵椭圆形或近球形，萼碟形，雄蕊 5，花药黄色，椭圆形。果实球形。种子倒卵形，顶端微凹，基部有短喙。花期 4~8 月，果期 6~10 月。

大黑山有分布。可供酿酒，亦可入药作滋补品，有祛湿、利小便、解毒之功效，主治淋病、痢疾、痹痛、哕逆、瘰疬、乳痈、湿疹、臁疮；茎的纤维可供制绳索。

----

10. 桑叶葡萄（*Vitis heyneana* subsp. *ficifolia*）

葡萄属植物，别名毛葡萄。

木质藤本。茎长 6~10m。幼枝、叶柄和花序轴密生白色蛛丝状柔毛，后变无毛。卷须分枝，长 10~16cm。叶卵形或宽卵形，3 浅裂，先端急尖，基部宽心形，边缘具不整齐粗锯齿或小牙齿；叶表面绿色，几无毛，背面淡绿色，密被白色或灰白色茸毛；叶柄长 4~10cm。圆锥花序，长约 16cm，花序轴密被白色蛛丝状柔毛，分枝近水平开展；花小，具细梗，无毛；花萼不明显，浅碟状；花瓣 5，长圆形，长约 2mm，顶端合生，早落；雄蕊 5，对瓣，与花瓣等长；子房倒圆锥形，花柱短棒状。浆果，球形，直径 7~8mm，熟时紫黑色。花期 6 月，果期 8~9 月。

砣矶岛有分布。

四十一、锦葵科 Malvaceae

本科包含 7 属 8 种被子植物。

1. 辽椴（*Tilia mandshurica*）

椴属植物，别名椴树。

乔木，高 20m。树皮暗灰色。嫩枝被灰白色星状茸毛，顶芽有茸毛。叶卵圆形，长 8~10cm，宽 7~9cm，先端短尖，基部斜心形或截形。果实球形，长 7~9mm，有 5 条不明显的棱。花期 7 月，果期 9 月。

仅分布于砣矶岛霸王山主峰，成小群落。良好的蜜源植物。

2. 扁担杆 (*Grewia biloba*)

扁担杆属植物，别名小孩拳头。

落叶灌木。小枝红褐色，幼时具绒毛。叶长圆状卵形，略带狭方形，先端锐尖，基部圆形至广楔形，重锯齿，背面疏生灰色星状柔毛，基脉三出；叶柄具柔毛。伞形花序，与叶对生，具花5~8朵；花小，不具苞叶，花淡黄色。核果，红色，无毛，2裂，每裂有2小核。

各岛均产。果可食；根可入药，用于治疗脾虚食少、胸痞腹胀、妇女崩漏带下、小儿疳积、风湿痹痛等。

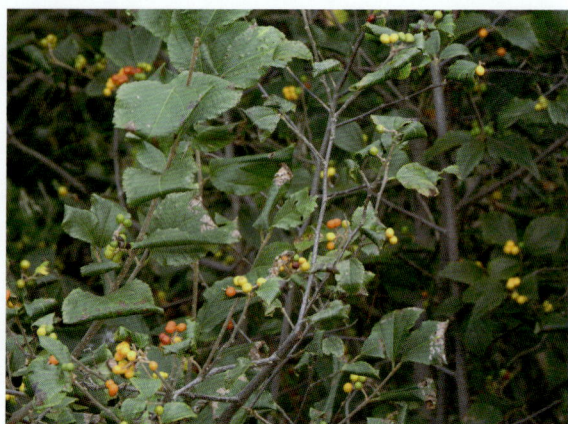

3. 光果田麻 (*Corchoropsis crenata* var. *hupehensis*)

田麻属植物，别名田麻。

一年生草本植物。全株密被白色星状柔毛。基部木质化，茎纤细，多分枝。叶互生，卵形至椭圆状卵形。先端短尖，基部圆形或截形至心脏形，边缘具粗钝锯齿。花黄色单生于叶腋，花萼狭披针形，密被星状柔毛。花瓣5枚。蒴果平滑无毛，基部具宿存萼，呈角状果，2瓣开裂。种子倒卵形深棕色。花期6~7月，果期9~10月。

南诸岛有分布。茎皮纤维可代麻，用于制作绳索和织麻袋。

4. 圆叶锦葵（*Malva pusilla*）

锦葵属植物，别名锊锊火烧。

多年生草本植物。主根粗壮，长圆柱形，微甜可食。茎匍匐，略具粗毛。叶互生，圆肾形，边缘具钝齿。花白色或浅黄色，簇生于叶腋，花梗细长，具细毛。果扁球形。花期 4~9 月，果期 7~10 月。

各岛均产。根可入药，用于治疗贫血、乳汁缺少、自汗、盗汗、肺结核咳嗽、肾炎、痈疽疮毒等。

5. 冬葵（*Malva verticillata var. crispa*）

锦葵属植物，别名露葵。

具肥大直根，叶根出、圆形，有 5~7 个深裂。花小簇生叶腋，花冠酒杯状，花瓣深红色或浅红色，春夏之间开花。果扁圆形。

仅产大黑山岛。嫩茎叶可食；种子可入药，用于治疗血淋、水肿胀满、乳汁不通、乳房胀痛、便秘。

129

----

6. 苘麻（*Abutilon theophrasti*）

苘麻属植物，别名苘。

一年生亚灌木状草本植物。茎枝被柔毛。叶互生，圆心形，两面均密被星状柔毛。花单生于叶腋，花黄色。蒴果半球形，分果爿被粗毛，顶端具长芒 2。种子肾形，褐色，被星状柔毛。花期 7~8 月，果期 8~10 月。

各岛有分布。种子可食；茎皮可供制绳索；种子可入药，有利尿通淋、下乳、润肠之功效。

7. 野西瓜苗（*Hibiscus trionum*）

木槿属植物，别名火炮草、黑芝麻。

一年生直立或平卧草本植物，高可达70cm。茎柔软。叶二型，下部的叶圆形，中裂片较长，两侧裂片较短，裂片倒卵形至长圆形，通常羽状全裂，叶柄被星状粗硬毛和星状柔毛；托叶线形，花单生于叶腋，小苞片线形，花萼钟形，淡绿色，花淡黄色，内面基部紫色，花瓣倒卵形，花丝纤细，花药黄色；花柱枝无毛。蒴果长圆状球形，果皮薄，黑色。种子肾形，具腺状凸起。花期7~9月，果期8~10月。

嫩苗可食；全草可入药，具有清热解毒、祛风除湿、止咳、利尿等功效，用于治疗急性关节炎、感冒咳嗽、肠炎、痢疾。

8. 梧桐（*Firmiana simplex*）

梧桐属植物，别名青桐。

落叶乔木。树干直。枝肥粗。树皮青色，平滑。单叶互生，3~5掌状深裂，基部心形，裂片先端渐尖。圆锥花序顶生，花单性，细小，淡绿色。蓇葖果，成熟前心皮裂成叶状，向外卷曲。种子4~5粒，球形，生于心皮边缘。

各岛有分布。种子、叶、花、根可入药，用于治疗脾胃虚弱、消化不良、风湿疼痛、痔疮、无名肿毒、跌打损伤等。

四十二、柽柳科 Tamaricaceae

本科包含1属1种被子植物。

柽柳（*Tamarix chinensis*）

柽柳属植物，别名西河柳。

灌木或小乔木。多分枝；老枝直立，暗褐红色，光亮；幼枝稠密细弱，常开展而下垂，红紫色或暗紫红色，有光泽。叶细小，鳞片状，蓝绿色。圆锥花序顶生，花小，淡红色。

耐盐碱，沿海绿化优良品种。带叶枝条可入药，用于治疗痘疹透发不畅或疹毒内陷、感冒、咳嗽、风湿骨痛。

四十三、堇菜科 Violaceae

本科包含1属2种被子植物。

1. 紫花地丁（*Viola philippica*）

堇菜属植物，别名紫地丁。

多年生草本植物。无地上茎。叶片下部呈三角状卵形或狭卵形，上部者较长，呈狭卵状披针形或长圆状卵形。花中等大，紫堇色或淡紫色，稀呈白色，喉部色较淡并带有紫色条。蒴果长圆形。种子卵球形，淡黄色。花果期4月中下旬至9月。

各岛均产。带根全草可入药，用于治疗痈肿、疔疮、丹毒、乳痈、肠痈、肝热目赤。

2. 茜堇菜（*Viola phalacrocarpa*）

堇菜属植物，别名白果堇菜。

多年生草本植物。高达17cm。无地上茎，根状茎粗短，被白色鳞片。叶基生，莲座状，最下方叶片圆形，余卵形或卵圆形，果期增大，具圆齿，基部稍心形，果期深心形，两面有白色短毛；叶柄细长，密被短毛，后渐稀疏，托叶外方者膜质，苍白色，无叶片，内部者淡绿色。花紫红色并有深紫色条纹；花梗长于叶，被短毛；萼片披针形或卵状披针形；上方花瓣倒卵形，先端具波状凹缺，侧瓣长圆状倒卵形。蒴果椭圆形，幼果密被粗毛，成熟时毛渐稀疏。花果期4月下旬至9月。

各岛均有分布。全草供药用，能清热解毒。

四十四、瑞香科 Thymelaeaceae

本科包含1属1种被子植物。

草瑞香（*Diarthron linifolium*）

草瑞香属植物，别名栗麻。

一年生草本植物。茎直立，细弱，上部分枝。叶互生，近无柄，条形或条状披针形，绿色全缘。花小，呈顶生穗状花序，花梗极短，花被筒状；花药宽卵形；子房椭圆形，无毛，有子房柄，缺花盘，花柱细，柱头略大。果实卵状，黑色，有光泽。花期5~7月，果期6~8月。

各岛均有分布。

四十五、胡颓子科 Elaeagnaceae

本科包含1属2种被子植物。

1. 木半夏 (*Elaeagnus multiflora*)

胡颓子属植物，别名秤砣子。

落叶直立灌木。幼枝细弱伸长，密被锈色鳞片；老枝粗壮，圆柱形，鳞片脱落，黑褐色或黑色。叶膜质，椭圆形或卵形至倒卵状阔椭圆形，上面幼时被银色鳞片，后脱落，下面银灰色。花白色，单生于叶腋。果实椭圆形，密被锈色鳞片，成熟时红色。花期5月，果期6~7月。

各岛均有分布。果可食，入药用于治疗消化不良、肠滑泄泻、喘咳、消渴、血崩、痔疮等。

----

2. 牛奶子 (*Elaeagnus umbellata*)

胡颓子属植物，别名甜枣、剪子果。

落叶直立灌木。小枝甚开展，多分枝；幼枝密被银白色和少数黄褐色鳞片，有时全被深褐色或锈色鳞片；老枝鳞片脱落，灰黑色。芽银白色或褐色至锈色。叶纸质或膜质，椭圆形至卵状椭圆形或倒卵状披针形，幼时被白色星状短柔毛或鳞片，成熟后全部或部分脱落，干燥后淡绿色或黑褐色，下面密被银白色和散生少数褐色鳞片。果实几球形或卵圆形，幼时绿色，被银白色或有时全被褐色鳞片，成熟时红色；果梗直立。花期4~5月，果期7~8月。

各岛均有分布。可作观赏植物；该种果实可生食，以及供制果酒、果酱等；叶作土农药可杀棉蚜虫；果实、叶、根有治泻痢、消渴、喘咳、祛风、利湿之功效。

四十六、柳叶菜科 Onagraceae

本科包含 2 属 2 种被子植物。

1. 待宵草（*Oenothera stricta*）

月见草属植物，别名月见草、山芝麻。

一、二年生草本植物。茎高可达 100cm，上部混生腺毛。基生叶狭椭圆形至倒线状披针形，先端渐狭锐尖，基部楔形，边缘浅齿；茎生叶无柄，绿色，先端渐狭锐尖，基部心形。花序穗状，花疏生茎及枝中部以上叶腋；苞片叶状，卵状披针形至狭卵形；花蕾绿色或黄绿色，直立，长圆形或披针形；萼片黄绿色，披针形；花瓣黄色，基部具红斑，宽倒卵形，花粉直接授在裂片上。蒴果圆柱状。种子在果内斜伸，宽椭圆状，无棱角。花期 4~10 月，果期 6~11 月。

各岛有分布。全草可入药，有祛风湿、强筋骨之功效。

----

2. 小花山桃草（*Gaura parviflora*）

山桃草属植物。

一年生草本植物。主根径达 2cm，全株尤茎上部、花序、叶、苞片、萼片被伸展灰白色长毛与腺毛；叶先端锐尖，基部渐狭下延至柄。茎生叶狭椭圆形、长圆状卵形，有时菱状卵形。花序穗状，蒴果坚果状，具不明显 4 棱。种子卵状，红棕色。花期 7~8 月，果期 8~9 月。

20 世纪 60 年代引种墨西哥小麦带入，入侵性强，不久即繁衍至漫山遍野。

四十七、伞形科 Apiaceae

本科包含 6 属 6 种被子植物。

1. 红柴胡（*Bupleurum scorzonerifolium*）

柴胡属植物，别名山竹子。

多年生草本植物。根多分枝，较坚硬。茎上部分枝。叶互生，线形或狭线形。复伞形花序多数，集成疏松圆锥花序；花黄色。双悬果宽椭圆形。花期 7~9 月，果期 8~10 月。

各岛有分布。根可入药，有疏风退热、疏肝、升阳之功效。

2. 防风（*Saposhnikovia divaricata*）

防风属植物，别名胖风。

多年生草本植物。根圆柱形，上端多横纹，有纤维状叶柄残基。茎单生多分歧。根生叶有长柄，丛生；茎生叶近无柄，羽裂。复伞花序顶生，花白色。双悬果。

各岛均产。根可入药，有祛风解表、胜湿止痛、止痉之功效。

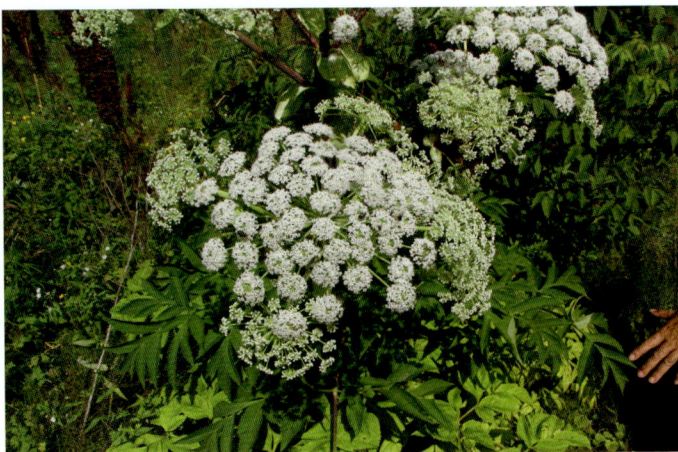

3. 白芷（*Angelica dahurica*）

当归属植物，别名走马芹。

多年生草本植物。有香气，茎中空，基生叶有柄，上部叶渐小，叶柄扩大成鞘。复伞花序顶生或腋生，花白色。双悬果椭圆形。

各岛均产。根可入药，用于治疗感冒头痛、眉棱骨痛、鼻塞、鼻渊、牙痛、白带、疮疡肿痛。

---

4. 毒芹（*Cicuta virosa*）

毒芹属植物。

粗壮草本，高达 1m。茎单生，中空，有分枝。基生叶柄长 15~30cm，叶鞘膜质，抱茎；叶三角形或三角状披针形，长 12~20cm，二至三回羽裂；小裂片窄披针形，长 1.5~6cm，有锯齿或缺刻。复伞形花序梗长 2.5~10cm，无总苞片或 1~2 片；伞辐 6~25，长 2~3.5cm；小总苞片线状披针形，长 3~5mm；伞形花序有花 15~35；花梗长 4~7mm；萼齿卵状三角形；花瓣倒卵形或近圆形。果卵圆形，长 2~3mm，合生面缢缩。花果期 7~8 月。

南长山有分布。有毒。

---

5. 野胡萝卜（*Daucus carota*）

胡萝卜属植物。

二年生草本植物，高达 1.2m。植株被白色粗硬毛。基生叶长圆形，二至三回羽状全裂，小裂片线形或披针形，长 0.2~1.5cm，宽 0.5~4mm，先端尖；叶柄长 3~12cm；茎生叶近无柄，小裂片细小。复伞形花序梗长 10-55cm，总苞片多数，叶状，羽裂，裂片线形，反折；伞辐多数，长 2~7.5cm，小总苞片 5~7，线形，不裂或 2~3 裂。花白色，有时带淡红色。果圆卵形，长 3~4mm，直径约 2mm，棱有白色刺毛。花期 5~7 月，果期 7~8 月。

各岛均有分布。野胡萝卜的果实可入药，有驱虫作用，又可供提取芳香油。

6. 珊瑚菜（*Glehnia littoralis*）

珊瑚菜属植物，别名北沙参、莱阳沙参。

植株高达 25cm，被白色柔毛。根圆柱形，长达 70cm。叶长 5~12cm，三出一至二回羽裂，裂片卵圆形或近椭圆形，有粗锯齿。花序梗长 4~10cm，密被白或灰褐色绒毛；伞辐 10~14；小总苞片 8~12，线状披针形；伞形花序有 15~20 朵花。果球形，长 0.6~1.3cm，径 0.6~1cm，密被长柔毛及绒毛，果棱有木栓质翅。花期 5~7 月，果期 7~8 月。

海滩有分布。根可药用，有养阴清热、润肺止咳、祛痰之功效。

四十八、小二仙草科 Haloragaceae

本科包含 1 属 1 种被子植物。

穗状狐尾藻（*Myriophyllum spicatum*）

狐尾藻属植物，别名金鱼藻、聚藻、泥茜。

多年生沉水草本植物。根状茎发达，在水底泥中蔓延，节部生根。茎圆柱形。叶柄极短或不存在。花两性、单性或杂性，雌雄同株。分果广卵形或卵状椭圆形，具 4 纵深沟，沟缘表面光滑。花期从春到秋陆续开放，4~9 月陆续结果。

淡水生植物。全草可入药，有清凉、解毒、止痢、治慢性下痢之功效；可作为猪、鱼、鸭的饲料。

四十九、杜鹃花科 Ericaceae

本科包含 1 属 2 种被子植物。

1. 迎红杜鹃（*Rhododendron mucronulatum*）

杜鹃花属植物，别名杜鹃花。

落叶灌木。分枝多。叶片质薄，椭圆形或椭圆状披针形，顶端锐尖、渐尖或钝，边缘全缘或有细圆齿，基部楔形或钝。花序腋生枝顶或假顶生；花冠宽漏斗状，淡红紫色，外面被短柔毛。蒴果长圆形，先端 5 瓣开裂。花期 4~6 月，果期 5~7 月。

仅分布在林海公园 369 阶旁的山沟悬崖处。全草可入药，用于治疗月经不调、闭经、崩漏、跌打损伤、风湿疼痛、咳嗽、支气管炎。

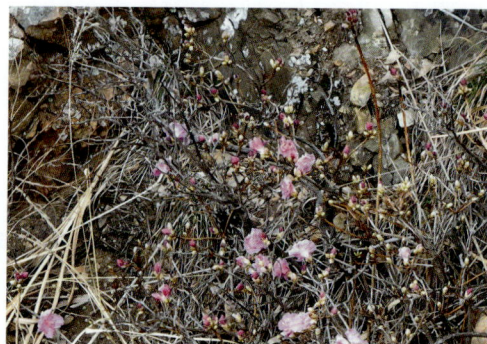

2. 照山白 (*Rhododendron micranthum*)

杜鹃花属植物，别名白杜鹃。

灌木。茎灰棕褐色。枝条细瘦，幼枝被鳞片及细柔毛。叶近革质，倒披针形、长圆状椭圆形至披针形，顶端钝，急尖或圆，具小突尖，基部狭楔形，上面深绿色，有光泽，常被疏鳞片，下面黄绿色，被淡色或深棕色有宽边的鳞片，鳞片相互重叠、邻接或相距，为角状披针形或披针状线形，外面被鳞片，被缘毛。花冠钟状，外面被鳞片，内面无毛，花裂片 5，较花管稍长；雄蕊 10，花丝无毛；子房密被鳞片，花柱与雄蕊等长或较短，无鳞片。蒴果长圆形，被疏鳞片。花期 5~6 月，果期 8~11 月。

仅分布于大钦唐王山。枝叶可入药，用于治疗慢性气管炎、风湿痹痛、腰痛、痛经、产后关节痛。

五十、报春花科 Primulaceae

本科包含 2 属 5 种被子植物。

1. 狭叶珍珠菜 (*Lysimachia pentapetala*)

珍珠菜属植物。

一年生草本植物。全株无毛。茎直立，高 30~60cm，圆柱形，多分枝，密被褐色无柄腺体。叶互生，有褐色腺点；叶柄短，长约 0.5mm。总状花序顶生，花梗长 5~10mm；花冠白色，雄蕊比花冠短，花丝贴生于花冠裂片的近中部，花药卵圆形。蒴果球形，直径 2~3mm。花期 7~8 月，果期 8~9 月。

各岛均产。嫩苗可食；全草入药，可治疗月经不调、白带过多、跌打损伤等症，外用可治疗蛇咬伤等症。

2. 星宿菜（*Lysimachia fortunei*）

珍珠菜属植物。

多年生草本植物，高 30~70cm。全株无毛。具横走根茎。叶互生，近无柄；叶长圆状披针形、线状披针形或窄椭圆形，长 4~11cm，先端渐尖或短渐尖；基部渐窄，两面均有黑色腺点，干后成粒状凸起。顶生总状花序长 10~20cm，苞片披针形，长 2~3mm；花梗与苞片近等长或稍短；花萼裂片卵状椭圆形，有黑色腺点；雄蕊内藏，花丝贴生花冠裂片下部，花药卵圆形，长约 0.5mm，背着，纵裂。花期 6~8月，果期 8~11 月。

各岛均产。有活血散瘀、利水化湿和中止痢之功效。

3. 矮桃（*Lysimachia clethroides*）

珍珠菜属植物，别名珍珠草、调经草。

多年生草本植物，高 0.4~1m。全株多少被褐色卷曲柔毛。具横走根茎。叶互生，近无柄或柄长 0.2~1cm；叶椭圆形或宽披针形，长 6~16cm，先端渐尖，基部渐窄，两面散生黑色腺点。总状花序顶生，盛花期长约 6cm，果时长 20~40cm。苞片线状钻形，稍长于花梗；花梗长 4~6mm；花萼裂片卵状椭圆形，有腺状缘毛；花冠白色，长 5~6mm；雄蕊内藏，花丝长约 3mm，下部 1mm 贴生花冠基部，花药长圆形，背着，纵裂。蒴果径 2.5~3mm。花期 5~7 月，果期 7~10 月。

各岛均产。全草可入药，有活血调经、解毒消肿之功效；嫩叶可食用或作猪饲料。

4. 狼尾花（*Lysimachia barystachys*）

珍珠菜属植物，别名山高粱。

多年生草本植物。具横走的根茎。全株密被卷曲柔毛。茎直立，叶互生，长圆状披针形至线形。总状花序顶生，花密集，常转向一侧；花冠白色。蒴果球形。花期 5~8 月，果期 8~10 月。

各岛均产。全草可入药，有调经散瘀、利水消肿之功效。

5. 点地梅（*Androsace umbellata*）

点地梅属植物，别名喉咙草。

一、二年生草本植物。叶全基生，叶柄长 1~4cm，被柔毛；叶近圆形或卵形，宽 0.5~2cm，基部浅心或近圆，被贴伏柔毛。花莛高 4~15cm，被柔毛；伞形花序 4~15 花；苞片卵形或披针形，长 3.5~4mm。花梗长 1~3cm；被柔毛和短柄腺体；花萼长 3~4mm，密被柔毛，分裂近基部，裂片菱状卵形，果时增大至星状展开；花冠白色，直径 4~6mm，裂片倒卵状长圆形。蒴果近球形，直径 2.5~3mm，果皮白色，近膜质；果柄长达 6cm。花期 2~4 月，果期 5~6 月。

各岛均产。全草可入药，有清热解毒、消肿止痛之功效，主治扁桃体炎、咽喉炎、口腔炎、急性结膜炎、跌打损伤；小花也是制作压花作品的好原料。

五十一、白花丹科 Plumbaginaceae

本科包含 1 属 1 种被子植物。

二色补血草（*Limonium bicolor*）

补血草属植物，别名干枝梅。

多年生草本植物。全株无毛。叶基生，花期叶常存在，匙形至长圆状匙形，先端通常圆或钝，基部渐狭成平扁的柄。花序圆锥状；萼檐初时淡紫红或粉红色，后来变白色，花冠黄色。花期 5~7 月，果期 6~8 月。

各岛均产。全草可入药，用于治疗 病后体弱、胃脘痛、消化不良、月经不调、崩漏、带下、尿血、痔血。

五十二、柿科 Ebenaceae

本科包含 1 属 2 种被子植物。

1. 柿（*Diospyros kaki*）

柿属植物，别名柿子。

落叶大乔木。有棕色柔毛或无毛。叶纸质，卵状椭圆形至倒卵形或近圆形，老叶上面有光泽，深绿色，无毛，下面绿色，有柔毛或无毛。雌雄异株，雄花小，雌花单生叶腋，花萼绿色，有光泽，深4裂。果形有球形、扁球形、球形而略呈方形、卵形等，嫩时绿色，后变黄色、橙黄色，果肉较脆硬，老熟时果肉变成柔软多汁，呈橙红色或大红色，有种子数粒。种子褐色，椭圆状，侧扁；宿存萼在花后增大增厚，厚革质或干时近木质。花期 5~6 月，果期 9~10 月。

各岛均产。叶、花、果、根均可入药，治咳喘、肺气胀、各种内出血。

----

2. 君迁子（*Diospyros lotus*）

柿属植物，别名黑枣、软枣。

落叶乔木。树皮暗灰色，方块状裂。小枝灰绿色，具灰色柔毛或无毛。叶椭圆形至长圆形，先端渐尖或稍凸尖，基部圆形或宽楔形，下面灰绿色有毛。花单生或簇生叶腋；萼 4 裂，密生柔毛；花冠淡黄色或淡红色。浆果近球形或椭圆形，熟时柿黄色，后变黑色。

各岛均产。果实入药称君迁子，用于治疗脾胃不和、阴虚烦渴、失眠健忘、糖尿病、肿瘤等。

五十三、木樨科 Oleaceae

本科包含 2 属 3 种被子植物。

1. 小叶梣（*Fraxinus bungeana*）

梣属植物，别名小叶白蜡。

落叶小乔木或灌木状。当年生枝淡黄色，密被绒毛，渐脱落。羽状复叶，叶轴被绒毛；小叶 5~7，硬纸质，宽卵形、菱形或卵状披针形，长 2~5cm，先端尾尖，基部宽楔形，具深锯齿或缺刻，两面无毛。圆锥花序顶生或腋生枝端，疏被绒毛；花杂性，花梗细；雄花较小，花萼杯状；花冠白色或淡黄色。翅果匙状长圆形，先端尖、钝圆或微凹，翅下延至坚果中下部。花期 5 月，果期 8~9 月。

各岛均产，城市、海边绿化树种。木材坚硬，供制小农具；树皮用作中药"秦皮"，有消炎解热、收敛止泻之功效；种子可供榨油；树叶作家畜饲料。

2. 白蜡树（*Fraxinus chinensis*）

梣属植物，别名白蜡杆。

落叶乔木，高 10m 左右。树皮灰褐色，纵裂。羽状复叶对生，小叶 5~7 枚，硬纸质，卵形、倒卵状长圆形至披针形。圆锥花序顶生或腋生，花叶同期开放。翅果匙形。花期 4~5 月，果期 7~9 月。

各岛有分布。木质坚韧，可供制作农具；树皮可入药，用丁治疗热毒泻痢、湿热下注、肝热目赤。

3. 关东巧玲花（*Syringa pubescens* subsp. *patula*）

丁香属植物，别名山丁香。

灌木，高 1~4m。树皮灰褐色。单叶对生，无毛或被柔毛；叶片卵状椭圆形、椭圆形、长椭圆形以至披针形，或倒卵形至近圆形，先端尾状渐尖，常歪斜，或近凸尖，上面深绿色，无毛，下面淡绿色，被短柔毛、柔毛至无毛。圆锥花序直立，通常由侧芽抽生；花序轴明显四棱形；花冠淡紫色、粉红色或白带蔷薇色，略呈漏斗状，先端略呈兜状而具喙。蒴果通常为长椭圆形，长 0.7~2cm，宽 3~5mm，先端锐尖或具小尖头，或渐尖，皮孔明显。花期 5~7 月，果期 8~10 月。

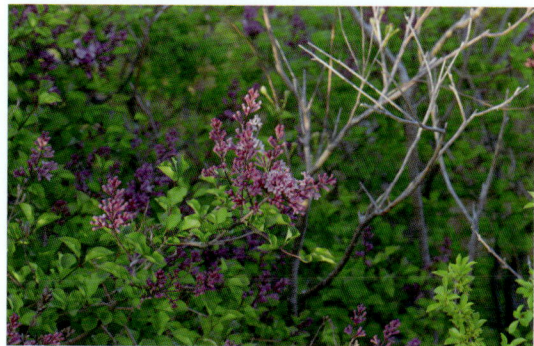

主产大钦岛。叶味辛、性微温，有清热解毒、消炎之功效，用于治疗急性黄疸型肝炎。

五十四、夹竹桃科 Apocynaceae

本科包含 4 属 11 种被子植物。

1. 罗布麻（*Apocynum venetum*）

罗布麻属植物，别名红柳子。

直立半灌木，高可达 4m。枝条对生或互生，光滑无毛，紫红色或淡红色。叶对生，叶片椭圆状披针形至卵圆状长圆形，叶缘具细牙齿，两面无毛。圆锥状聚伞花序顶生一至多歧，花冠圆筒状钟形，紫红色或粉红色，花药箭头状，隐藏在花喉内，花丝短，密被白茸毛。蓇葖平行或叉生，下垂。种子黄褐色多数，卵圆状长圆形。花期 4~9 月，果期 7~12 月。

主产南北长山。茎皮纤维具有细长柔韧、有光泽、耐腐、耐磨、耐拉的优质性能，为高级衣料、渔网丝、皮革线、高级用纸等原料；嫩叶蒸炒揉制后当茶叶饮用，有清凉去火、防止头晕和强心之功效；全草入药可治头晕、高血压、心悸、失眠、惊痫抽搐、肾炎水肿。

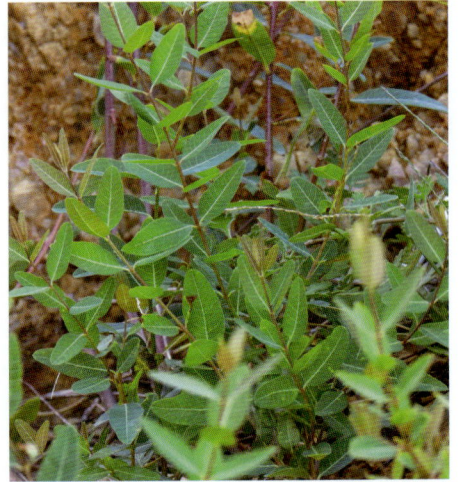

---

2. 杠柳（*Periploca sepium*）

杠柳属植物，别名山桃树叶、羊角菜。

落叶木质藤本。具乳汁。树皮灰褐色，小枝黄褐色。叶披针形或长圆状披针形，先端渐尖，基部楔形，全缘，羽状脉。聚伞花序腋生，有花数朵，花序梗与花梗细弱，花梗与花近等长。花萼 5 裂，裂片卵圆形；花冠紫红色，辐射状，花冠裂片为萼长的 2~3 倍，中间加厚，反卷，里面有毛；副花冠环状，10 裂，其中 5 裂呈丝状向里弯曲。蓇葖果 2，叉生，圆柱形。种子多数，长圆形，顶端有白毛。花期 5~6 月，果期 7~9 月。

各岛均产。嫩叶可食用；根皮入药称北五加皮，治风湿性关节炎、小儿筋骨软弱、脚痿行迟、水肿小便不利等。

---

3. 萝藦（*Cynanchum rostellatum*）

鹅绒藤属植物，别名大瓜蒌。

多年生草质藤本，长达 8m。具乳汁。茎圆柱状，下部木质化，上部较柔韧，表面淡绿色，有纵条纹，幼时密被短柔毛，老时被毛渐脱落。叶膜质，卵状心形，长 5~12cm，宽 4~7cm。总状式聚伞花序腋生或腋外生，具长总花梗；总花梗长 6~12cm，被短柔毛；蓇葖双生，纺锤形，平滑无毛。种子扁平，卵圆形，长 5mm，宽 3mm。花期 6~9 月，果期 9~12 月。

各岛均产，多生于村落篱笆处。果可治劳伤、虚弱、腰腿疼痛、缺奶、白带、咳嗽等；根可治跌打损伤、蛇咬、疔疮、瘰疬、阳痿；茎叶可治小儿疳积、疔肿；种毛可止血；乳汁可除瘊子；茎皮纤维坚韧，可用于生产人造棉。

4. 地梢瓜 (*Cynanchum thesioides*)

鹅绒藤属植物，别名小瓜蒌、女青。

地下茎单轴横生，茎自基部多分枝，直立或斜升。叶对生或近对生，线形，叶背中脉隆起。伞形聚伞花序腋生，花冠绿白色。蓇葖果纺锤形，先端渐尖，中部膨大。种子扁平，暗褐色，顶端具白色绢质长种毛。花期5~8月，果期8~10月。

各岛均产。全草及果实可入药，用于治疗体虚乳汁不下、咽喉肿痛、神经衰弱、肠炎腹泻。

---

5. 鹅绒藤 (*Cynanchum chinense*)

鹅绒藤属植物，别名羊奶角。

缠绕草本。全株被短柔毛。主根圆柱状，干后灰黄色。叶对生，薄纸质，宽三角状心形，顶端锐尖，基部心形，叶面深绿色，叶背苍白色，两面均被短柔毛，脉上较密。伞形聚伞花序腋生，两歧，着花约20朵；花冠白色，裂片长圆状披针形；副花冠二型，杯状，上端裂成10个丝状体，分为2轮，外轮约与花冠裂片等长，内轮略短。蓇葖双生或仅有1个发育，细圆柱状，向端部渐尖。种子长圆形，种毛白色绢质。花期6~8月，果期8~10月。

各岛有分布，尤以黑山坨子岛为多。全草有清热解毒、消积健胃、利水消肿之功效，常用于治疗小儿食积、疳积、胃炎、十二指肠溃疡、肾炎水肿及寻常疣。

---

6. 隔山消 (*Cynanchum wilfordii*)

鹅绒藤属植物。

多年生草质藤本。肉质根近纺锤形，灰褐色；茎被单列毛。叶对生，薄纸质，卵形，长5~6cm，宽2~4cm。近伞房状聚伞花序半球形，着花15~20朵。种子暗褐色，卵形，长7mm；种毛白色绢质，长2cm。花期5~9月，果期7~10月。

各岛均产。块根供药用，用以健胃、消饱胀、治噎食；外用治鱼口疮毒。

7. 白首乌（*Cynanchum bungei*）

鹅绒藤属植物。

草质缠绕藤本，长达 4m。块根粗壮。茎被微毛。叶对生，戟形或卵状三角形，长 3~8cm，先端渐尖，基部耳状心形，叶耳圆，两面被硬毛，侧脉 4~6 对。聚伞花序伞状，花梗长约 1cm；花萼裂片披针形，长约 1.5mm，无毛，基部内面腺体少；花冠白色或黄绿色，辐状，裂片长圆形；副花冠 5 深裂，裂片披针形，内面具舌状附属物；花粉块长圆形；柱头基部五角状，顶端全缘。果实披针状圆柱形，无毛。种子卵圆形。花期 6~7 月，果期 7~11 月。

各岛均有分布。块根为著名中药材及滋补珍品，治风湿腰痛、神经衰弱及失眠。

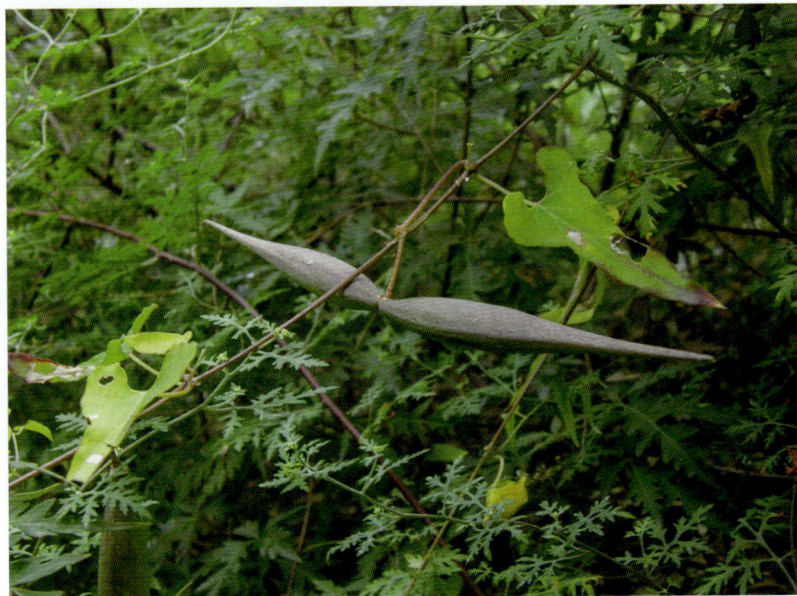

8. 牛皮消（*Cynanchum auriculatum*）

鹅绒藤属植物，别名西藏牛皮消。

蔓性半灌木。宿根肥厚，呈块状。茎圆形，被微柔毛。叶对生，膜质，被微毛，宽卵形至卵状长圆形，顶端短渐尖，基部心形。聚伞花序伞房状，着花 30 朵；花萼裂片卵状长圆形；花冠白色，辐状，裂片反折，内面具疏柔毛；副花冠浅杯状，裂片椭圆形，肉质，钝头；花粉块每室 1 个，下垂；柱头圆锥状，顶端 2 裂。蓇葖双生，披针形。种子卵状椭圆形，种毛白色绢质。花期 6~9 月，果期 7~11 月。

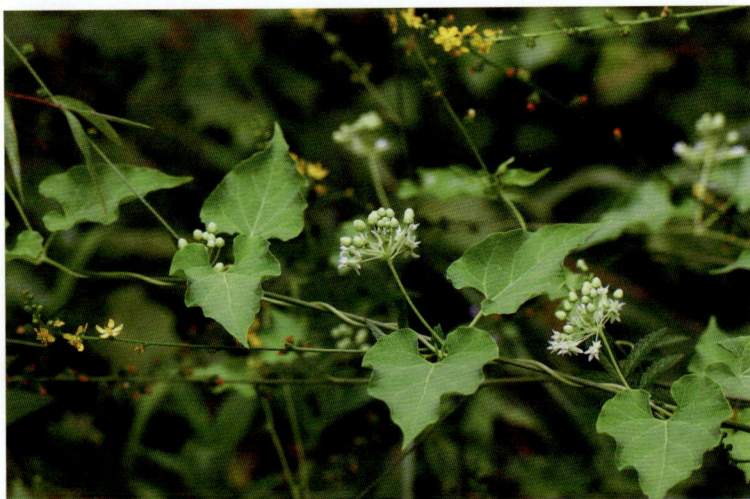

各岛均有分布。块根可药用，有养阴清热、润肺止咳之功效，可治神经衰弱、胃及十二指肠溃疡、肾炎、水肿等。

9. 徐长卿（*Vincetoxicum pycnostelma*）

白前属植物，别名疗黄草。

多年生直立草本植物。根须状。茎不分枝，稀从根部发生几条，无毛或被微毛。叶对生，纸质，披针形至线形。圆锥状聚伞花序生于顶端的叶腋内，花冠黄绿色，近辐状。蓇葖单生，披针形，向端部长渐尖。种子长圆形，种毛白色绢质。花期5~7月，果期9~12月。

各岛均产。全草可入药，用于治风湿痹痛、湿疹、风疹、顽癣和解蛇毒。

---

10. 变色白前（*Vincetoxicum versicolor*）

白前属植物，别名白薇。

半灌木。全株被绒毛。茎上部缠绕，下部直立。叶对生，纸质，宽卵形或椭圆形。伞形状聚伞花序腋生，近无总花梗；花序梗被绒毛；花萼外面被柔毛，裂片狭披针形，渐尖；花冠初呈黄白色，渐变为黑紫色，枯干时呈暗褐色，钟状辐形；副花冠极低，比合蕊冠为短，裂片三角形；花药近菱状四方形；柱头略为凸起。蓇葖单生，宽披针形。种子宽卵形，暗褐色。花期5~8月，果期7~9月。

各岛均产。根和根茎可药用，能解热利尿，可治肺结核的虚痨热、浮肿、淋痛等；茎皮纤维可作造纸原料。

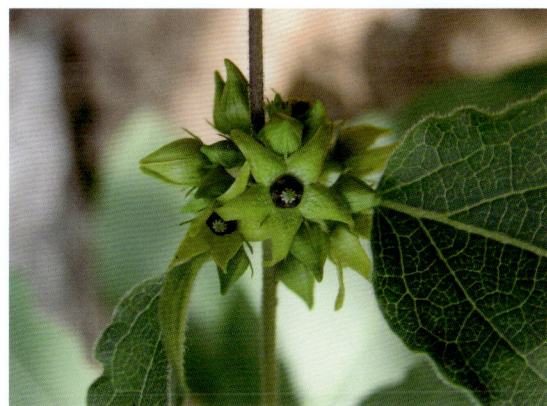

---

11. 白薇（*Vincetoxicum atratum*）

白前属植物。

多年生草本植物，高达50cm。茎密被毛。叶对生，卵形或卵状长圆形，先端骤尖或渐尖，基部圆或近心形，两面被白色绒毛；叶柄长约5mm。聚伞花序伞状，无花序梗，具8~10花。花梗长约1.5cm；花萼裂片披针形，长约3mm，被短柔毛，内面基部具5腺体；花冠深紫色，辐状，被短柔毛，内面无毛；裂片卵状三角形，具缘毛；花药顶端附属物圆形，花粉长圆状卵球形；柱头扁平。蓇葖果纺锤形或披针状圆柱形，顶端渐尖。种子淡褐色。花期4~8月，果期6~10月。

各岛均有分布。根及部分根茎供药用，有除虚烦、清热散肿、生肌止痛之功效，可治产后虚烦呕逆、小便淋漓、肾炎、尿路感染、水肿、支气管炎和风湿性腰腿痛等。

五十五、龙胆科 Gentianaceae

本科包含 2 属 3 种被子植物。

1. 假水生龙胆（*Gentiana pseudoaquatica*）

龙胆属植物。

一年生矮小草本植物，高达 5cm。茎密被乳突，基部多分枝，枝铺散或斜升。叶先端外翻，边缘软骨质，被乳突；基生叶卵圆形或圆形；茎生叶较小，近卵形。花单生枝顶，花梗长 0.2~1.3cm，花萼管状钟形；花冠深蓝色，具黄绿色宽条纹，管状钟形，褶近三角形。蒴果倒卵形，顶端具狭翅，两侧具窄翅。种子具细网纹。花果期 4~8 月。

仅在大黑山分布。

2. 北方獐牙菜（*Swertia diluta*）

獐牙菜属植物。

一年生草本植物，高达 70cm。茎直伸，棱具窄翅，多分枝。叶线状披针形或线形，长 1~4.5cm，两端渐窄，无柄。圆锥状复聚伞花序，花梗长达 1.5cm；花 5 数；花萼绿色，裂片线形，长 0.6~1.2cm，先端尖；花冠淡蓝色，裂片椭圆状披针形，长 0.6~1.1cm，先端尖，基部具 2 沟状窄长圆形腺窝，周缘被长柔毛状流苏；花丝线形，长达 6mm；花柱粗短。蒴果长圆形，长达 1.2cm。种子被小瘤状凸起。花果期 8~10 月。

各岛均有分布。全草可入药，有清热健胃、利湿之功效。

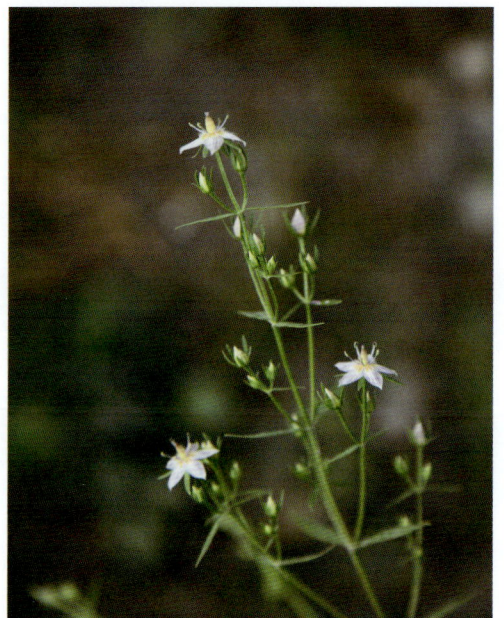

3. 瘤毛獐牙菜 (*Swertia pseudochinensis*)

獐牙菜属植物。

一年生草本植物，高可达 15cm。主根明显。茎直立，四棱形，叶无柄，叶片线状披针形至线形，两端渐狭。圆锥状复聚伞花序多花，开展；花梗直立，四棱形，花萼绿色，与花冠近等长，裂片线形，花冠蓝紫色，具深色脉纹，花丝线形，花药窄椭圆形，子房无柄，狭椭圆形，花柱短，不明显，柱头裂片半圆形。花期 8~9 月，果期 9~10 月。

各岛均有分布。治疗黄疸型肝炎有显著疗效，对治疗菌痢、消化不良等症亦有良好效果。

五十六、旋花科 Convolvulaceae

本科包含 5 属 13 种被子植物。

1. 牵牛 (*Ipomoea nil*)

虎掌藤属植物，别名日头红。

一年生缠绕草本植物。全株密被白色长毛。叶互生，阔心形，全缘；叶柄与总花梗近等长。花序有花 1~3 朵；萼片 5 深裂；花冠白色、蓝紫色或紫红色，漏斗状。蒴果球形；种子 5~6 粒，卵形，黑色或淡黄白色。花期 6~9 月，果期 7~10 月。

各岛广泛分布。种子可入药，用于治疗水肿胀满、肺气壅滞、腹胀便秘，以及驱虫。

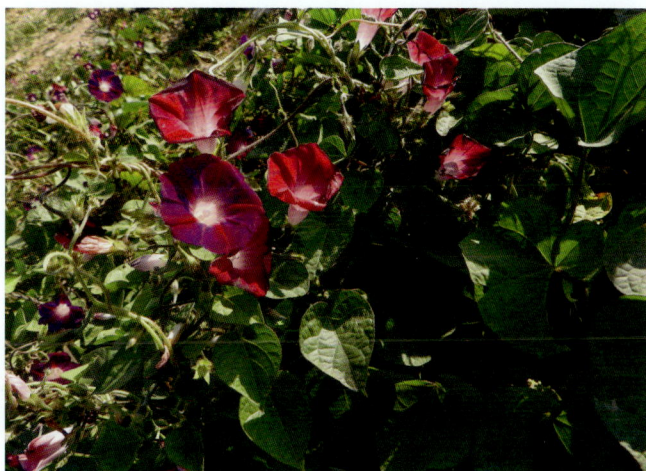

2. 圆叶牵牛 (*Ipomoea purpurea*)

虎掌藤属植物，别名紫花牵牛、打碗花。

一年生缠绕草本植物。叶片圆心形或宽卵状心形，基部圆，心形，顶端锐尖、骤尖或渐尖，两面疏或密被刚伏毛。花腋生，着生于花序梗顶端成伞形聚伞花序，花序梗比叶柄短或近等长，苞片线形，萼片渐尖；花冠漏斗状，紫红色、红色或白色，花冠管通常白色，花丝基部被柔毛；子房无毛，柱头头状；花盘环状。蒴果近球形。种子卵状三棱形，黑褐色或米黄色，被极短的糠秕状毛。花期5~10月，果期8~11月。

全岛均有分布。园林垂直绿化的良好材料；种子可入药，有泻下利水、消肿散积之功效。

----

3. 田旋花 (*Convolvulus arvensis*)

旋花属植物。

多年生草本植物。茎缠绕或下部直立，具细棱，密被灰白色或黄褐色柔毛。叶长圆形或长圆状线形，顶端钝圆或锐尖，具小短尖头，基部圆形、截形或微呈戟形，全缘，两面被柔毛。花腋生，单一，花柄短于叶，密被柔毛；苞片2，卵形，紧包萼片；萼片5，长圆状卵形。花冠漏斗状，淡红色。蒴果球形。种子卵圆形，黑褐色。

各岛广泛分布。全草可入药，用于治疗风湿痹痛、月经不调、肾虚倦乏、牙痛、神经性皮炎。

----

4. 刺旋花 (*Convolvulus tragacanthoides*)

旋花属植物。

匍匐有刺亚灌木。高可达15cm。全体被银灰色绢毛，茎密集，披散垫状。小枝坚硬，有刺。叶片狭线形，或稀倒披针形，基部渐狭，先端圆形，均密被银灰色绢毛。花密集于枝端，稀单花，花柄半贴生绢毛；萼片椭圆形或长圆状倒卵形，外面被棕黄色毛；花冠粉红色，漏斗形，花丝花柱丝状，子房有毛。蒴果球形。种子卵圆形。花期5~7月，果期8~10月。

仅在大钦岛有分布。早春的蜜源植物，具饲用价值，对水土保持和固沙有一定作用。

5. 银灰旋花（*Convolvulus ammannii*）

旋花属植物。

多年生矮小草本植物。高 10cm 以上。全株密被银灰色长毛。根状茎短，木质化，地上茎由基部分枝，平卧或直立。叶无柄，互生，线形。花腋生，单生于花梗顶端，花白色。花期 6~8 月，果期 7~9 月。

各岛均有分布。全草可入药，能解表、止咳，主治感冒、咳嗽。

----

6. 藤长苗（*Calystegia pellita*）

打碗花属植物，别名夫子庙。

多年生草本植物。根细长。茎缠绕或下部直立，圆柱形，有细棱，密被灰白色或黄褐色长柔毛，有时毛较少。叶长圆形或长圆状线形，顶端钝圆或锐尖，具小短尖头，基部圆形、截形或微呈戟形，全缘，两面被柔毛。花腋生，单一，花梗短于叶，密被柔毛；花冠淡红色，漏斗状，长 4~5cm，冠檐于瓣中带顶端被黄褐色短柔毛；雄蕊花丝基部扩大，被小鳞毛；子房无毛，2 室，每室 2 胚珠，柱头 2 裂，裂片长圆形，扁平。蒴果近球形，直径约 6mm。种子卵圆形，无毛。

各岛均产。嫩苗可食；全草可入药，有活血调经、滋阴补虚之功效。

7. 肾叶打碗花（*Calystegia soldanella*）

打碗花属植物，别名滨旋花、大米。

多年生草本植物。地下茎粗长，延伸于砂砾中；茎细长，匍匐或缠绕他物上。叶互生，革质，肾型，有光泽，具长柄。花单生于叶腋，花冠漏斗状，淡粉红色，花萼宿存。蒴果卵圆形。种子黑色。花期 7~8 月，果期 9~10 月。

各岛均产。北岛称大米，花可食；全草可入药，用于治疗咳嗽、肾炎、水肿、风湿关节疼痛。

----

8. 打碗花（*Calystegia hederacea*）

打碗花属植物，别名老母猪草、扶子苗等。

一年生草本植物，高达30cm。全株无毛。茎平卧，具细棱。茎基部叶长圆形，长 2~3cm，先端圆，基部戟形；茎上部叶三角状戟形，侧裂片常 2 裂，中裂片披针状或卵状三角形；叶柄长 1-5cm。花单生叶腋，花梗长 2.5~5.5cm；苞片 2，卵圆形，长 0.8~1cm，包被花萼，宿存；萼片长圆形；花冠漏斗状，粉红色，长 2~4cm。蒴果卵圆形，长约 1cm。种子黑褐色，被小疣。

各岛均有分布。根具有调经活血、滋阴补虚之功效，主治淋病、白带、月经不调等症；根茎有小毒，含生物碱；食用部位为嫩茎叶和根，春季其嫩茎叶，用开水焯后炒食、蒸食、做汤均可。

9. 柔毛打碗花（*Calystegia pubescens*）

打碗花属植物。

茎蔓生，常攀援，高达数米，无毛到疏生短柔毛。叶柄长 1~6cm；叶片狭三角形至长圆形，无毛到疏生短柔毛，中部两侧近平行，基部裂片弱或强，裂片不超过中脉的 1/3 长度。花序梗不超过叶，无毛或靠近基部被短柔毛；小苞片通常无毛，钝。花冠粉红色或很少白色；雄蕊 2.4~3.2cm；花药 4.5~6mm。花期 8 月。

全岛均有分布。

---

10. 旋花（*Calystegia sepium*）

打碗花属植物。别名打破碗花、狗儿弯藤等。

多年生草本植物。全株光滑。茎缠绕或匍匐，有棱角，分枝。叶互生，正三角状卵形，顶端急尖，基部箭形或戟形，两侧具浅裂片或全缘；叶柄长 3~5cm。花单生叶腋，具长花梗，具棱角；苞片 2，佝偻形，卵状心形，长 2~2.5cm，顶端钝尖或尖；萼片 5，卵圆状披针形，顶端尖；花冠漏斗状，粉红色；雄蕊 5，花丝基部有细鳞毛；子房 2 室，柱头 2 裂。蒴果球形。种子黑褐色，卵圆状三棱形，光滑。花期 6~7 月，果期 7~8 月。

全岛均有分布。

---

11. 菟丝子（*Cuscuta chinensis*）

菟丝子属植物。别名鸡血藤、金丝藤、无根草等。

一年生寄生草本植物。茎缠绕，黄色，纤细，多分枝，随处可生出寄生根，深入寄主体内。叶稀少，鳞片状，三角状卵形。花两性，多数簇生成小伞形花序；苞片小，鳞片状；花冠白色，壶形。蒴果近球形，稍扁，几乎被宿存的花冠所包围，成熟时整齐地周裂。种子 2~4 颗，黄色或黄褐色卵形，表面粗糙。花期 7~9 月，果期 8~10 月。

各岛有分布。种子可入药，有滋补肝肾、固精缩尿、明目、安胎、止泻之功效。

12. 金灯藤（*Cuscuta japonica*）

菟丝子属植物，别名无量藤、天蓬草、飞来花等。

一年生寄生缠绕草本植物。茎肉质，黄色，常被紫色、红色瘤点，无毛，多分枝，无叶。穗状花序，基部常分枝；花无梗或近无梗；苞片及小苞片鳞状卵圆形，长约 2mm；花萼碗状，肉质，长约 2mm，5 裂几达基部，裂片卵圆形，常被紫红色瘤点；花冠钟状，淡红色或绿白色，长圆形，边缘流苏状，长达冠筒中部，花柱细长，与子房近等长，柱头 2 裂，裂片舌状。蒴果卵圆形，长约 5cm，近基部周裂。种子 1~2 粒，光滑，褐色。花期 8 月，果期 9 月。

各岛均有分布。种子可药用，功用同菟丝子。

13. 大花牵牛（*Pharbitis limbata*）

牵牛属植物。

一年生缠绕草本植物。植物体有长柔毛。叶心状宽卵形，中央裂片长圆形，两侧裂片常不规则；中央裂片基部常不向中脉凹入；叶片两面有长柔毛。花 1~3 朵，簇生叶腋，花柄长 1~1.2cm；苞片 2，线形；萼片 5，长披针形，基部有白色长柔毛；花冠紫红色或粉红色，边缘常有白色的边，直径 9~10cm。蒴果球形。种子三棱形，凸面皱，有毛。花期 6~8 月，果期 7~9 月。

各岛均有分布。

五十七、紫草科 Boraginaceae

本科包含7属9种被子植物。

1. 砂引草 (*Tournefortia sibirica*)

紫丹属植物。

多年生草本植物，高可达30cm。有细长的根状茎。茎单一或数条丛生，通常分枝，叶片披针形、倒披针形或长圆形，先端渐尖或钝，基部楔形或圆，中脉明显，上面凹陷，下面凸起，侧脉不明显。花序顶生，萼片披针形，密生向上的糙伏毛；花冠黄白色，钟状，裂片卵形或长圆形，外弯，花冠筒较裂片长，花药长圆形，花丝极短，着生花筒中部；子房无毛，花柱细。核果粗糙，密生伏毛，先端凹陷，核具纵肋。花期5月，果期7月。

各岛近海处皆有分布，南隍有用全草治疗妇科病的习俗。

---

2. 田紫草 (*Lithospermum arvense*)

紫草属植物，别名麦家公、红眼睁。

二年生草本植物。植物体具伏贴硬毛。茎直立。单叶，互生；叶片倒披针形或线状披针形，两面被短糙伏毛。苞片线形，花具短柄；花萼5深裂，裂片线形；花冠白色。小坚果4，淡褐色，无柄，具瘤状凸起。

各岛有分布。嫩苗可食；全草或果实可入药，具有温中健胃、消肿止痛之功效，用于治疗胃胀反酸、胃寒疼痛、吐血、跌打损伤等。

3. 紫筒草 (*Stenosolenium saxatile*)

紫筒草属植物。

多年生草本植物。根细长，有紫红色物质。茎通常数条，直立或斜升，高10~25cm，密生开展的硬毛。基生叶和下部叶倒披针状条形，近花序的叶披针状条形，两面密生糙毛。花序顶生，逐渐延长，密生糙毛；苞片叶状；花具短梗；花萼长约7mm，5裂近基部，裂片条形；花冠紫色、堇色或白色，筒细，长约9mm，基部有具毛的环；雄蕊5，在花冠筒中部之上螺旋状着生。小坚果长约2mm，有疣状凸起，腹面基部有短柄。花果期5~9月。

各岛均有分布。全草及根可入药，具有清热凉血、止血、止咳之功效，常用于治疗吐血、肺热咳嗽、感冒、关节疼痛。

----

4. 多苞斑种草 (*Bothriospermum secundum*)

斑种草属植物。

一、二年生草本植物。茎被向上开展的硬毛及伏毛。基生叶具柄，倒卵状长圆形；茎生叶长圆形或卵状披针形，无柄，两面均被基部具基盘的硬毛及短硬毛。花序顶生，长10~20cm，小花与苞片相间排列，并偏向于一侧；花梗果期下垂；花萼外面密生硬毛，裂至基部；花冠蓝色至淡蓝色，长3~4mm，喉部附属物梯形，先端微凹。小坚果4枚，卵状椭圆形，密生疣状凸起，腹面有纵椭圆形的环状凹陷。花期5~7月，果期6~8月。

各岛均有分布，极具观赏价值。

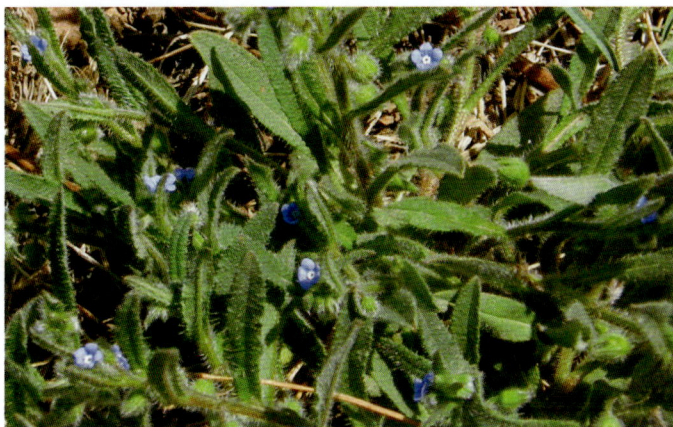

5. 狭苞斑种草 (*Bothriospermum kusnezowii*)

斑种草属植物。

一、二年生草本植物。茎常数条，直立或外倾，被开展糙硬毛及短伏毛，下部分枝。基生叶倒披针形或匙形，长4~7cm，先端钝，基部渐窄，边缘波状，两面被毛；茎生叶窄椭圆形或线状倒披针形，无柄。聚伞花序果期总状，长5~10cm；花萼裂至近基部，长3~5mm，两面被毛；花冠钟状，淡蓝或蓝紫色；雄蕊生于花冠筒基部以上1mm处，花药长约0.7mm，花丝极短；花柱极短。小坚果椭圆形。花果期6~7月。

各岛均有分布。

6. 鹤虱（*Lappula myosotis*）

鹤虱属植物。

一年生草本植物，高达 60cm。茎直立，多分枝，密被短糙伏毛。茎生叶线形或线状倒披针形，长 1~2cm，先端渐尖或尖，基部渐窄，两面疏被具基盘糙硬毛。苞片叶状，与花对生；花梗长 2~5mm；花冠漏斗状，淡蓝色，长约 3mm。果序长 10~20cm；雌蕊基及花柱稍高出小坚果。小坚果卵圆形，长约 3.5mm，被疣点。花果期 6~8 月。

各岛均有分布。有杀虫消积之功效，用于治疗蛔虫病、蛲虫病、绦虫病、虫积腹痛、小儿疳积。

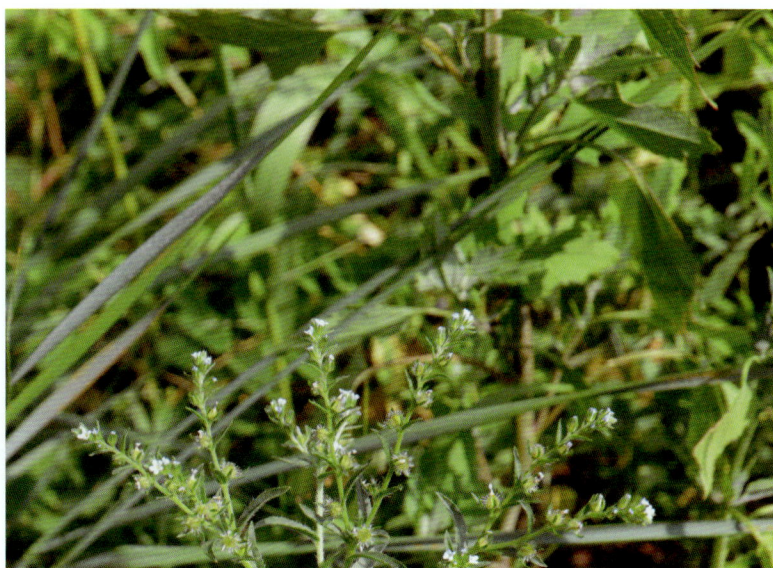

7. 弯齿盾果草（*Thyrocarpus glochidiatus*）

盾果草属植物。

茎细，斜升或外倾，高达 30cm，下部常分枝，被伸展长硬毛及短糙毛。基生叶匙形或窄倒披针形，长 2~7cm，两面被具基盘硬毛；茎生叶卵形或窄椭圆形。聚伞花序长达 15cm；苞片卵形或披针形，长 0.5~3cm；花常生于腋外；花梗长 1.5~4mm；花萼长约 3mm，裂片窄椭圆形或卵状披针形，先端钝，两面被毛；花冠淡蓝色或白色。小坚果长约 25mm，黑褐色。花果期 4~6 月。

各岛均有分布。

8. 附地菜（*Trigonotis peduncularis*）

附地菜属植物，别名嫩菜。

一年生草本植物。茎通常从基部分枝，被贴伏细毛。基生叶倒卵状椭圆形或匙形，先端钝圆，基部渐狭下延成长柄，两面被细硬毛；茎下部叶与基生叶相似，茎上部叶椭圆状披针形，先端钝尖，基部楔形，两面被细硬毛；无柄。花序长，仅在基部有2~4苞片；花萼裂片椭圆状披针形，被短毛；花冠蓝色，裂片钝，喉部黄色，具5个鳞片状附属物。小坚果四面体形，被细毛，具短柄，棱尖锐。花期4~6月，果期7~9月。

各岛均产。全草可入药，有消肿解毒、祛风止痛之功效。

---

9. 钝萼附地菜（*Trigonotis peduncularis* var. *amblyosepala*）

附地菜属植物。

一年生草本植物，高10~80cm。茎由基部多分枝，分枝斜升，有糙伏毛。茎下部叶有短柄，上部叶几无柄，叶片椭圆形椭圆状倒卵形或匙形，长1.0~2.5cm，宽5~10mm，基部楔形，先端稍钝，有糙伏毛。总状花序生于枝端，果期伸长，无叶或只在花序基部有1~2枚叶；花梗纤细，在花萼下明显变粗，长3~5mm，花后伸长；花萼长约1.5mm，花冠蓝色，喉部黄色。小坚果四面体形，较狭，有短毛。花果期5~7月。

各岛均有分布。

五十八、唇形科 Lamiaceae

本科包含 11 属 17 种被子植物。

1. 荆条（*Vitex negundo* var. *heterophylla*）

牡荆属植物，别名荆子。

落叶灌木。叶对生，叶柄密生细柔毛，通常为掌状五出复叶，近枝端有时为三出复叶，两面有细毛。圆锥花序顶生及腋生，花萼钟状；花淡紫色，先端唇形。核果倒卵形，成熟时褐色，包被于宿萼内。花期 6~8 月，果期 7~10 月。

各岛均产。过去用以熏蚊子，果实与枝叶可入药，用于治疗呃逆、哮喘、消化性溃疡、月经不调、白带、疝气。

2. 单叶蔓荆（*Vitex rotundifolia*）

牡荆属植物，别名蔓荆子。

落叶灌木。茎匍匐，节处常生不定根。嫩枝四方形，老枝渐变圆。单叶对生，叶片倒卵形或近圆形，顶端通常钝圆或有短尖头，基部楔形，全缘，背面灰白色，两面均有腺点。花顶生或腋生，唇形。果球形，被灰白色宿萼。花期 7~8 月，果期 8~10 月。

主产大小黑山、南长山。果实可入药，用于治疗风热感冒、齿龈肿痛、目赤多泪、目暗不明、头晕目眩。

3. 黄荆（*Vitex negundo*）

牡荆属植物。

小乔木或灌木状。小枝密被灰白色绒毛。掌状复叶，小叶长圆状披针形或披针形，先端渐尖，基部楔形，全缘或具少数锯齿，下面密被绒毛。聚伞圆锥花序长 10~27cm，花序梗密被灰色绒毛；花萼钟状，具 5 齿；花冠淡紫色，被绒毛，5 裂，二唇形；雄蕊伸出花冠。核果近球形。花期 4~5 月，果期 6~10 月。

各岛均有分布。该种茎皮可供造纸及制人造棉；茎叶治久痢；种子为清凉性镇静、镇痛药；根可以驱烧虫；花和枝叶可供提取芳香油。

----

4. 海州常山（*Clerodendrum trichotomum*）

大青属植物，别名臭梧桐。

落叶灌木或小乔木。嫩枝和叶柄多少有黄褐色短柔毛，枝内白色中髓有淡黄色薄片横隔。单叶对生，叶宽卵形、卵形、三角状卵形或卵状椭圆形，先端渐尖，基部截形或宽楔形，全缘或有波状齿，两面疏生短柔毛或近无毛。伞房状聚伞花序顶生或腋生，萼紫红色，5 裂至基部；花冠白色或粉红色。核果近球状，成熟时蓝紫色。

各岛均有分布。嫩枝叶可入药，有祛风湿、活络、平肝之功效。

5. 荔枝草 (*Salvia plebeia*)

鼠尾草属植物，别名蛤蟆草。

一、二年生草本植物。茎直立，粗壮，多分枝。叶椭圆状卵圆形或椭圆状披针形，基部圆形或楔形。轮伞花序在茎、枝顶端密集组成总状或总状圆锥花序，结果时延长；花冠淡红色、淡紫色稀白色。小坚果倒卵圆形，光滑。花期 4~5 月，果期 6~7 月。

各岛有分布。全草可入药，有清热、解毒、凉血、利尿之功效。

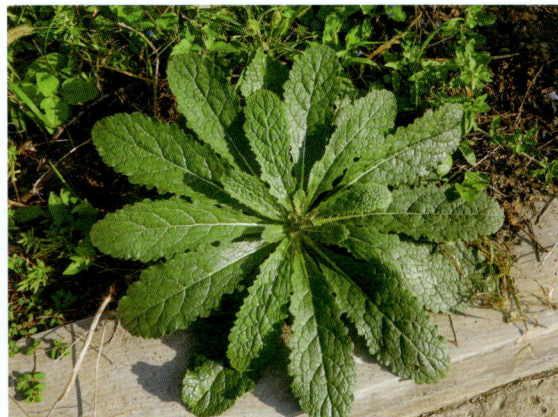

6. 黄芩 (*Scutellaria baicalensis*)

黄芩属植物，别名黄金茶。

多年生草本植物。肉质根茎圆锥形，肥厚。叶对生，坚纸质，披针形至线状披针形。总状花序在茎及枝上顶生，花冠紫色、紫红色至蓝色。小坚果卵球形，花果期 7~9 月。

各岛均产。嫩叶可炒茶；根可入药，有清热燥湿、泻火解毒、止血、安胎、降血压之功效。

7. 沙滩黄芩（*Scutellaria strigillosa*）

黄芩属植物，别名瓜子兰。

多年生草本植物。茎直立或稍弯。叶椭圆形，先端钝或圆形，基部浅心形或近截形，近全缘。花冠紫色，具腺短柔毛，内面无毛。小坚果黄褐色，近圆球形。花果期5~10月。

生于海边沙地上。

----

8. 多花筋骨草（*Ajuga multiflora*）

筋骨草属植物，别名筋骨草。

多年生草本植物。根部膨大。茎四棱形，紫红色或绿紫色，幼嫩部分被灰白色长柔毛。叶片纸质，卵状椭圆形至狭椭圆形，基部楔形。穗状聚伞花序顶生；花冠紫色。小坚果长圆状或卵状三棱形。花期4~6月，果期6~8月。

各岛均产。全草可入药，有祛风、清热、凉血、消肿解毒、止咳化痰之功效。

----

9. 线叶筋骨草（*Ajuga linearifolia*）

筋骨草属植物。

多年生草本植物，高25-40cm。直立，具分枝，全株被白色具腺长柔毛或绵毛，根部膨大，木质化。茎四棱形，淡紫红色，基部木质化。嫩枝绿色，多毛。叶柄极短，具狭翅及槽；叶片纸质或近膜质，线状披针形或线形。轮伞花序在茎中部以上着生，花冠白色或淡蓝色，具紫蓝色斑点；雄蕊4，花柱粗壮，无毛，裂片细尖；子房4裂，无毛。小坚果倒卵状或长倒卵状三棱形，背部具网状皱纹，腹部几为果脐所占。花期4~5月，果期5月以后。

各岛均有分布，功用同多花筋骨草。

10. 夏至草（*Lagopsis supina*）

夏至草属植物，别名小益母草。

多年生草本植物。披散于地面或上升，具圆锥形的主根。茎四棱形，具沟槽，带紫红色，密被微柔毛，常在基部分枝。叶先端圆形，基部心形，3深裂，裂片有圆齿或长圆形犬齿，叶片两面均绿色。轮伞花序疏花，在枝条上部者较密集，在下部者较疏松；花冠白色，稀粉红色。小坚果长卵形，长约1.5mm，褐色，有鳞秕。花期3~4月，果期5~6月。

各岛有分布，全草可入药，有活血调经之功效。

11. 活血丹（*Glechoma longituba*）

活血丹属植物，别名金钱草。

多年生匍匐草本植物。茎方柱形，长10~30cm。下部常匍地生根，上部斜升或近直立，仅幼嫩部被疏茸毛。叶对生，有长柄；叶片草质，圆心形或近肾形，边有圆齿，被细毛。花蓝色或紫色，具短梗，单生于叶腋，稀2朵或3朵簇生；萼管状，15条纵脉，被长柔毛，萼裂片的长度约与萼管相等或较短，具芒状尖头；花冠有长筒和短筒二型，外被毛，冠管下部圆筒状，上部明显扩大呈钟形，檐部二唇形，上唇直立，2裂，下唇斜展，3裂，中间裂片大，顶端凹；雄蕊8，内藏。小坚果长圆状卵形，深褐色，藏于宿存萼内。花期4~5月，果期5~6月。

南隍城岛有野生。全草可入药，有利湿通淋、清热解毒、散瘀消肿之功效。

12. 益母草 （*Leonurus japonicus*）

益母草属植物，别名四楞蒿、坤草。

二年生草本。茎直立，钝四棱形，微具槽，有倒向糙伏毛。叶对生，茎下部叶卵形，基部宽楔形，掌状 3 裂；茎中部叶为菱形，较小，通常分裂成 3 个或偶有多个长圆状线形的裂片。轮伞花序腋生，唇形，花冠粉红至淡紫红色。小坚果长圆状三棱形，暗褐色。花期 6~9 月，果期 9~10 月。

各岛均产。全草可入药，用于治疗经行不畅、恶露、跌打瘀肿、小便不利、痈肿疮毒、皮肤瘙痒、难产。

13. 錾菜 （*Leonurus pseudomacranthus*）

益母草属植物，别名白花益母草、山玉米膏。

多年生草本植物，高达 1m，上部分枝。茎密被平伏倒向柔毛。叶卵形，长 6~7cm，先端尖，基部宽楔形，疏生锯齿，上面密被糙伏微硬毛，具皱，下面被平伏微硬毛及稀疏淡黄色腺点；茎中部叶常不裂，长圆形，疏生锯齿状牙齿，叶柄长不及 1cm。轮伞花序具多花；花萼管形，花冠白色，带紫纹。小坚果黑褐色，长圆状三棱形。花期 8~9 月，果期 9~10 月。

各岛均有分布。活血调经，解毒消肿，用于治疗月经不调、闭经、痛经、产后瘀血腹痛、崩漏、跌打伤痛、疮痈。

14. 百里香 （*Thymus mongolicus*）

百里香属植物，别名山胡椒。

多年生小灌木状草本植物。茎匍匐，随处生根，多分枝。叶对生，细小，长椭圆形或卵形，全缘，钝头，基部具刚毛。花枝直上，有强烈芳香气；花小，唇形，紫红色，簇集枝端，呈轮伞花穗。小坚果椭圆形，位于宿萼的底部。花期 6~7 月，果期 7~8 月。

各岛均有分布。茎叶可代香料烧菜；全草可入药，有解表祛风、行气止痛、止咳降压之功效。

15. 香薷 (*Elsholtzia ciliata*)

香薷属植物, 别名五香、野芭子、野芝麻等 。

一年生草本植物。茎高 30~50cm, 被倒向疏柔毛, 下部常脱落。叶片卵形或椭圆状披针形, 长 3~9cm, 疏被小硬毛, 下面满布橙色腺点; 叶柄长 0.5~3cm, 被毛。轮伞花序多花, 组成偏向一侧、顶生的假穗状花序, 后者长 2~7cm, 花序轴被疏柔毛; 苞片宽卵圆形, 多半褪色, 长宽约 3mm, 顶端针芒状, 具睫毛, 外近无毛而被橙色腺点; 花萼钟状, 长约 1.5mm, 外被毛, 齿 5, 三角形, 前 2 齿较长, 齿端呈针芒状; 花冠淡紫色, 外被柔毛, 上唇直立, 顶端微凹, 下唇 3 裂, 中裂片半圆形。小坚果矩圆形。花期 7~10 月, 果期 10 月至翌年 1 月。

各岛均有分布。全草可入药, 治急性肠胃炎、腹痛吐泻、夏秋防暑、头痛发热、恶寒无汗、霍乱、水肿、鼻衄、口臭等症; 嫩叶可喂猪。

16. 海州香薷 (*Elsholtzia splendens*)

香薷属植物。

一年生草本植物。茎直立, 高 20~40cm, 被短柔毛。叶片矩圆状披针形至披针形, 长 1~6cm, 被短柔毛, 下面具凹陷腺点; 叶柄长 1~10mm。假穗状花序顶生, 偏向一侧; 苞片近圆形或宽卵圆形, 具尾状芒尖, 边缘具睫毛; 花萼筒状, 长 2~2.5mm, 外被灰白色短柔毛, 齿 5, 近相等, 三角形, 顶端刺芒状, 边缘具睫毛; 花冠玫瑰紫色, 长 6~7mm, 外密被长柔毛, 上唇直立, 顶端微凹, 下唇 3 裂, 中裂片最大, 圆形。小坚果矩圆形。花果期 9~11 月。

各岛均有分布。全草可入药, 据《中华人民共和国药典》记载, 性辛, 微温, 有发表解暑、散湿行水之功效, 主治伤暑、头痛、发热、恶寒、无汗、腹痛、吐泻、水肿、脚气。

17. 荆芥（*Nepeta cataria*）

荆芥属植物，别名樟脑草、凉薄荷等。

多年生草本植物，高达 1.5m。被白色短柔毛。叶卵形或三角状心形，长 2.5~7cm，基部心形或平截，具粗圆齿或牙齿，上面被微硬毛，下面被短柔毛，脉上毛较密；叶柄细，长 0.7~3cm。聚伞圆锥花序顶生；苞片及小苞片钻形。花萼管状，被白色短柔毛，萼齿内面被长硬毛，钻形，长 1.5~2mm，后齿较长；花冠白色，下唇被紫色斑点，长约 7.5mm，被白色柔毛，喉部内面被柔毛，上唇长约 2mm，先端微缺，下唇中裂片近圆形，具内弯粗牙齿，侧裂片圆。小坚果三棱状卵球形，长约 1.7mm。花期 7~9 月，果期 9~10 月。

各岛均有分布。味辛香、微温，其茎叶有解暑、发汗发热，防止中暑、口臭、胸闷及小便不利等作用，也可用于治疗急性肠胃炎；茎叶还含较丰富的维生素和微量元素，嫩茎叶可凉拌，作调味品或做汤，清香可口，增进食欲，利喉；此外，具薄荷味的芳香，能使猫兴奋，常用于填塞猫玩具。

五十九、茄科 Solanaceae

本科包含 4 属 6 种被子植物。

1. 龙葵（*Solanum nigrum*）

茄属植物，别名烟油。

一年生草本植物。茎直立或下部偃卧，有棱角，沿棱角稀被细毛。叶互生，卵形，基部宽楔形或近截形，渐狭小至叶柄，先端尖或长尖，叶大小相差很大。伞状聚伞花序侧生，花柄下垂，每花序有 4~10 朵花，花白色，萼圆筒形。浆果球状，有光泽，成熟时黑色；种子扁圆形。花期 5~8 月，果期 7~11 月。

各岛均有分布。果可食；全草可入药，用于治疗牙痛、痈疮疔疮、蛇虫咬伤、水肿等。

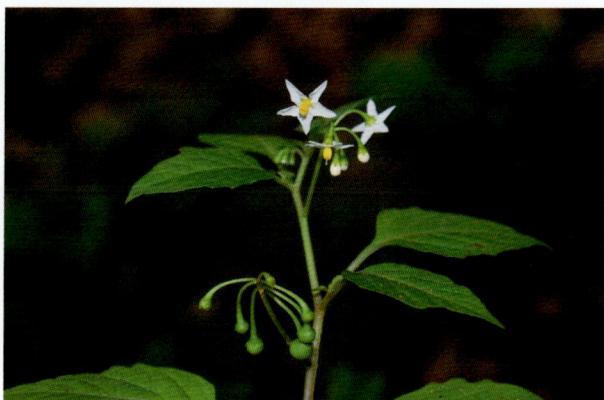

2. 白英（*Solanum lyratum*）

茄属植物，别名毛母猪藤、山甜菜等。

草质藤本。茎及小枝均密被具节长柔毛。叶互生，琴形，基部常 3~5 深裂，裂片全缘，两面均被白色发亮的长柔毛。聚伞花序顶生或腋外生，疏花，花冠蓝紫色或白色，5 深裂，裂片椭圆状披针形。浆果球状，成熟时红黑色。种子近盘状，扁平。花期 6~10 月，果期 10~11 月。

各岛均产。全草可入药，用于治疗湿热黄疸、风湿关节痛、带下病、水肿、淋证、丹毒、疔疮、癌瘤。

3. 枸杞（*Lycium chinense*）

枸杞属植物，别名狗奶子。

落叶灌木。植物体具刺。枝条细长，常弯曲或俯垂。叶互生或簇生于短枝上，叶片卵形、卵状菱形或卵状披针形，全缘。花常 1~4 朵簇生于叶腋；萼钟状，通常 3 中裂或 4~5 齿裂；花冠漏斗状，淡紫色，5 深裂，裂片卵形，边缘具缘毛。浆果卵状或长圆状，红色。种子扁肾形，黄色。花期 6~9 月，果期 7~10 月。

各岛广泛分布。嫩叶可作蔬菜，果可食；入药有滋补肝肾、益精明目之功效，根皮称地骨皮，用于治疗阴虚发热、肺热咳嗽、内热消渴、血热吐衄。

4. 曼陀罗（*Datura stramonium*）

曼陀罗属植物，别名风茄花、洋金花。

一年生草本植物。全株光滑无毛，有时幼叶上有疏毛。茎粗壮直立，常木质化，上部常呈二叉状分枝。叶互生，叶片宽卵形，边缘具不规则的波状浅裂或疏齿，具长柄。花单生在叶腋或枝杈处；花萼5齿裂，筒状，花冠漏斗状，白色至紫色。蒴果直立，表面有硬刺，卵圆形。种子稍扁肾形，黑褐色。花期6~10月，果期7~11月。

各岛均产。花、果可入药，用于治疗哮喘、腹痛、风湿、麻醉、惊风。

----

5. 毛曼陀罗（*Datura innoxia*）

曼陀罗属植物，别名软刺曼陀罗、毛花曼陀罗。

高1~2m，全体密生白色细腺毛和短柔毛。茎粗壮，圆柱形，灰白色。叶宽卵形，全缘或有波状疏齿；叶柄长4~5cm。花单生，直立或斜升，花梗长约1cm；花萼筒圆柱状，无棱角；花冠漏斗状，下半部带淡绿色，上半部白色，花开放后呈喇叭状，边缘有10短尖头；雄蕊5；子房卵圆形。蒴果近圆形。花果期6~9月。

各岛均有分布。叶和花含莨菪碱和东莨菪碱，全株有毒。可药用，有镇痉、镇静、镇痛、麻醉之功效；种子油可制肥皂和掺和油漆用。

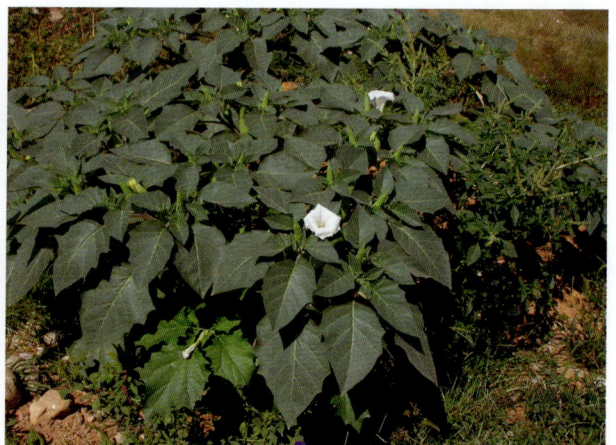

6. 苦蘵（*Physalis angulata*）

灯笼果属植物。

一年生草本植物，高达 50cm。茎疏被短柔毛或近无毛。叶卵形或卵状椭圆形，长 3~6cm，宽 2~4cm，先端渐尖或尖，基部宽楔形或楔形，全缘或具不等大牙齿，两面近无毛；叶柄长 1~5cm。花梗长 0.5~1.2cm，纤细，被短柔毛；花萼长 4-5mm，被短柔毛，裂片披针形，具缘毛；花冠淡黄色，喉部具紫色斑纹，长 4~6mm，直径 6~8mm；花药蓝紫或黄色，长约 1.5mm；宿萼卵球状，直径 1.5~2.5cm，薄纸质。浆果径约 1.2cm。种子盘状，直径约 2mm。花期 5~7 月，果期 7~12 月。

各岛均有分布。全草可入药，具有清热、利尿、解毒、消肿之功效，常用于治疗感冒、肺热咳嗽、咽喉肿痛、牙龈肿痛、湿热黄疸、痢疾、水肿、热淋、天疱疮、疔疮。

六十、通泉草科 Mazaceae

本科包含 1 属 2 种被子植物。

1. 通泉草（*Mazus pumilus*）

通泉草属植物。

高 3~30cm，无毛或疏生短柔毛。总状花序生于茎、枝顶端，常在近基部即生花，伸长或上部呈束状，通常 3~20 朵，花稀疏；花萼钟状；花冠白色、紫色或蓝色。蒴果球形。种子小而多数，黄色。花果期 4~10 月。

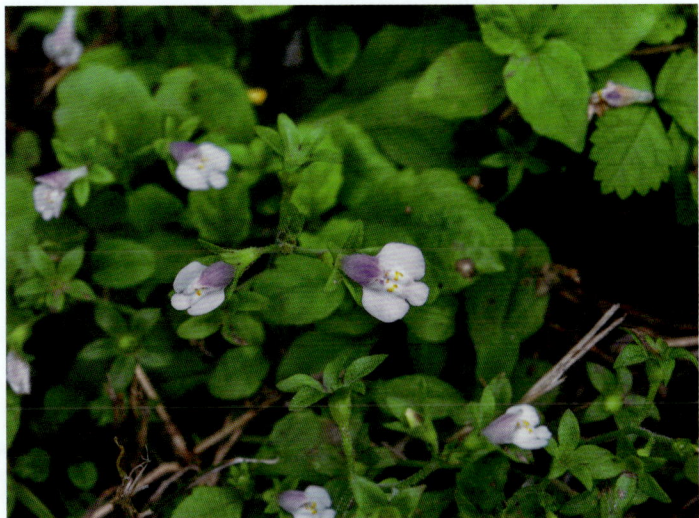

各岛均有分布。全草可入药，有止痛、健胃、解毒之功效，用于治疗偏头痛、消化不良，外用治疗疮、脓疱疮、烫伤。

2. 弹刀子菜（*Mazus stachydifolius*）

通泉草属植物。

多年生草本植物，高达 50cm。全株被白色长柔毛。根状茎短。茎直立，稀上升，有时基部多分枝。基生叶匙形，有短柄，常早枯萎；茎生叶对生，上部叶常互生，无柄，长椭圆形或倒卵状披针形，具不规则锯齿。总状花序顶生，长 2~20cm；苞片三角状卵形；花萼漏斗状，花冠蓝紫色，子房上部被长硬毛。蒴果扁卵球形，长 2~3.5mm。花期 4~6 月，果期 6~8 月。

各岛均有分布。

六十一、泡桐科 Paulowniaceae

本科包含 1 属 3 种被子植物。

1. 毛泡桐（*Paulownia tomentosa*）

泡桐属植物，别名紫花桐。

树皮灰褐色或灰黑色，幼时平滑，老时纵裂。单叶，对生，叶大，卵形，全缘或有浅裂，具长柄，柄上有绒毛。花大，淡紫色或白色，顶生圆锥花序，由多数聚伞花序复合而成。蒴果卵形或椭圆形，熟后背缝开裂。种子多数为长圆形，小而轻，两侧具有条纹的翅。花期 4~5 月，果期 8~9 月。

各岛均产。花可食；花有疏风散热、清热解毒、清肝明目之功效；果、根有祛风解毒、化痰止咳、消肿定痛之功效。

2. 楸叶泡桐（*Paulownia catalpifolia*）

泡桐属植物，别名小叶泡桐、无籽泡桐、山东泡桐。

大乔木。树冠为高大圆锥形，树干通直。叶片通常长卵状心脏形，顶端长渐尖，全缘或波状而有角，上面无毛，下面密被星状绒毛。花序金字塔形或狭圆锥形；萼浅钟形，在开花后逐渐脱毛，萼齿三角形或卵圆形；花冠浅紫色，长 7~8cm，较细，管状漏斗形，内部常密布紫色细斑点。蒴果椭圆形，幼时被星状绒毛。花期 4 月，果期 7~8 月。

各岛偶见其分布，功用同毛梧桐。

3. 白花泡桐（*Paulownia fortunei*）

泡桐属植物，别名泡桐、哇哈哈等。

落叶大乔木，高可达 20m。树皮灰褐色。幼枝，叶柄，叶下面和花萼、幼果密被黄色星状绒毛。叶心状卵圆形至心状长卵形，长可达 20cm，全缘。聚伞圆锥花序顶生；总花梗与花梗近等长；花萼倒卵圆形，裂片卵形，果期变为三角形；花冠白色，内有紫斑。蒴果大，外果皮硬壳质。花期 3~4 月，果期 7~8 月。

各岛偶见其分布，功用同毛梧桐。

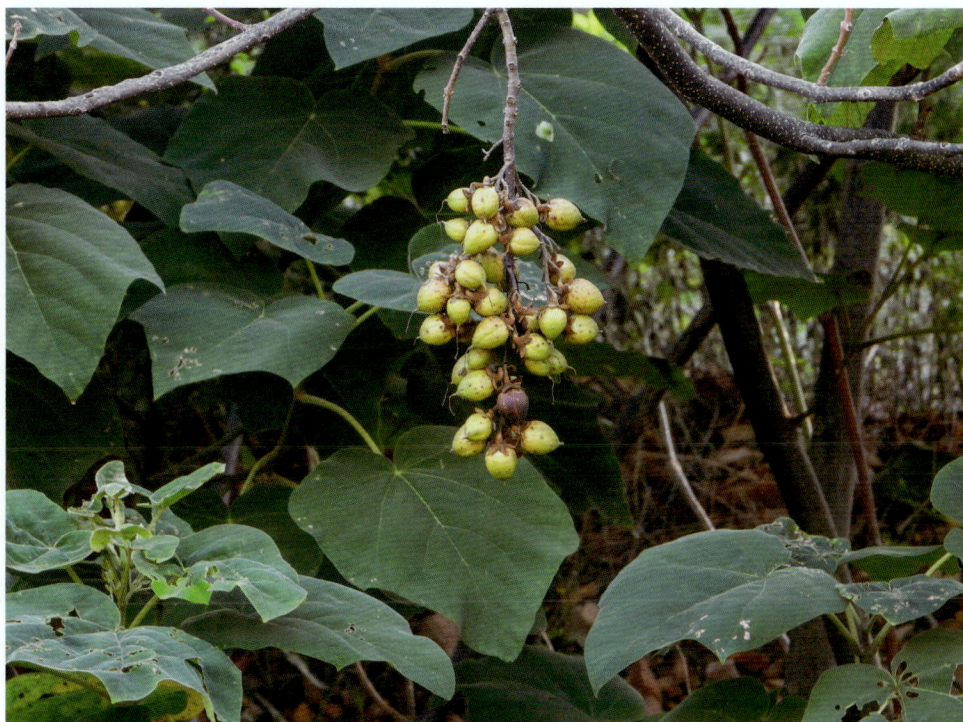

六十二、列当科 Orobanchaceae

本科包含 3 属 3 种被子植物。

1. 阴行草（*Siphonostegia chinensis*）

阴行草属植物，别名刘寄奴。

一年生草本植物。茎略呈方形，分枝。叶对生，叶片二回羽状全裂，裂片狭线形。穗状花序顶生，花冠二唇形，上唇微带紫色、下唇黄色；花萼筒状。蒴果隐藏于内。种子多数，黑色。花期 6~8 月，果期 8~10 月。

各岛有分布。全草可入药，用于治疗瘀阻经闭、跌打、外伤出血、食积不化。

2. 地黄（*Rehmannia gluti-nosa*）

地黄属植物，别名蜂蜜罐。

多年生草本植物。全株被灰白色长柔毛及腺毛。根茎肥厚，肉质，呈块状、圆柱形或纺锤形。茎直立，单一或由基部分生数枝。根生叶丛生，倒卵形或长椭圆形，先端钝，基部渐下延成长柄，边缘有不整齐钝齿，叶面多皱。花多毛，于茎上部排列成总状花序；花萼钟形，紫红色或淡紫红色，有时淡黄色。蒴果卵形或卵圆形，先端尖，上有宿存花柱，外有宿存花萼。种子多数。

各岛广泛分布。花筒内有蜜，儿童喜吮之；块茎入药有清热凉血、养阴、生津之功效。

3. 列当（*Orobanche coerulescens*）

列当属植物，别名兔儿拐。

一年生寄生草本植物。全株近无毛。根状茎横走，圆柱状；通常有 2~3 条直立的茎，茎不分枝，粗壮，基部增粗。叶密集生于茎近基部，向上渐稀疏，三角形或宽卵状三角形。穗状花序，圆柱形，花冠宽钟状，暗紫色或暗紫红色，筒膨大成囊状，上唇直立，近盔状，下唇极短，3 裂。蒴果近球形，2 瓣开裂。种子小，椭圆形，多数。花期 5~7 月，果期 7~9 月。

各岛均有分布。全草可入药，治腰膝冷痛、阳痿、遗精，外用洗脚治小儿久泻。

六十三、车前科 Plantaginaceae

本科包含 3 属 9 种被子植物。

1. 细叶水蔓菁（*Pseudolysimachion linariifolium*）

兔尾苗属植物，别名细叶穗花、细叶婆婆纳。

多年生草本植物。茎直立，端部分枝，叶及苞片上被有白色细短柔毛。单叶对生；叶片倒卵状披针形至条状披针形，先端尖，基部窄狭成柄，边缘疏具齿。花蓝紫色，排列成穗式的总状花序，花冠 4 裂。蒴果扁圆，先端微凹，花柱很长，通常花落后尚宿存于果端。花期 7~8 月，果期 9~10 月。

各岛有分布。全草可入药，治慢性气管炎、咳吐脓血，外用治皮肤湿疹、疖痈疮疡。

----

2. 婆婆纳（*Veronica polita*）

婆婆纳属植物。

铺散多分枝草本植物。多少被长柔毛。叶仅 2~4 对，具 3~6mm 长的短柄，叶片心形至卵形，每边有 2~4 个深刻的钝齿，两面被白色长柔毛。总状花序很长；花萼裂片卵形，顶端急尖，果期稍增大，三出脉，疏被短硬毛；花冠淡紫色、蓝色、粉色或白色，裂片圆形至卵形；雄蕊比花冠短。蒴果近于肾形，密被腺毛，略短于花萼，宿存的花柱与凹口齐或略过之。种子背面具横纹，长约 1.5mm。花果期 3~10 月。

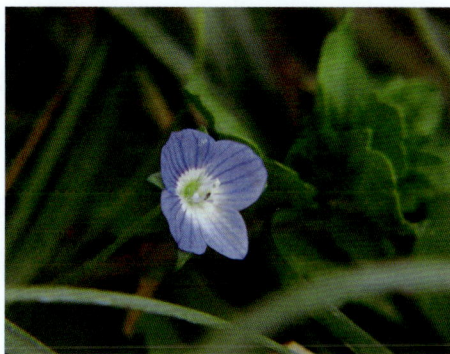

主产南北长山。全草可入药，有补肾壮阳、凉血、止血、理气止痛之功效，用于治疗吐血、疝气、子痫、带下病、崩漏、小儿虚咳、骨折。

3. 北水苦荬（*Veronica anagallis-aquatica*）

婆婆纳属植物，别名仙桃草。

多年生（稀为一年生）草本植物。通常全体无毛，极少在花序轴、花梗、花萼和蒴果上有几根腺毛。根茎斜走。茎直立或基部倾斜，不分枝或分枝，高10~100cm。叶无柄，上部的半抱茎。花序比叶长，多花；花梗与苞片近等长。蒴果近圆形，长宽近相等。花期6~8月，果期7~9月。

各岛均有分布。嫩苗可食；可药用，具有止血、止痛、活血消肿、清热利尿、降血压等功效。

---

4. 水苦荬（*Veronica undulata*）

婆婆纳属植物，别名水菠菜、水莴苣、芒种草。

多年生草本植物。根状茎长。植株高30~100cm，无毛或上部疏被腺毛。茎直立或基部倾卧，不分枝或有倾卧的分枝。叶无柄而半抱茎或下部的具短柄，卵形至长椭圆形，有时为条状披针形，叶片通常叶缘有尖锯齿；分枝上的叶常小而具短柄。总状花序常弯曲上升，长可达15cm；花梗远长于苞片，弯曲上升；花萼裂片卵状披针形；花冠蓝色、淡紫色或白色，直径6mm。蒴果卵状三角形，顶端尖，稍微凹，与萼近等长或稍过之，花柱长约3mm。种子长约0.5mm。花期6~8月，果期7~9月。

全草可入药，具有清热解毒、活血止血之功效，用于治疗感冒、咽痛、劳伤咯血、痢疾、血淋、月经不调、疮肿、跌打损伤。

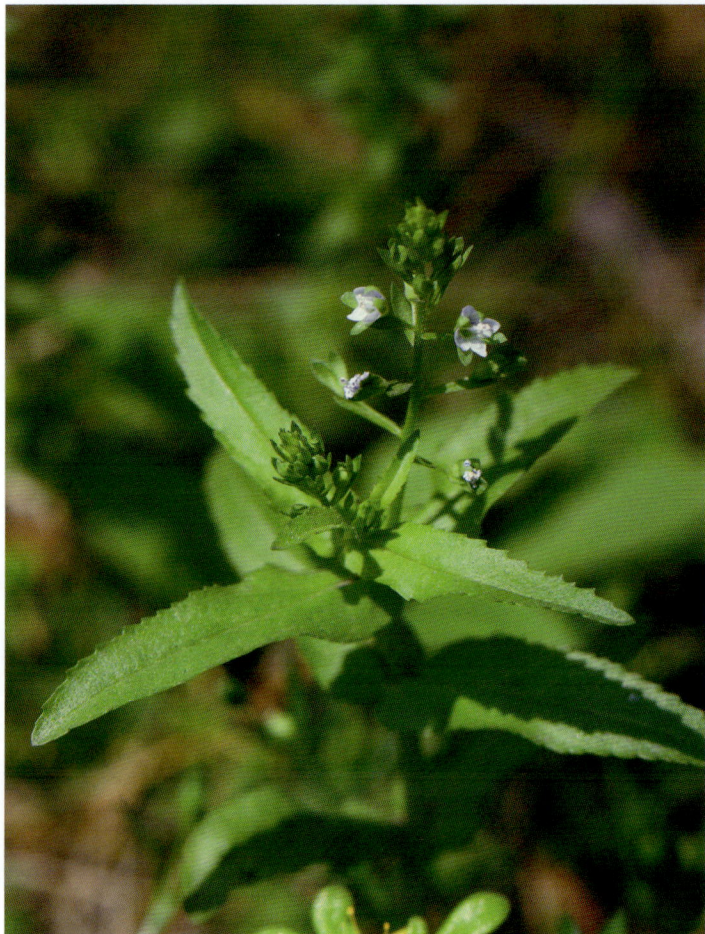

5. 平车前 (*Plantago depressa*)

车前属植物，别名驴耳朵、道车车。

一、二年生草本植物。直根长，具多数侧根，多少肉质。根茎短。叶基生呈莲座状，平卧、斜展或直立；叶片纸质，椭圆形、椭圆状披针形或卵状披针形，叶柄基部扩大成鞘状。穗状花序细圆柱状；花萼无毛，花冠白色，无毛；雄蕊着生于冠筒内面近顶端，同花柱明显外伸；花药卵状椭圆形或宽椭圆形，新鲜时白色或绿白色，干后变淡褐色；胚珠5。蒴果卵状椭圆形至圆锥状卵形。种子4~5，椭圆形，腹面平坦，黄褐色至黑色。花期5~7月，果期7~9月。

各岛广泛分布。嫩叶可食；种子及全草可入药，有清热利尿、渗湿通淋、明目、祛痰之功效。

6. 车前 (*Plantago asiatica*)

车前属植物，别名驴耳朵。

二年生或多年生草本植物。须根多数。根茎短，稍粗。叶基生呈莲座状，平卧、斜展或直立；叶片薄纸质或纸质，宽卵形至宽椭圆形。花序3~10个，直立或弓曲上升；穗状花序细圆柱状；花冠白色，无毛，冠筒与萼片约等长；雄蕊着生于冠筒内面近基部，与花柱明显外伸，花药卵状椭圆形；胚珠7~15 (18)。蒴果纺锤状卵形、卵球形或圆锥状卵形。种子5~6 (12)。花期4~8月，果期6~9月。

各岛均产。嫩叶可食；种子及全草可入药，有利尿通淋、渗湿止泄、清肝明目、清肺化痰之功效。

----

7. 大车前 (*Plantago major*)

车前属植物。

多年生草本植物，高15~20cm。根状茎短粗，有须根。基生叶直立，密生，纸质，卵形或宽卵形，长3~10cm，宽2.5~6cm，顶端圆钝，边缘波状或有不整齐锯齿，两面有短或长柔毛；叶柄长3~9cm。花莛数条，近直立，长8~20cm；穗状花序长4~9cm，花密生；苞片卵形，较萼裂片短，二者均有绿色龙骨状突起；花萼无柄，裂片椭圆形，长2mm；花冠裂片椭圆形或卵形，长1mm。蒴果圆锥状，周裂。种子6~10粒，矩圆形，长约1.5mm，黑棕色。花期6~8月，果期7~9月。

各岛均产，功用同车前。

8. 长叶车前（*Plantago lanceolata*）

车前属植物，别名长驴耳朵。

多年生草本植物。根茎粗短。叶基生，呈莲座状，叶片纸质，线状披针形、披针形或椭圆状披针形，先端渐尖至急尖，基部狭楔形，叶柄细，基部略扩大成鞘状，有长柔毛。花序梗直立或弓曲上升，穗状花序幼时通常呈圆锥状卵形，花冠白色，无毛，冠筒约与萼片等长或稍长，裂片披针形或卵状披针形，雄蕊着生于冠筒内面中部，与花柱明显外伸，花药椭圆形，白色至淡黄色。蒴果狭卵球形。种子狭椭圆形至长卵形，有光泽。花期5~6月，果期6~7月。

各岛均产。叶质肥厚，细嫩多汁，是早春主要牧草之一，为各种家畜所采食，尤其鸭、鹅、猪喜食；具有清热、明目、利尿、止泻、降血压、镇咳、祛痰等功效；种子油也是工业用油。

9. 芒苞车前（*Plantago aristata*）

车前属植物。

一、二年生草本植物。全株干时常变黑。直根细长，具少数极细的侧根。根茎细。叶基生，呈莲座状；叶片坚纸质，披针形至线形。花序1~15（30）；花序梗长10~20cm；穗状花序狭圆柱状，紧密；苞片狭卵形；花萼长2~3mm，萼片先端及龙骨突背面密被柔毛；花冠淡黄白色，无毛，冠筒约与萼片等长；花药卵形，于花柱内藏或稍出露。蒴果椭圆球形至卵球形，于中部下方周裂。种子2，椭圆形或长卵形，深黄色至深褐色，腹面内凹成船形；子叶左右向排列。花期5~6月，果期6~7月。

大黑山岛有分布。可食用、药用，有利尿、清热、明目、祛痰之功效，主治小便不通、淋浊、带下、尿血、黄疸、水肿、热痢、泄泻、鼻衄、目赤肿痛、喉痹、咳嗽、皮肤溃疡等。

六十四、透骨草科 Phrymaceae

本科包含 1 属 1 种被子植物。

透骨草（*Phryma leptostachya* subsp. *asiatica*）

透骨草属，别名催生草。

多年生草本植物。茎直立，4 棱形，不分枝或于上部有带花序的分枝。叶对生，叶片卵形至卵状披针形，基部楔形、下延成叶柄，草质，两面疏生细柔毛。穗状花序生于茎顶及侧枝顶端，被微柔毛或短柔毛；花小，多数，花期向上或平展，花后向下贴近总花梗；花蓝紫色、淡红色至白色。瘦果狭椭圆形，包藏于棒状宿存花萼内，反折并贴近花序轴。种子 1 粒。花期 6~10 月，果期 8~11 月。

各岛有分布。全草可入药，用于治疗风湿骨病、痈肿疮毒、月经不调、难产等。

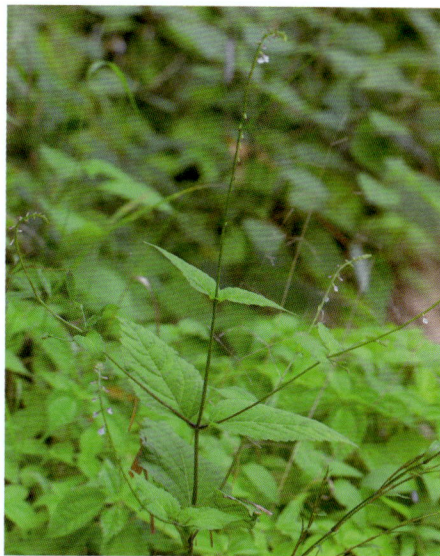

六十五、茜草科 Rubiaceae

本科包含 2 属 5 种被子植物。

1. 茜草（*Rubia cordifolia*）

茜草属植物，别名黏骨草。

草质攀援藤木。根状茎和其节上的须根均红色；茎从根状茎的节上发出，细长，方柱形，有 4 棱，棱上生倒生皮刺，中部以上多分枝。叶通常 4 片轮生，纸质，披针形或长圆状披针形，顶端渐尖，有时钝尖，基部心形，边缘有齿状皮刺，两面粗糙。聚伞花序腋生和顶生。花冠淡黄色，干时淡褐色。果球形，成熟时紫黑色。花期 8~9 月，果期 10~11 月。

各岛广泛分布。根可入药，用于治疗吐血、经闭、外伤疼痛、风湿痹痛。

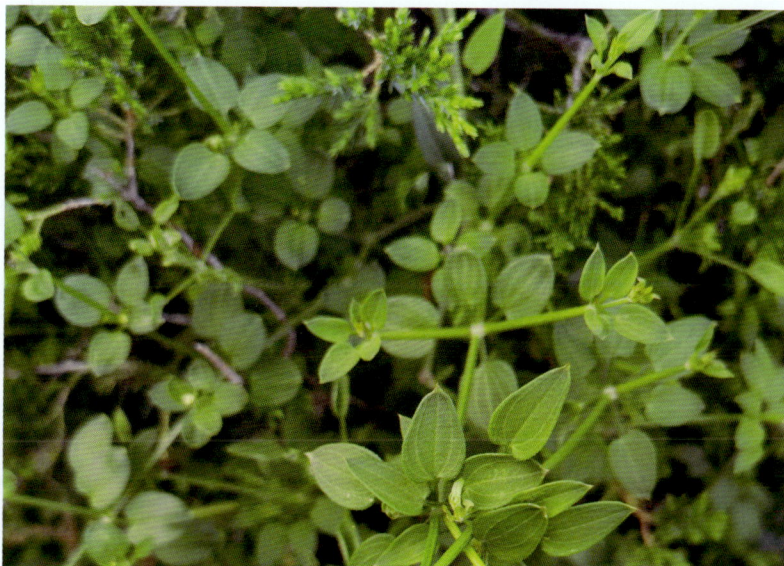

2. 山东茜草（*Rubia truppeliana*）

茜草属植物。

长达 2m，匍匐或缠绕。茎分枝，四棱形，干时有纵沟纹，被倒生皮刺。叶 6 或 8 片轮生，叶片膜质或近纸质，披针形、狭卵状披针形至线状披针形，顶端短尖或短渐尖，基部楔形或短尖，边缘有皮刺，下面主脉上有皮刺；基出脉 3 条，侧生的一对不很明显；叶柄长 10~35mm，或在小枝上部的短，有小皮刺。花序圆锥状顶生，苞片披针形或线状披针形，花冠辐状，裂片卵状三角形；雄蕊长约为花瓣之半，花药与分离花丝的部分近等长；花柱 2，极短，柱头头状。果实球形，紫黑色；种子 2 粒。花期 7~8 月，果期 9~10 月。

各岛均有分布。

3. 蓬子菜（*Galium verum*）

拉拉藤属植物，别名鸡蛋黄、黄米花。

多年生近直立草本植物。基部稍木质，茎有 4 角棱，被短柔毛。叶 6~10 片轮生，线形，无柄。聚伞花序顶生和腋生，较大，多花；花小，稠密，花冠黄色。果小，近球状，无毛。花期 4~8 月，果期 5~10 月。

各岛广泛分布。全草可入药，有清热解毒、活血破瘀、利尿、通经、止痒之功效。

4. 拉拉藤（*Galium spurium*）

拉拉藤属植物，别名八仙草。

多枝、蔓生或攀援状草本植物。茎具 4 棱，棱上、叶缘及叶下面中脉上均有倒生小刺毛。叶 4~8 片轮生，叶片条状倒披针形。聚伞花序腋生或顶生，单生或 2~3 个簇生，有黄绿色小花数朵。果干燥，密被钩毛，每一果室有 1 粒平凸的种子。花期 3~7 月，果期 4~11 月。

各岛均有分布。全草可药用，有清热解毒、消肿止痛、利尿等功效。

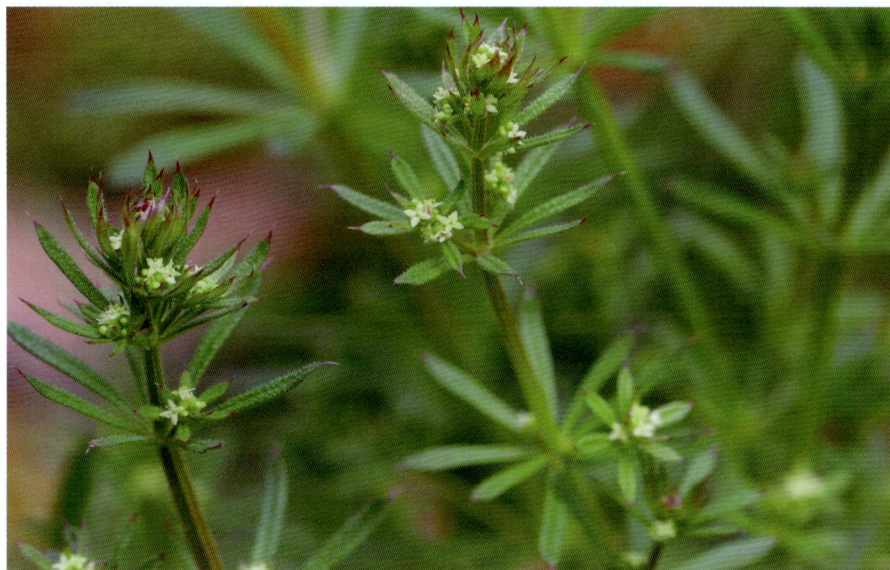

5. 四叶葎（*Galium bungei*）

拉拉藤属植物，别名四叶七、四角金、蛇舌癀。

多年生丛生近直立草本植物，高达 50cm。有红色丝状根。茎通常无毛或节上被微毛。叶 4 片轮生，近无柄，卵状矩圆形至披针状长圆形，长通常 0.8~2.5cm，顶端稍钝，中脉和边缘有刺状硬毛。聚伞花序顶生和腋生，稠密或稍疏散；花小，黄绿色，有短梗；花冠无毛。果近球状，直径 1~2mm，通常双生，有小鳞片。花期 4~9 月，果期 5 月至翌年 1 月。

大黑山有分布。全草可药用，有清热解毒、利尿、消肿之功效；治尿路感染、赤白带下、痢疾、痈肿、跌打损伤。

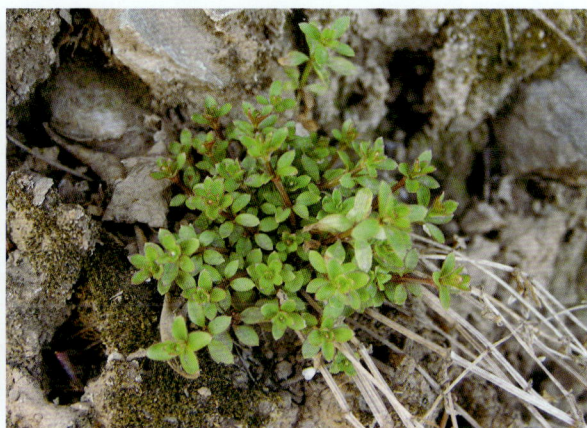

六十六、五福花科 Adoxaceae

本科包含 1 属 2 种被子植物。

1. 接骨木 (*Sambucus williamsii*)

接骨木属植物，别名公公老。

落叶灌木。多分枝，灰褐色，无毛。叶对生，单数羽状复叶；小叶卵形至椭圆形，先端渐尖，基部偏斜阔楔形，边缘有粗锯齿。圆锥花序顶生，花密集，白色。浆果状核果，鲜红色。花期 4~5 月，果期 7~9 月。

各岛均有分布。花、叶、茎、根均可入药，有散瘀消肿、祛风活络、接续筋骨之功效。

----

2. 接骨草 (*Sambucus javanica*)

接骨木属植物，别名臭草、八棱麻。

高大草本或半灌木，高 1~2m。茎有棱条，髓部白色。羽状复叶的托叶叶状或有时退化成蓝色的腺体；小叶 2~3 对，互生或对生，狭卵形。复伞形花序顶生，大而疏散，总花梗基部托以叶状总苞片，分枝三至五出，纤细，被黄色疏柔毛；杯形不孕性花不脱落，可孕性花小；萼筒杯状，萼齿三角形；花冠白色，仅基部联合，花药黄色或紫色；子房 3 室，花柱极短或几无，柱头 3 裂。果实红色，近圆形。花期 4~5 月，果期 8~9 月。

各岛均有分布，功用同接骨木。

六十七、忍冬科 Caprifoliaceae

本科包含1属1种被子植物。

忍冬（*Lonicera japonica*）

忍冬属植物，别名金银花。

多年生半常绿缠绕灌木。小枝细长，中空。藤为褐色至赤褐色。叶卵形对生，枝叶均密生柔毛和腺毛。花成对生于叶腋，花色初为白色，渐变为黄色，黄白相映。球形浆果，熟时黑色。花期4~6月，果期10~11月。

各岛有分布。花可入药，用于治疗温病发热、热毒血痢、痈肿疔疮、喉痹及多种感染性疾病；茎藤有清热解毒、疏风通络之功效。

六十八、葫芦科 Cucurbitaceae

本科包含3属3种被子植物。

1. 栝楼（*Trichosanthes kirilowii*）

栝楼属植物，别名生牛蛋。

多年生攀援草本植物。根状茎肥厚，圆柱状，外皮黄色。茎多分枝，无毛。叶互生，近圆形或心形，5~7掌状深裂。雌雄异株；雄花序有柄，着生数花；雌花序单生叶腋，花白色，花瓣丝状。瓠果椭圆形，肉质，熟时橙黄色。花果期7~11月。

各岛有分布。果皮入药称蒌皮有清热化痰、理气宽胸之功效；种子称蒌仁，有润肺化痰、滑肠通便之功效；全草有清热涤痰、宽胸散结、润燥滑肠通便之功效；根称天花粉，有清热生津、消肿排脓之功效。

2. 盒子草 (*Actinostemma tenerum*)

盒子草属植物。

纤细攀援草本植物。枝纤细，疏被长柔毛，后脱落无毛。叶心状戟形、心状窄卵形、宽卵形或披针状三角形；叶柄细，被柔毛，卷须细。花单性，雌雄同株，稀两性；雄花序总状或圆锥状，稀单生或双生；花萼辐状，筒部杯状，裂片线状披针形，花冠辐状，裂片披针形，尾尖；雌花单生、双生或雌雄同序，花萼和花冠同雄花、子房有疣状凸起。果卵形、宽卵形或长圆状椭圆形，疏生暗绿色鳞片状凸起，近中部盖裂，果盖锥形，种子 2~4 粒。种子稍扁，卵形。花期 7~9 月，果期9~11 月。

各岛均产。全草可入药，有利水消肿、清热解毒之功效，主治肾炎水肿、湿疹、疮疡肿毒。

---

3. 甜瓜 (*Cucumis melo*)

黄瓜属植物，别名香瓜、屎瓜、小马泡。

一年生匍匐或攀援草本植物。卷须单一，叶柄长 8~12cm；叶近圆形或肾形，长、宽均8~15cm，上面被白色糙硬毛，下面沿脉密被糙硬毛，不裂或 3~7 浅裂。花两性，雌雄同株在叶腋内单生或双生；花梗纤细，长 0.5~2cm；萼筒窄钟形，密被白色短柔毛；花冠黄色，长 2cm，裂片卵状长圆形；雄蕊 3，花丝极短，药室折曲，药隔顶端伸长。子房密被白色细绵毛。果实椭圆形，果皮平滑，果肉白或黄色，有香味。种子污白色或黄白色，卵形或长圆形。花果期夏季。

各岛均产。全草可药用，有祛炎败毒、催吐、除湿、退黄疸等功效。

六十九、桔梗科 Campanulaceae

本科包含 2 属 4 种被子植物。

1. 荠苨（*Adenophora trachelioides*）

沙参属植物，别名杏叶菜。

多年生草本植物。有大型肥厚的根，具白色乳汁，茎高可达 120cm，稍呈"之"字形弯曲，无毛。叶互生，具柄，叶片心状卵形或三角状卵形；下部叶的基部为心形，叶缘具不整齐的牙齿，两面疏生短毛或近无毛。圆锥花序，分枝平展，无毛；萼裂片 5，长圆状披针形；花冠蓝色、蓝紫色或白色，钟状 5 浅裂。蒴果，卵状圆锥形。种子长圆形，稍扁，具 1 条棱。

各岛均有分布。嫩叶可食，根入药称南沙参，有养阴清肺、补气、祛痰、益胃生津之功效。

2. 石沙参（*Adenophora polyantha*）

沙参属植物，别名老母鸡肉。

多年生草本植物。根胡萝卜状，无毛或有各种疏密程度的短毛。基生叶片心状肾形；茎生叶完全无柄，卵形至披针形。花序常不分枝而成假总状花序，或有短的分枝而组成狭圆锥花序。花梗短，花萼通常各式被毛，筒部倒圆锥状，裂片狭三角状披针形；花冠紫色或深蓝色，钟状，喉部常稍稍收缩，花盘筒状；花柱常稍稍伸出花冠。蒴果卵状椭圆形。种子黄棕色，稍扁。花期 8~10 月，果期 9~10 月。

各岛均产。根可食，入药有养阴清热、润肺化痰、益胃生津之功效。

3. 山梗菜 (*Lobelia sessilifolia*)

半边莲属植物。

多年生草本植物，高60~120cm。根状茎直立，生多数须根。茎圆柱状，通常不分枝，无毛。叶螺旋状排列，在茎的中上部较密集，无柄，厚纸质；叶片宽披针形至条状披针形。总状花序顶生，长8~35cm，无毛；苞片叶状，窄披针形，比花短；花梗长5~12mm；花萼筒杯状钟形，长约4mm，无毛，裂片三角状披针形，全缘，无毛；花冠蓝紫色。蒴果倒卵状。种子近半圆状，棕红色，表面光滑。花果期7~9月。

各岛偶见其分布。全草可入药，能祛痰止咳、利水消肿、清热解毒，主治感冒发热、咳嗽痰喘、肝硬化腹水、水肿、痈疽疔毒、蛇犬咬伤、蜂螫。

----

4. 半边莲 (*Lobelia chinensis*)

半边莲属植物，别名瓜仁草、细米草。

多年生草本植物。茎细弱，匍匐，节上生根，分枝直立。叶互生，无柄或近无柄，椭圆状披针形至条形。花通常1朵，生于分枝的上部叶腋；花梗细，小苞片无毛；花萼筒倒长锥状；花冠粉红色或白色。蒴果倒锥状，长约6mm。种子椭圆状，稍扁，近肉色。花果期5~10月。

常见于草坪。全草可药用，含多种生物碱，有清热解毒、利尿消肿之功效，治毒蛇咬伤、肝硬化腹水、晚期血吸虫病腹水、阑尾炎等。

七十、菊科 Asteraceae

本科包含 40 属 85 种被子植物。

1. 林泽兰 (*Eupatorium lindleyanum*)

泽兰属植物，别名花头草、佩兰。

多年生草本植物。茎枝密被白色柔毛，下部及中部红或淡紫红色，中部茎生叶长椭圆状披针形或线状披针形，边绿有犬齿；花序分枝及花梗密被白色柔毛，总苞钟状，披针形或宽披针形，长椭圆形或长椭圆状披针形；瘦果黑褐色，椭圆状，冠毛白色；花果期 5~12 月。

各岛有分布。全草入药称佩兰，用于治疗湿阻中焦、恶心呕吐、外感暑湿、湿温初起、脾经湿热、苔腻口臭。

----

2. 马兰 (*Aster indicus*)

紫菀属植物，别名马兰头。

多年生草本植物。根状茎有匍枝；茎直立，高可达 70cm，上部有短毛。基部叶在花期枯萎；茎部叶倒披针形或倒卵状矩圆形，全部叶稍薄质。头状花序单生于枝端并排列成疏伞房状；总苞半球形，总苞片覆瓦状排列；外层倒披针形，内层倒披针状矩圆形，上部草质，有疏短毛，边缘膜质，花托圆锥形；舌状花，舌片浅紫色。瘦果倒卵状矩圆形，极扁。花期 5~9 月，果期 8~10 月。

南长山有分布。嫩叶称马兰头，可食；全草可药用，有清热解毒、消食积、利小便、散瘀止血之功效。

3. 全叶马兰 （*Aster pekinensis*）

紫菀属植物，别名全叶鸡儿肠。

多年生草本植物。有长纺锤状直根。茎直立，下部叶在花期枯萎；中部叶多而密，叶片条状披针形、倒披针形或矩圆形，顶端钝或渐尖，常有小尖头，全缘；上部叶较小，条形；全部叶下面灰绿色。头状花序单生枝端且排成疏伞房状；总苞半球形，总苞片3层，覆瓦状排列，外层近条形，内层矩圆状披针形，上部草质，有短粗毛及腺点；舌状花，管部有毛；舌片淡紫色，管状花花冠有毛。瘦果倒卵形，浅褐色，扁，有浅色边肋；冠毛带褐色。花期6~10月，果期7~11月。

各岛均产。全草可入药，有凉血止血、清热利湿、解毒消肿之功效。

----

4. 阿尔泰狗娃花 （*Aster altaicus*）

紫菀属植物，别名阿尔泰紫菀。

多年生草本植物。茎直立，高可达100cm。基部叶在花期枯萎；下部叶条形或矩圆状披针形，倒披针形，或近匙形，全缘或有疏浅齿；上部叶片渐狭小，条形；全部叶两面或下面被粗毛或细毛，常有腺点。头状花序，单生枝端或排成伞房状；总苞半球形，总苞片近等长或外层稍短，矩圆状披针形或条形；舌状花，有微毛，舌片浅蓝紫色，矩圆状条形，裂片不等大。瘦果扁，倒卵状矩圆形，灰绿色或浅褐色，被绢毛。花果期5~9月。

各岛均产。家畜饲料。

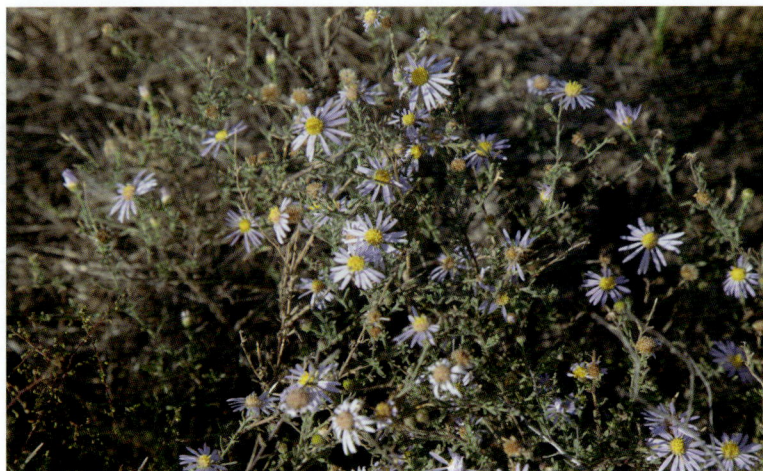

5. 狗娃花 (*Aster hispidus*)

紫菀属植物。

一、二年生草本植物。有垂直的纺锤状根。茎高 30~50,有时达 150cm;全部叶质薄,两面被疏毛或无毛,边缘有疏毛,中脉及侧脉显明。头状花序径 3~5cm,单生于枝端而排列成伞房状;舌状花 30 余个,管部长 2mm;管状花花冠长 5~7mm,管部长 1.5~2mm。瘦果倒卵形。花期 7~9 月,果期 8~9 月。

各岛均产。根可入药,能解毒消肿,治疮肿、蛇咬;花大且艳丽,可栽培,供观赏。

6. 紫菀 (*Aster tataricus*)

紫菀属植物,别名还魂草、青菀。

多年生草本植物。根状茎斜升;茎直立,粗壮,基部有纤维状枯叶残片且常有不定根。基部叶在花期枯落;中部叶长圆形或长圆披针形,无柄,全缘或有浅齿;上部叶狭小。头状花序多数,径 2.5~4.5cm,在茎和枝端排列成复伞房状;舌状花 20 余个;舌片蓝紫色。瘦果倒卵状长圆形,紫褐色,上部被疏粗毛。

花期 7~9 月,果期 8~10 月。

各岛广泛分布。根茎可入药,有温肺、下气、消痰、止咳之功效。

7. 山马兰 (*Aster lautureanus*)

紫菀属植物,别名山鸡儿肠、紫菀。

多年生草本植物,高可达 100cm。茎直立,具沟纹,被白色向上的糙毛。叶片厚或近革质,下部叶花期枯萎;中部叶披针形或矩圆状披针形;全部叶两面疏生短糙毛或无毛,边缘均有短糙毛。头状花序单生于分枝顶端且排成伞房状,总苞半球形,总苞片覆瓦状排列,上部绿色,无毛;外舌状花淡蓝色,管状花黄色。瘦果倒卵形;冠毛淡红色。花期 8~9 月,果期 9~10 月。

各岛均有分布。根及全草可入药,有清热、凉血、利湿、解毒之功效。

8. 三脉紫菀（*Aster ageratoides*）

紫菀属植物，别名鸡儿肠。

多年生草本植物。根状茎粗壮。茎直立，高 40~100cm。下部叶在花期枯落，叶片宽卵圆形，急狭成长柄；中部叶椭圆形或长圆状披针形，中部以上急狭成楔形具宽翅的柄，顶端渐尖。头状花序径 1.5~2cm，排列成伞房或圆锥伞房状；总苞倒锥状或半球状；舌状花 10 余个，管部长 2mm，舌片线状长圆形；花柱附片长达 1mm。瘦果倒卵状长圆形，灰褐色，长 2~2.5mm，一面常有肋，被短粗毛；冠毛浅红褐色或污白色，长 3~4mm。花果期 7~12 月。

各岛均有分布，功用同紫菀。

9. 钻叶紫菀（*Symphyotrichum subulatum*）

联毛紫菀属植物。

一年生草本植物。高可达 150cm。主根圆柱状，向下渐狭。茎单一，直立，茎和分枝具粗棱，光滑无毛。基生叶在花期凋落；茎生叶多数，叶片披针状线形，极稀狭披针形，两面绿色，光滑无毛，中脉在背面凸起，侧脉数对。头状花序极多数，花序梗纤细、光滑，总苞钟形，总苞片外层披针状线形，内层线形，边缘膜质，光滑无毛；雌花花冠舌状，舌片淡红色、红色、紫红色或紫色，线形；两性花花冠管状，冠管细。瘦果线状长圆形，稍扁。花果期 6~10 月。

分布于各岛阴湿地。全草可药用，外用治湿疹、疮疡肿毒。

10. 一年蓬 (*Erigeron annuus*)

飞蓬属植物，别名蓬蒿。

一、二年生草本植物。茎粗壮，直立，上部有分枝，绿色。基部叶花期枯萎，长圆形或宽卵形，顶端尖或钝，基部狭成具翅的长柄，边缘具粗齿；下部叶与基部叶同形，但叶柄较短；中部和上部叶较小，长圆状披针形或披针形。头状花序数个或多数，排列成疏圆锥花序，白色，或有时淡天蓝色。瘦果披针形，扁压，被疏贴柔毛；冠毛异型。花期6~9月，果期8~10月。

各岛广布，杂草。全草可入药，用于治疗疟疾、急性传染性肝炎、急性细菌性痢疾、感冒发热和咳嗽等。

----

11. 小蓬草 (*Erigeron canadensis*)

飞蓬属植物，别名小飞蓬、蒿子草。

一年生草本植物。根纺锤状。茎直立，高可达100cm或更高，圆柱状。叶密集，基部叶花期常枯萎；下部叶倒披针形，近无柄或无柄。头状花序多数，小，花序梗细，总苞近圆柱状，总苞片淡绿色，线状披针形或线形，花托平；雌花多数，舌状，白色，舌片小，稍超出花盘，线形；两性花淡黄色，花冠管状。瘦果线状披针形，被贴微毛；冠毛污白色。花果期5~10月。

各岛均有分布。嫩茎、叶可作猪饲料；全草入药，用于治疗消炎止血、祛风湿，治血尿、水肿、肝炎、胆囊炎、小儿头疮等症。

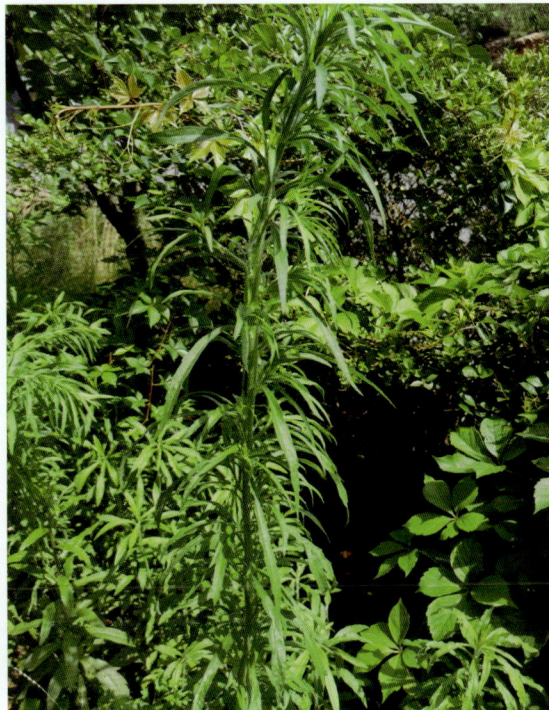

12. 香丝草 (*Erigeron bonariensis*)

飞蓬属植物，别名蓑衣草、野地黄菊、野塘蒿。

一、二年生草本植物。根纺锤状，茎高可达 50cm。叶密集，基部叶花期常枯萎，叶片狭披针形或线形，两面均密被贴糙毛。头状花序多数，总苞椭圆状卵形，总苞片线形，顶端尖，花托稍平，有明显的蜂窝孔；雌花多层，白色，花冠细管状；两性花淡黄色，花冠管状。瘦果线状披针形，扁压，淡红褐色。花期 5~10 月，果期 8~11 月。

各岛广泛分布，杂草。全草可入药，治感冒、疟疾、急性关节炎及外伤出血等症。

----

13. 火绒草 (*Leontopodium leontopodioides*)

火绒草属植物，别名火绒子。

多年生草本植物。根状茎分枝稍长。茎丛生，斜升，被白绵毛。叶互生，匙状。头状花序多数，较疏散。瘦果常有乳头状凸起或短粗毛；冠毛白色。花期 6~9 月，果期 9~10 月。

各岛均产。全草可入药，治咳嗽、喘满、肾炎水肿、蛋白尿、血尿。

----

14. 鼠曲草 (*Pseudognaphalium affine*)

鼠曲草属植物，别名田艾、清明菜。

二年生草本植物。全株密被白绵毛。茎直立，通常基部分枝，丛生。叶互生，基生叶花后凋落；下部和中部叶匙形或倒披针形，基部渐狭，下延，两面都有白色绵毛。头状花序多数，排成伞房状；总苞球状钟形，总苞片 3 层，金黄色，干膜质；花黄色，边缘雌花花冠丝状，中央两性花管状。瘦果长椭圆形，具乳头状凸起；冠毛黄白色。

各岛湿地有分布。嫩苗可食；全草可入药，有祛痰、止咳、平喘、降压之功效。

15. 旋覆花（*Inula japonica*）

旋覆花属植物，别名金沸草。

多年生草本植物。被长伏毛。茎具纵棱，绿色或微带紫红色。叶互生，狭椭圆形。头状花序少数或多数，顶生，呈伞房状排列，舌状花黄色。瘦果长椭圆形，被白色硬毛；冠毛白色。花期7~10月，果期8~11月。

各岛均产。花及全草可入药，用于治疗咳嗽气逆、呕吐、伏暑、湿温、胁痛。

16. 线叶旋覆花（*Inula linariifolia*）

旋覆花属植物。

多年生草本植物。基部常有不定根。茎直立，高30~80cm，被短柔毛，杂有腺体，全部有稍密的叶。基部叶和下部叶在花期常生存，线状披针形，有时椭圆状披针形。头状花序径1.5~2.5cm，花序梗短或细长；总苞半球形，长5~6mm；管状花长3.5~4mm，有尖三角形裂片。子房和瘦果圆柱形，有细沟，被短粗毛；冠毛白色，与管状花花冠等长，有多数微糙毛。花期7~9月，果期8~10月。

各岛均产。根可入药，有健脾和胃、调气解郁、止痛安胎之功效。

----

17. 欧亚旋覆花（*Inula britannica*）

旋覆花属植物。

多年生草本植物。根状茎短，横走或斜升。茎直立，单生或2~3个簇生；节间长1.5~5cm。基部叶在花期常枯萎，长椭圆形或披针形。头状花序1~5个，生于茎端或枝端，直径2.5~5cm，花序梗长1~4cm；总苞片4~5层，外层线状披针形。瘦果圆柱形，长1~1.2mm，有浅沟，被短毛。花期7~9月，果期8~10月。

各岛均产。花序可入药，能降气、化痰、行水，主治咳嗽痰多、噫气、呕吐、胸膈痞闷、水肿；也入蒙药，能散瘀、止痛，主治跌打损伤、湿热疮疡。

18. 暗花金挖耳（*Carpesium triste*）

天名精属植物，别名大烟袋锅子。

多年生草本植物。基生叶宿存或于开花前枯萎，叶片卵状长圆形，先端锐尖或短渐尖，基部近圆形，很少阔楔形，骤然下延，边缘有不规整具胼胝尖的粗齿；中部叶较狭，先端长渐尖，叶柄较短；上部叶渐变小，披针形至条状披针形，两端渐狭，几无柄。头状花序生茎枝端及上部叶腋，具短梗，呈总状或圆锥花序式排列，开花时下垂，苞叶多枚；两性花筒状。瘦果长 3~3.5mm。花期 7~9 月，果期 9~10 月。

南长山有分布。全草可入药，有清热解毒、消肿止痛、通淋利尿、利湿止泻之功效。

----

19. 烟管头草（*Carpesium cernuum*）

天名精属植物，别名烟袋锅。

多年生草本植物。茎高 50~100cm。基生叶于开花前凋萎，稀宿存，茎下部叶较大，具长柄。头状花序单生茎端及枝端，开花时下垂；苞叶多枚，大小不等。瘦果长 4~4.5mm。

南诸岛有分布。全草入药，有清热解毒、消肿止痛之功效。

----

20. 苍耳（*Xanthium strumarium*）

苍耳属植物，别名老苍子、菜耳、猪耳等。

一年生草本植物。叶卵状三角形，顶端尖，基部浅心形至阔楔形，边缘有不规则的锯齿或常成不明显的 3 浅裂，两面有贴生糙伏毛；叶柄密被细毛。壶体状无柄，长椭圆形或卵形，表面具钩刺和密生细毛。花期 7~8 月，果期 9~10 月。。

各岛广泛分布。果实可入药，用于治疗风寒头痛、鼻渊流涕、风疹瘙痒，湿痹拘挛。

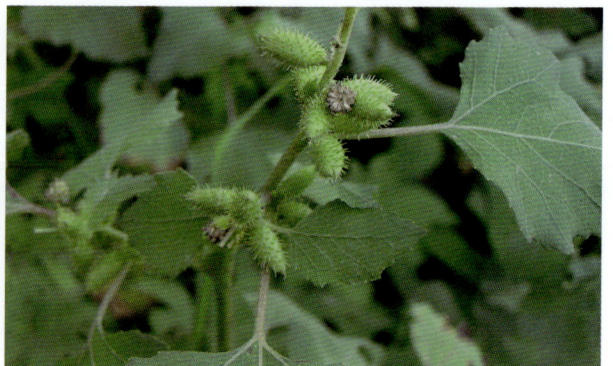

21. 鳢肠（*Eclipta prostrata*）

鳢肠属植物，别名旱莲草。

一年生草本植物。茎斜升或平卧，通常自基部分枝，被贴生糙毛，折断后出黑色汁液。叶长圆状披针形或披针形，边缘有细锯齿或有时仅波状，两面被密硬糙毛。头状花序，花冠管状，白色。瘦果暗褐色，无毛。花期6~9月，果期9~10月。

各岛均产，田间杂草。全草可入药，有滋补肝肾、凉血止血之功效。

22. 菊芋（*Helianthus tuberosus*）

向日葵属植物，别名鬼子姜。

多年生草本植物。有块茎及纤维状根。茎直立，被短硬毛或刚毛，上部有分枝。下部叶对生；上部叶互生，叶片卵形或卵状椭圆形，有时微心形，边缘有粗锯齿，上面被短硬毛，下面脉上有短硬毛。头状花序，单生于枝端；总苞片多层，披针形，先端长渐尖，背面及边缘被硬毛；舌状花黄色，舌片椭圆形；管状花黄色。瘦果楔形，有柔毛。花果期8~10月。

各岛均产。块茎可食；入药有清热滋阴、养胃生津、利水消肿之功效。

23. 剑叶金鸡菊（*Coreopsis lanceolata*）

金鸡菊属植物。

一年生草本植物。茎无毛或基部被软毛，上部有分枝。茎基部叶成对簇生，叶匙形或线状倒披针形，长3.5~7cm；茎上部叶全缘或3深裂，裂片长圆形或线状披针形，顶裂片长6~8cm，叶柄长6~7cm；上部叶线形或线状披针形，无柄。头状花序单生茎端，直径4~5cm；总苞片近等长，披针形，长0.6~1cm；舌状花黄色，舌片倒卵形或楔形；管状花窄钟形。瘦果圆形或椭圆形，长2.5~3mm，边缘有膜质翅，顶端有2短鳞片。花期5~9月，果期8~10月。

20年代由沈洪烈引入，现已广泛分布。全草可入药，有清热解毒和降压等功效。

----

24. 小花鬼针草（*Bidens parviflora*）

鬼针草属植物，别名小鬼叉。

一年生草本植物。茎高20~90cm。叶对生，具柄，背面微凸或扁平，腹面有沟槽，槽内及边缘有疏柔毛；叶片长6~10cm，上面被短柔毛，下面无毛或沿叶脉被稀疏柔毛；上部叶互生，二回或一回羽状分裂。头状花序单生茎端及枝端，具长梗；总苞筒状，基部被柔毛，内层苞片稀疏。无舌状花，花冠筒状，长4mm，冠檐4齿裂。瘦果条形，略具4棱，两端渐狭，有小刚毛，顶端芒刺2枚，有倒刺毛。花期6~8月，果期8~9月。

各岛广泛分布。嫩苗可食；全草可入药，有清热解毒、活血散瘀之功效。

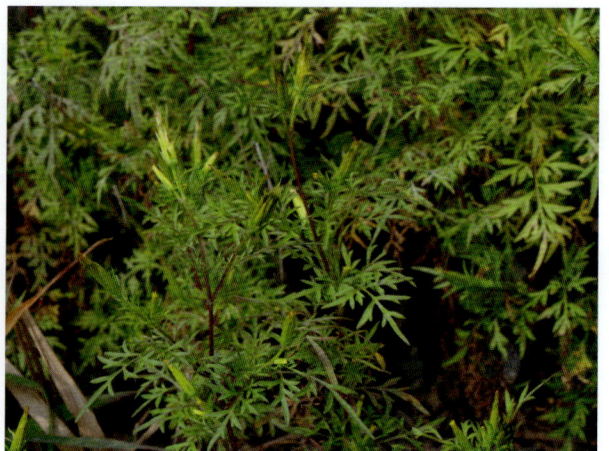

25. 金盏银盘（*Bidens biternata*）

鬼针草属植物，别名大鬼针草。

一年生草本植物。茎直立，略具 4 棱。叶为一回羽状复叶，顶生小叶卵形至长圆状卵形或卵状披针形；总叶柄无毛或被疏柔毛。头状花序直径 7~10mm；总苞基部有短柔毛，草质，条形，先端锐尖，背面密被短柔毛，内层苞片长椭圆形或长圆状披针形；舌状花通常 3~5 朵，白色盘花筒状。瘦果条形，黑色，具 4 棱，两端稍狭，具有小刚毛，顶端芒刺 3~4 枚。

主产大黑山岛。嫩苗可食；全草可入药，有清热解毒、散瘀活血之功效，主治上呼吸道感染、咽喉肿痛、急性阑尾炎、急性黄疸型肝炎、胃肠炎、风湿关节疼痛、疟疾，外用治疮疖、毒蛇咬伤、跌打肿痛。

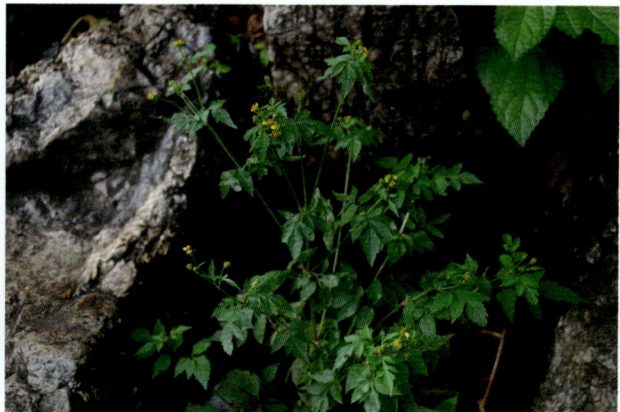

---

26. 婆婆针（*Bidens bipinnata*）

鬼针草属植物，别名刺针草、鬼针草。

一年生草本植物。高 50~100cm。中部和下部叶对生，二回羽状深裂，两面略有短毛，具长叶柄；上部叶互生，羽状分裂。头状花序直径 5~10mm，总花梗长 2~10cm；总苞片条状椭圆形，顶端尖或钝，被细短毛；舌状花黄色，通常有 1~3 朵，不发育；筒状花黄色，发育，长约 5mm，裂片5。瘦果条形，有短毛；顶端冠毛芒状，3~4 枚，长 2~5mm。

各岛均产，功用同金盏银盘。

27. 狼耙草（*Bidens tripartita*）

鬼针草属植物，别名鬼叉、鬼针、鬼刺。

一年生草本植物，高 30~150cm。叶对生，无毛，叶柄有狭翅；中部叶通常羽状 3~5 裂，顶端裂片较大，椭圆形或矩椭圆状披针形，边缘有锯齿；上部叶 3 深裂或不裂。头状花序顶生或腋生，直径 1~3cm；总苞片多数，外层倒披针形，叶状，长 1~4cm，有睫毛；花黄色，全为两性筒状花。瘦果扁平，两侧边缘各有 1 列倒钩刺；冠毛芒状，2 枚，少有 3~4 枚，具倒钩刺。

各岛均有分布。全草可入药，有清热解毒之功效，主治感冒、扁桃体炎、咽喉炎、肠炎、痢疾、肝炎、泌尿系感染、肺结核、盗汗、闭经，外用治疖肿、湿疹、皮癣。

28. 野菊（*Chrysanthemum indicum*）

菊属植物，别名山菊花头子。

多年生草本植物。茎基部常匍匐，上部多分枝。叶互生，卵状三角形或卵状椭圆形，羽状分裂，裂片边缘有锯齿，两面有毛，下面较密。头状花序排成聚伞状；花小，黄色，边缘舌状。花期 9~11 月，果期 10~11 月。

各岛广泛分布。花序可入药，用于治疗痈疽疮毒、咽喉肿痛、目赤头痛。

---

29. 小红菊（*Chrysanthemum chanetii*）

菊属植物。

多年生草本植物，高 15~60cm。有地下匍匐根状茎。茎直立或基部弯曲，全部茎枝有稀疏的毛。根生叶及下部茎叶与茎中部叶同形，但较小；上部茎叶椭圆形或长椭圆形。头状花序直径 2.5~5cm，总苞碟形；舌状花白色、粉红色或紫色。瘦果长 2mm。花果期 7~10 月。

各岛均有分布，功用同野菊。

30. 茵陈蒿（*Artemisia capillaris*）

蒿属植物，别名破棉袄。

多年生草本植物。茎直立，木质化，表面有纵条纹，紫色，多分枝。老枝光滑，幼枝被灰白色细柔毛。营养枝上的叶二至三回羽状裂或掌状裂，小裂片线形，密被白色绢毛；花枝上的叶无柄，羽状全裂，绿色，无毛。头状花序多数，密集成圆锥状；花杂性。瘦果长圆形，无毛。花果期7~10月。

各岛广泛分布。幼苗可食；入药用于治疗黄疸、湿疹、皮肤瘙痒。

31. 南牡蒿（*Artemisia eriopoda*）

蒿属植物。

多年生草本植物。主根明显，粗短，侧根多。常有短的营养枝，枝上密生叶。茎通常单生，具细纵棱。基生叶与茎下部叶近圆形、宽卵形或倒卵形，一至二回大头羽状深裂或全裂；上部叶条形。穗状花序，头状花极多。瘦果长圆形，微小，无毛。花果期6~11月。

各岛均产。全草可入药，有清热解毒、消暑、祛湿、止血、散瘀之功效。

32. 青蒿（*Artemisia caruifolia*）

蒿属植物，别名籽铃蒿。

一年生草本植物。植株有香气。上部多分枝，幼时绿色，有纵纹，下部稍木质化，无毛。叶两面青绿色或淡绿色，无毛；基生叶花期凋谢；中部叶长圆形、长圆状卵形或椭圆形，二回栉齿状羽状分裂。头状花序半球形或近半球形，花淡黄色。瘦果长圆形至椭圆形。花果期6~9月。

各岛广泛分布。全草可入药，用于治疗温病伤阴、阴虚发热、外感暑邪、疟疾。

----

33. 白莲蒿（*Artemisia stechmanniana*）

蒿属植物，别名白蒿子。

半灌木状草本植物。根稍粗大，直径可达3cm。叶二至三回栉齿状羽状分裂。头状花序近球形。瘦果狭椭圆状卵形或狭圆锥形。花果期8~10月。

各岛广泛分布。全草可入药，有清热、解毒、祛风、利湿之功效。

34. 艾（*Artemisia argyi*）

蒿属植物，别名艾子。

多年生草本植物。茎直立，圆形，质硬，基部木质化，被灰白色软毛，从中部以上分枝。单叶，互生；茎下部叶开花时枯萎；中部叶具短柄，叶片卵状椭圆形，羽状深裂，裂片椭圆状披针形，边缘具粗锯齿，上面暗绿色，稀被白色软毛，并密布腺点，下面灰绿色，密被灰白色绒毛；近茎顶端的叶无柄，叶片有时全缘。花序总状，顶生，由多数头状花序集合而成。瘦果长圆形。花果期 7~10 月。

各岛广泛分布。叶可入药，有温经止血、散寒止痛之功效。

---

35. 野艾蒿（*Artemisia lavandulifolia*）

蒿属植物，别名大叶艾蒿。

多年生草本植物。茎直立，高 50~120cm，直径 4~6mm，上部有斜升的花序枝，被密短毛；下部叶有长柄，二次羽状分裂，裂片常有齿；中部叶长达 8cm，宽达 5cm，基部渐狭成短柄，有假托叶，羽状深裂，裂片 1~2 对，条状披针形，或无裂片，顶端尖，上面被短微毛，密生白腺点，下面有灰白色密短毛，中脉无毛；上部叶渐小，条形，全缘。头状花序极多数，常下倾，在上部的分枝上排列成复总状，有短梗及细长苞叶；总苞矩圆形，长约 4mm，直径约 2mm；总苞片矩圆形，约 4 层，外层渐短，边缘膜质，背面被密毛；花红褐色，外层雌性，内层两性。瘦果长不及 1mm，无毛。花果期 8~10 月。

各岛均有分布，功用同艾。

---

36. 阴地蒿（*Artemisia sylvatica*）

蒿属植物。

多年生草本植物。茎直立，高 70~100cm 或更高，直径达 5mm，近无毛，中部以上有开展或斜升的花序枝。叶近卵形，羽状深裂，侧裂片 2 对，羽状浅裂，顶裂片有 3 深裂，各裂片有齿或近全缘，顶端尖或渐尖，上面无毛，下面被灰白色薄茸毛；基部有短柄或长柄及假托叶；上部叶披针形，常不裂或 3 裂，或呈苞叶状。头状花序多数，常下倾，有短梗及条形苞叶；总苞近球形，直径 2~2.5mm；总苞片 3~4 层，卵形，边缘宽膜质；花黄色。瘦果长约 1mm，无毛。花果期 9~10 月。

高山岛有分布。可食用。

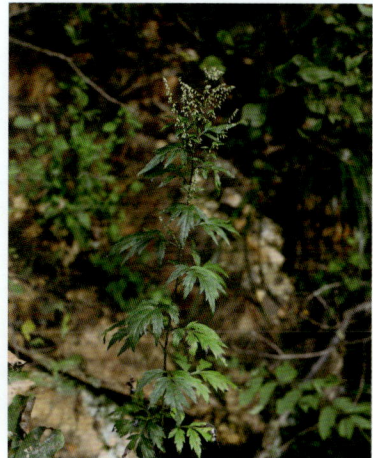

37. 猪毛蒿（*Artemisia scoparia*）

蒿属植物。

植株有浓烈的香气。主根单一，狭纺锤形、垂直。根状茎粗短，直立，半木质或木质，常有细的营养枝，枝上密生叶；茎通常单生，高可达130cm。基生叶与营养枝叶两面被灰白色绢质柔毛；叶片近圆形、长卵形，二至三回羽状全裂，具长柄，花期叶凋谢；茎下部叶片长卵形或椭圆形，小裂片狭线形。头状花序近球形，极多数，茎上再组成大型、开展的圆锥花序；花序托小，花柱线形，两性花不孕育，花冠管状，花药线形，花柱短，先端膨大。瘦果倒卵形或长圆形，褐色。花果期7~10月。

各岛偶见其分布，功用同茵陈蒿。

----

38. 牡蒿（*Artemisia japonica*）

蒿属植物。

多年生草本植物。茎单生或少数，高达1.3m；茎、枝被微柔毛。叶两面无毛或初微被柔毛；基生叶与茎下部叶倒卵形或宽匙形，羽状深裂或半裂，具短柄；苞片叶长椭圆形、椭圆形、披针形或线状披针形。头状花序卵圆形或近球形，直径1.5~2.5mm，基部具线形小苞叶，排成穗状或穗状总状花序，在茎上组成窄或中等开展圆锥花序；总苞片无毛；雌花3~8，两性花5~10。瘦果倒卵圆形。花果期7~10月。

各岛均有分布。全草可入药，有清热、凉血、解毒之功效，主治夏季感冒、肺结核潮热、咯血、小儿疳热、衄血、便血、崩漏、带下、黄疸型肝炎、丹毒、毒蛇咬伤。

39. 牛尾蒿 (*Artemisia dubia*)

蒿属植物。

亚灌木状草本植物。茎丛生，高达 1.2m，分枝长 15cm 以上，常屈曲延伸；茎、叶幼被柔毛。叶上面微有柔毛，下面毛密，宿存；基生叶与茎下部叶卵形或长圆形，羽状 5 深裂，无柄，中部叶卵形；上部叶与苞片叶指状 3 深裂或不裂。头状花序宽卵圆形或球形，总苞片无毛；雌花 6~8，两性花 2~10。瘦果小长圆形或倒卵圆形。花果期 8~10 月。

大黑山有分布。地上部分可入药，有清热、解毒、消炎、杀虫之功效。

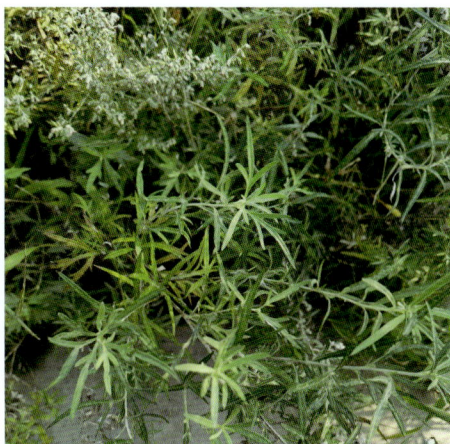

---

40. 黄花蒿 (*Artemisia annua*)

蒿属植物，别名草蒿、青蒿、臭蒿。

一年生草本植物。根单生，茎高 100~200cm，多分枝，叶纸质。头状花序球形，多数，总苞片 3~4 层，花深黄色，两性花 10~30 朵。瘦果小，椭圆状卵形，略扁。花果期 8~11 月。

各岛均产。黄花蒿可入药，作清热、解暑、截疟、凉血用，还作外用药，亦可用作香料、牲畜饲料。

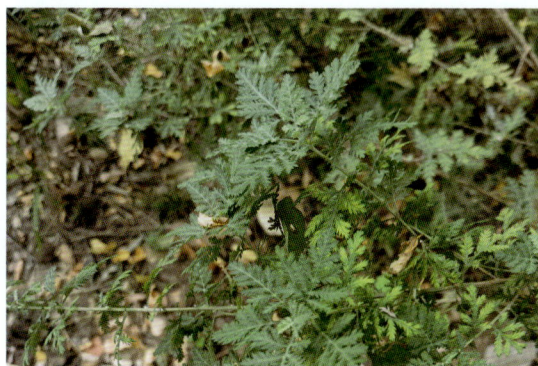

---

41. 毛莲蒿 (*Artemisia vestita*)

蒿属植物。

半灌木状草本或为小灌木状植物。植株有浓烈的香气。根木质，稍粗。根状茎粗短。中部叶片叶卵形、椭圆状卵形或近圆形，裂片长椭圆形、披针形或楔形，苞片叶分裂或不分裂。头状花序多数，球形或半球形，花序托小，凸起；雌花冠狭管状，两性花；花冠管状，花药线形。瘦果长圆形或倒卵状椭圆形。花果期 8~11 月。

各岛均产。地上部分可入药，有清热、消炎、祛风、利湿之功效。

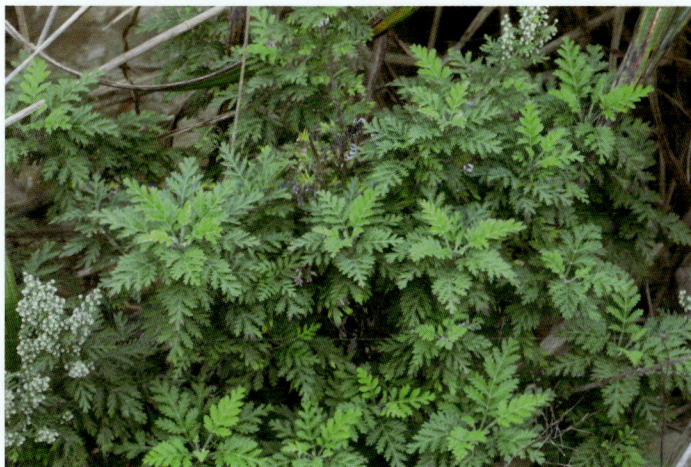

42. 柳叶蒿（*Artemisia integrifolia*）

蒿属植物。

多年生草本植物。茎单生，稀少数，高达 1.2m，中上部有分枝；茎、枝被蛛丝状薄毛。叶全缘或具稀疏锯齿或裂齿，上面初被灰白色短柔毛，下面除叶脉外密被灰白色密绒毛；基生叶与茎下部叶窄卵形或椭圆状卵形，稀宽卵形，有少数深裂齿或锯齿；中部叶椭圆形、椭圆状披针形或线状披针形；上部叶椭圆形或披针形，全缘，稀有数枚不明显小齿。头状花序多数，有披针形小苞叶，排成密集穗状总状花序，在茎上部组成窄圆锥花序；总苞片疏被灰白色蛛丝状柔毛；雌花 10~15，两性花 20~30。瘦果倒卵圆形或长圆形。花果期 8~10 月。

各岛均产。地上部分幼嫩的茎叶可作为营养蔬菜食用；可全草入药，具有健脾胃、养肝胆、消炎去火、清热解毒、破血行瘀、下气通络之疗效，还能降血压、降血脂。

43. 蒙古蒿（*Artemisia mongolica*）

蒿属植物。

多年生草本植物。根细，侧根多。根状茎短，半木质化，高可达 120cm，具明显纵棱；分枝多。叶纸质或薄纸质，上面绿色，上部叶片与苞片叶卵形或长卵形，羽状全裂，裂片披针形或线形，无裂齿或偶有浅裂齿，无柄。头状花序多数，椭圆形，无梗，直立或倾斜，有线形小苞叶，总苞片覆瓦状排列。瘦果小，长圆状倒卵形。花果期 8~10 月。

各岛均产。全草可入药，有温经、止血、散寒、祛湿等作用；另可用来提取芳香油，供化工工业用；全株可作牲畜饲料，又可作纤维与造纸的原料。

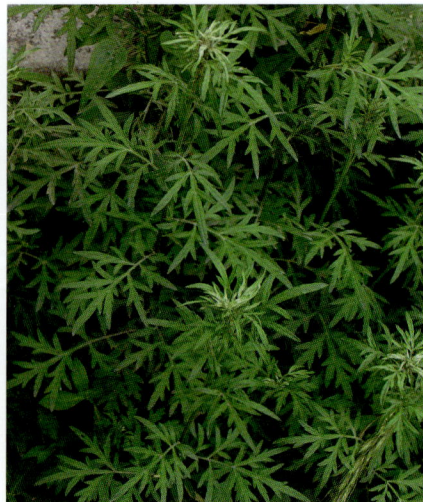

44. 魁蒿（*Artemisia princeps*）

蒿属植物。

多年生草本植物。主根粗，侧根多；根直立或斜上生长。叶面深绿色，无毛，花期叶萎谢。头状花序长圆形或长卵圆形，直径 1.5~2.5mm，排成穗状或穗状总状花序，在茎上组成中等开展的圆锥花序；花序托小，花冠狭管状，花柱伸出花冠外，两性花，黄色或檐部紫红色，瘦果椭圆形或倒卵状椭圆形。花果期 7~11 月。

各岛均产。全草可入药，能解毒消肿、散寒除湿、温经止血，用于治疗月经不调、经闭腹痛、崩漏、产后腹痛、腹中寒痛、胎动不安、鼻衄、肠风出血、赤痢下血。

45. 牛膝菊（*Galinsoga parviflora*）

牛膝菊属植物。

一年生草本植物，高可达80cm。茎纤细。叶对生，叶片卵形或长椭圆状卵形，有叶柄。头状花序半球形，有长花梗，总苞半球形或宽钟状，总苞片外层短，内层卵形或卵圆形，舌状花，舌片白色，筒部细管状，托片纸质，瘦果常压扁，花果期 7~10 月。

各岛均有分布。全草可药用，有止血、消炎之功效，对外伤出血、扁桃体炎、咽喉炎、急性黄疸型肝炎有一定的疗效。

46. 碱菀（*Tripolium pannonicum*）

碱菀属植物，别名金盏菜、铁杆蒿、竹叶菊。

基部叶在花期枯萎，下部叶条状或矩圆状披针形。总苞近管状，花后钟状。瘦果长约 2.5~3mm，扁，有边肋，冠毛在花期长 5mm，花后增长，达 14~16mm，有多层极细的微糙毛。花果期 8~12 月。

各岛偶见其分布。

47. 石胡荽（*Centipeda minima*）

石胡荽属植物，别名鹅不食草、球子草。

一年生草本植物，高 5-20cm。茎多分枝，匍匐状，微被蛛丝状毛或无毛。叶楔状倒披针形，长 0.7~1.8cm，先端钝，基部楔形，边缘有少数锯齿，无毛或下面微被蛛丝状毛。头状花序小，扁球形，花序梗无或极短；总苞半球形，总苞片 2 层，椭圆状披针形，绿色；边花雌性，多层，花冠细管状，淡绿黄色，2~3 微裂；盘花两性，花冠管状，4 深裂，淡紫红色，下部有明显的窄管。瘦果椭圆形，具 4 棱，棱有长毛，无冠状冠毛。花果期 6~10 月。

各岛均产。能通窍散寒、祛风利湿，散瘀消肿，主治鼻炎、跌打损伤等症。

----

48. 狗舌草（*Tephroseris kirilowii*）

狗舌草属植物。

一年生草本植物，高 30~90cm，全株被白色短糙伏毛。叶三角状或心形，具长柄，基出 3 脉，缘具粗锯齿。雄头状花序球形，有多数的雄花，花冠钟形，雌头状花序椭圆形，内层总苞片结合成囊状，绿色、淡黄绿色或有时带红褐色，成熟时变坚硬，外面具钩状总苞刺，喙坚硬，锥形，上端略呈镰刀状。瘦果椭圆形，扁平。花果期 2~8 月。

嵩山有分布。狗舌草全草可入药，具有清热解毒、利尿等功效。

49. 驴欺口（*Echinops davuricus*）

蓝刺头属植物，别名蓝刺头、和尚头。

多年生草本植物。茎单生，上部分枝长，粗壮，被蛛丝状薄毛。基部和下部叶宽披针形，羽状半裂，边缘有刺齿，上面绿色，被稠密短糙毛，下面灰白色，被薄蛛丝状绵毛。头状花序单生茎枝顶端，小花淡蓝色或白色。瘦果倒圆锥状，被黄色的稠密顺向贴伏的长直毛。花果期 8~9 月。

各岛广泛分布。嫩花序及根可入药，有清热解毒、消痈、下乳、舒筋通脉之功效。

----

50. 蓟（*Cirsium japonicum*）

蓟属植物，别名大刺介芽、地萝卜、大蓟等。

多年生草本植物。块根纺锤状。茎直立，分枝或不分枝，全部茎枝有条棱，被稠密或稀疏的长节毛。基生叶较大，卵形、长倒卵形、椭圆形或长椭圆形，羽状深裂或几全裂，基部渐狭成短或长翼柄，柄翼边缘有针刺及刺齿。头状花序直立，少有下垂，少数生茎端而花序极短，红色或紫色。瘦果压扁；冠毛浅褐色，多层。花果期 4~11 月。

各岛均产。全草可入药，有凉血止血、散瘀消痈之功效。

51. 魁蓟 (*Cirsium leo*)

蓟属植物。

多年生草本植物，高达 1m。茎枝被长毛。基部和下部茎生叶长椭圆形或倒披针状长椭圆形，羽状深裂。头状花序排成伞房花序；总苞钟状，直径达 4cm，总苞片 8 层，背面疏被蛛丝毛，内层硬膜质，披针形或线形。小花紫色或红色，檐部长 1.4cm，细管部长 1cm。瘦果灰黑色，偏斜椭圆形，冠毛污白色。花果期 5~9 月。

各岛均产。

52. 野蓟 (*Cirsium maackii*)

蓟属植物。

多年生草本植物，高 40~150cm。茎直立，分枝或不分枝，被多细胞长或短节毛，上部及头状花序下部灰白色，有稠密的绒毛。基生叶和茎下部叶长椭圆形、披针形或披针状椭圆形，向下渐狭成翼柄。头状花序单生茎端，总苞钟状，小花紫红色。瘦果淡黄色，压扁。冠毛多层，刚毛长羽毛状，白色，基部联合成环，整体脱落。花果期 6~9 月。

各岛均产。全草可入药，有凉血止血、行瘀消肿之功效，用于治疗血热妄行、出血症、鼻衄、呕吐、咯血、便血、尿血、疮毒。

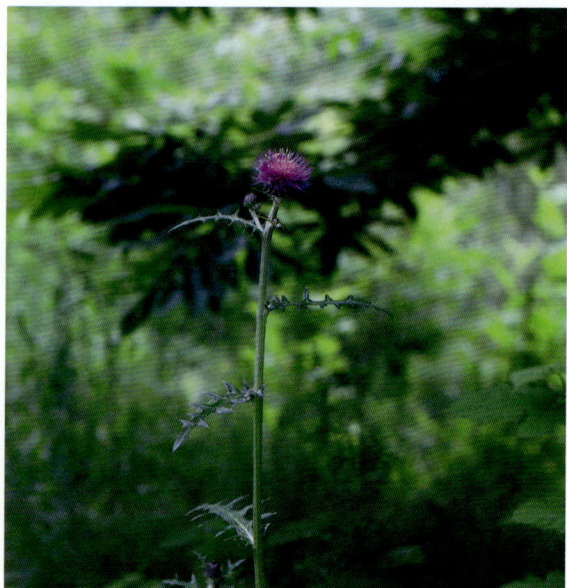

53. 刺儿菜（*Cirsium arvense var. integrifolium*）

蓟属植物，别名七七菜。

多年生草本植物。具细长匍匐根状茎；茎直立，具纵沟棱。叶互生，基生叶花时凋落；下部叶和中部叶椭圆形或长椭圆状披针形，先端钝或尖，基部稍狭，或钝圆，无柄，全缘或有齿裂或羽状浅裂，齿端有刺，两面被疏或密的蛛丝状毛；上部叶渐变小。雌雄异株；头状花序，通常单生或多个生枝端，呈伞房状；雌株头状花序较大，雄株较小；花冠紫红色，花序托凸起，有托毛。瘦果，椭圆形或长卵形，略扁平；冠毛羽毛状，先端稍肥厚而弯曲。花果期 5~9 月。

各岛广布。嫩苗可食；全草可入药，用于治疗尿血、血淋、热毒痈肿。

----

54. 牛蒡（*Arctium lappa*）

牛蒡属植物。

二年生草本植物。具粗大肉质直根。基生叶宽卵形，长达 30cm，宽达 21cm，边缘有稀疏的浅波状凹齿或齿尖。头状花序多数或少数组成伞房花序或圆锥状伞房花序，小花紫红色，总苞卵球形。瘦果倒长卵形或偏斜倒长卵形，两侧压扁，浅褐色。花果期 6~9 月。

各岛均产。可食用，具有较高的营养价值；种子可供制作工业用油；亦可入药，具有抗菌、降血糖、抗癌等功效。

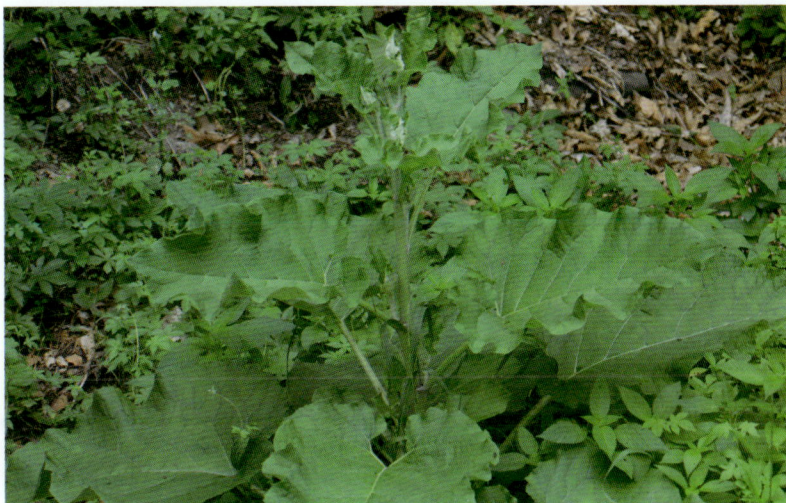

55. 丝毛飞廉（*Carduus crispus*）

飞廉属植物。

二年生草本植物。主根直或偏斜。茎直立，高 70~100cm，具条棱，有绿色翅，翅有齿刺。下部叶椭圆状披针形，长 5~20cm，微毛或无毛；上部叶渐小。头状花序 2~3 个，生枝端，直径 1.5~2.5cm；总苞钟状，长约 2cm，宽 1.5~3cm；总苞片多层，顶端长尖，呈刺状，向外反曲，内层条形，膜质，稍带紫色；花筒状，紫红色。瘦果长椭圆形，顶端平截，基部收缩；冠毛白色或灰白色，刺毛状，稍粗糙。花果期 4~10 月。

南诸岛有分布。全草可入药，有散瘀止血、清热利湿之功效；优良的蜜源植物。

56. 泥胡菜（*Hemisteptia lyrata*）

泥胡菜属植物，别名秃疮疙子。

二年生草本植物。具肉质圆锥形的根。茎单生，上部分枝，少有不分枝的。基生叶花期通常枯萎；中下部茎叶与基生叶同形，全部叶大头羽状深裂或几全裂。头状花序在茎枝顶端排成疏松伞房花序；小花紫色或红色。瘦果小，椭圆形。花果期 3~8 月。

各岛均产。嫩苗可食；全草可入药，有清热解毒、散结消肿之功效。

57. 风毛菊（*Saussurea japonica*）

风毛菊属植物，别名大花草。

二年生草本植物。茎直立，粗壮，具纵棱，疏被细毛和腺毛。基生叶有柄，通常羽状深裂，顶生裂片长椭圆状披针形；茎生叶由下自上渐小，椭圆形或线状披针形，羽状分裂或全缘，基部有时下延呈翅状。头状花序密集成伞房状；总苞筒状，外被蛛丝状毛，花管状，紫红色。瘦果长椭圆形。花果期 6~11 月。

各岛均产。民间常用草药之一，全草可入药，用于治疗风湿关节痛、腰腿痛、跌打损伤、皮肤瘙痒、荨麻疹、过敏。

----

58. 篦苞风毛菊（*Saussurea pectinata*）

风毛菊属植物。

多年生草本植物。茎上部被糙毛，下部疏被蛛丝毛。下部和中部茎生叶卵形、卵状披针形或椭圆形；上部茎生叶有短柄，羽状浅裂或全缘。总状花序排成伞房状；总苞钟状，直径 1~2cm，总苞片 5 层，上部被蛛丝毛，外层卵状披针形，长 1cm，边缘栉齿状，常反折，中层披针形或长椭圆状披针形；小花紫色。瘦果圆柱形，长 3mm；冠毛 2 层，污白色。花果期 8~10 月。

大钦岛有分布，功用同风毛菊。

----

59. 乌苏里风毛菊（*Saussurea ussuriensis*）

风毛菊属植物。

多年生草本植物。茎疏被柔毛。基生叶及下部茎生叶卵形、宽卵形、长圆状卵形、三角形或椭圆形，有锯齿或羽状浅裂，上面有微糙毛及稠密腺点，下面疏被柔毛，叶柄长 3.5~6cm。头状花序排成伞房状；总苞窄钟形，总苞片 5~7 层，先端及边缘常带紫红色，被白色蛛丝毛，外层卵形；小花紫红色。瘦果浅褐色，长 4~5mm；冠毛 2 层，白色。花果期 7~9 月。

各岛偶见其分布，功用同风毛菊。

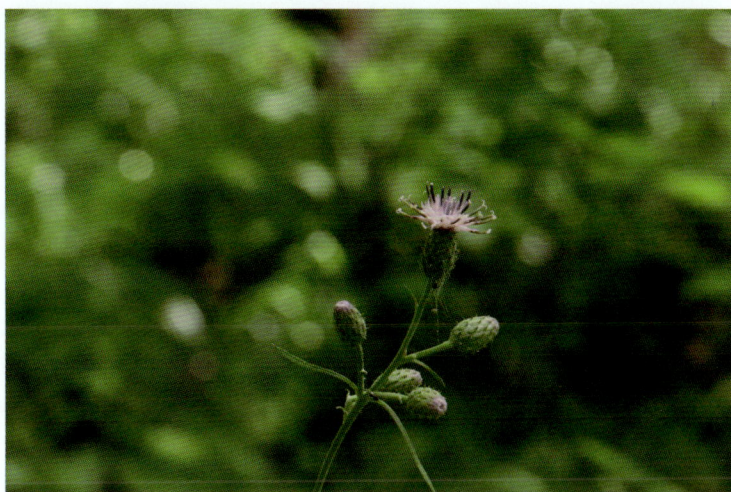

60. 碱地风毛菊（*Saussurea runcinata*）

风毛菊属植物。

多年生草本植物。茎单生或簇生，无毛，无翼或有不明显窄翼，上部密被金黄色腺点。基生叶及下部茎生叶椭圆形、倒披针形、线状倒披针形或披针形，长 4~20cm，倒向羽状或大头羽状深裂或全裂。头状花序排成伞房状或伞房圆锥花序；总苞钟状，总苞片 4~6 层，无毛，外层卵形或卵状披针形，长 3.5mm；小花紫红色。瘦果圆柱状，黑褐色，长 2~3mm；冠毛 2 层，淡黄褐色。花果期 7~9 月。

各岛偶见其分布，功用同风毛菊。

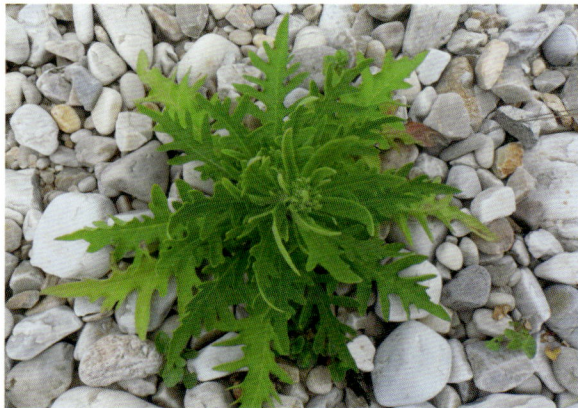

---

61. 大丁草（*Leibnitzia anandria*）

大丁草属植物，别名毛婆婆丁。

多年生草本植物。根状茎短，根簇生，粗而略带肉质。叶基生，莲座状，于花期全部发育，叶片形状多变异，被白色绵毛。花葶单生或数个丛生，直立，被蛛丝状毛。花白色且带紫色。瘦果纺锤形，具纵棱；冠毛污白色。花期 6~8 月，果期 9~10 月。

各岛均产。全草可入药，有清热利湿、宣肺止咳、活血消肿之功效。

---

62. 婆罗门参（*Tragopogon pratensis*）

婆罗门参属植物，别名草地婆罗门参、假羊奶子。

二年生草本植物，高可达 100cm。根垂直直伸，圆柱状。茎直立，无毛。叶片线形或线状披针形，基部扩大。头状花序单生茎顶或植株含少数头状花序，总苞圆柱状，总苞片披针形或线状披针形，先端渐尖，下部棕褐色；舌状小花黄色，干时蓝紫色。瘦果长灰黑色或灰褐色。花果期 5~9 月。

各岛均产。嫩时可生食或炖菜；全草可入药，有健脾益气之功效，用于治疗病后体虚、小儿疳积、头癣。

63. 蒙古鸦葱（*Takhtajaniantha mongolica*）

鸦葱属植物，别名小奶子。

多年生草本植物。根垂直直伸，圆柱状。茎枝灰绿色，直立或铺散，上部有分枝，光滑无毛。基生叶长椭圆形或长椭圆状披针形或线状披针形，顶端渐尖，基部渐狭成长或短柄，柄基鞘状扩大；茎生叶披针形、长披针形、椭圆形、长椭圆形或线状长椭圆形，顶端急尖或渐尖，基部楔形收窄，无柄，不扩大抱茎，互生，全部叶质地厚，肉质，两面光滑无毛，灰绿色。头状花序单生于茎端，或茎生2枚头状花序；舌状小花黄色，偶见白色。瘦果圆柱状，淡黄色，有多数高起纵肋，无脊瘤；冠毛白色羽毛状，纤细。花果期4~8月。

各岛沿海碱地均有分布。嫩苗可食；入药有清热解毒之功效。

64. 鸦葱（*Takhtajaniantha austriaca*）

鸦葱属植物，别名奶子。

多年生草本植物。根直伸，黑褐色。茎多数，簇生，直立，光滑无毛，茎基被稠密的棕褐色纤维状撕裂的鞘状残遗物。基生叶线形、线状披针形；茎生叶少，鳞片状。头状花序单生茎端；舌状小花黄色。瘦果圆柱状，无毛，无脊瘤，冠毛淡黄色。花果期4~7月。

各岛均产。嫩时可食；根可入药，治疗疮、痈疽、毒蛇咬伤、蚊虫叮咬、乳腺炎。

65. 华北鸦葱 (*Scorzonera albicaulis*)

蛇鸦葱属植物，别名兔奶、笔管草。

多年生草本植物。本种与婆罗门参外形极似，唯全株有毛是最大的区别。茎直立，上部有分枝。基生叶多数，狭线形或丝状线形，先端渐尖，弧形弯曲，两面被蛛丝状柔毛；茎生叶互生，与基生叶同形并被同样的毛被。头状花序生茎枝顶端；舌状小花黄色。瘦果圆柱状；冠毛白色，羽毛状。花果期 5~9 月。

各岛均产，全草可入药，用于治疗肝炎、咳嗽、支气管炎、泌尿系感染、疔毒、带状疱疹。

66. 桃叶鸦葱 (*Scorzonera sinensis*)

蛇鸦葱属植物，别名老虎嘴、驴板肠。

多年生草本植物，高 5~50cm。根垂直直伸，粗壮。茎直立，簇生或单生，基部被稠密的纤维状撕裂的鞘状残遗物。基生叶披针形，大小不定，包括叶柄长可达 33cm，短可至 4cm，宽 0.3~5cm；皱波状的叶缘是其最醒目的形态特征之一；茎生叶较少，鳞片状，披针形，半抱茎或贴茎。头状花序单生茎端，有同型结实两性舌状花；总苞卵形或矩圆形，长 20~30mm，宽 8~13mm；外层苞片宽卵形或三角形，极短，最内层披针形；舌状花黄色。瘦果圆柱状，有纵沟，长 12~14mm，无毛，无喙；冠毛白色，羽状。花果期 4~9 月。

各岛均产，功用同鸦葱。

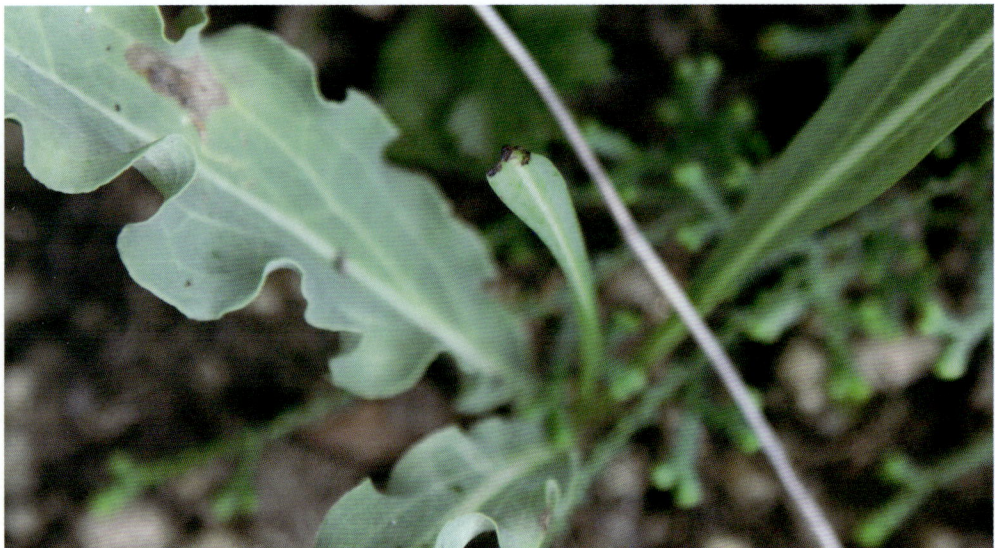

67. 日本毛连菜（*Picris japonica*）

毛连菜属植物，别名粘身草。

二年生草本植物。根垂直粗壮。茎直立，上部分枝，有纵沟纹。基生叶花期枯萎脱落；下部叶长椭圆形，先端渐尖或急尖，基部渐狭成为具有翼的柄；全部叶两面被钩状分叉的硬毛。头状花序较多数，在茎枝顶端排成伞房花序；舌状花黄色，冠筒被白色短柔毛。瘦果纺锤形，棕褐色；冠毛白色，外层极短，糙毛状，内层长，羽毛状。花果期6~9月。

各岛均有分布。全草可入药，有泻火解毒、祛瘀止痛、理肺止咳之功效。

68. 蒲公英（*Taraxacum mongolicum*）

蒲公英属植物，别名婆婆丁。

多年生草本植物。根圆锥状，表面棕褐色，皱缩。叶边缘具波状齿或羽状深裂，基部渐狭成叶柄，叶柄及主脉常带红紫色。花莛上部紫红色，密被蛛丝状白色长柔毛；头状花序。瘦果暗褐色；长冠毛白色。花果期4~10月。

各岛均产。可食用；全草可入药，有清热解毒、消肿散结、利尿通淋之功效。

69. 白缘蒲公英 (*Taraxacum platypecidum*)

蒲公英属植物。

与蒲公英的主要区别是：头状花序较大；外层总苞片宽卵形或卵状披针形，中央有暗绿色宽带，边缘有明显的白色宽膜质，先端粉红色，无角状凸起；内层总苞片长圆状条形，无角状凸起。瘦果淡褐色，上部有刺状凸起，长 1~1.2cm。

各岛均产，功用同蒲公英。

70. 长裂苦苣菜 (*Sonchus brachyotus*)

苦苣菜属植物。

多年生草本植物。全株有乳汁。茎直立。地下根状茎匍匐，多数须根着生；地上茎少分支，直立，有纵沟。叶互生，披针形或长圆状披针形，边缘有疏缺刻或浅裂。头状花序顶生，鲜黄色。瘦果，有棱，侧扁，具纵肋，先端具多层白色冠毛。花期 7 月，果期 8~10 月。

各岛均产。可食用；全草入药称败酱草，有清热解毒、活血排脓、祛瘀止痛之功效。

71. 苦苣菜 (*Sonchus oleraceus*)

苦苣菜属植物，别名大苦菜。

二年生草本植物。全草有白色乳汁。茎直立，单一或上部有分枝，中空，无毛或中上部有稀疏腺毛。叶片柔软，无毛，椭圆状披针形，羽状深裂，大头羽状全裂或羽状半裂，顶裂片大或与侧裂片等大，边缘有不整齐的短刺状尖齿；下部的叶柄有翅，柄基扩大抱茎；中上部叶无柄；基部宽大呈戟状耳形。头状花序排成伞房或总状花序或单生茎顶，舌状小花黄色。瘦果褐色，长椭圆形或长椭圆状倒披针形，长 3mm，两面各有 3 条细脉，肋间有横皱纹；冠毛白色。花果期 5~12 月。

各岛有分布。可食用。

72. 苣荬菜 (*Sonchus wightianus*)

苦苣菜属植物，别名曲麦芽。

多年生草本。根垂直直伸。茎直立，高可达150cm，有细条纹。基生叶多数，叶片偏斜半椭圆形、椭圆形、卵形、偏斜卵形、偏斜三角形、半圆形或耳状，顶裂片稍大，长卵形、椭圆形或长卵状椭圆形。头状花序在茎枝顶端排成伞房状花序；总苞钟状，苞片外层披针形，舌状小花多数，黄色。瘦果稍压扁，长椭圆形；冠毛白色。花果期1~9月。

各岛均产。嫩苗可食；全草可入药，有清热解毒、活血排脓之功效，可作为肠痈用药。

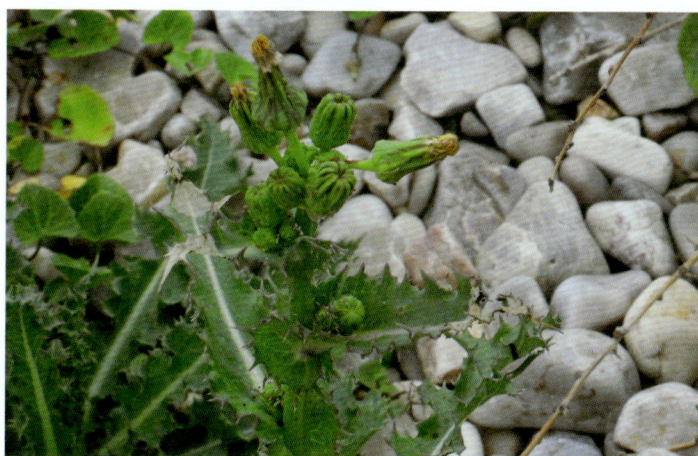

----

73. 续断菊 (*Sonchus asper*)

苦苣菜属植物。

一、二年生草本植物。根圆锥状或纺锤状，须根多数。茎中空，直立，茎下部无毛，中上部及顶端有稀疏腺毛。茎生叶卵状狭长椭圆形，缺刻状半裂或羽状分裂，裂片边缘密生长刺状尖齿，刺较长而硬，基部有扩大的圆耳，下部叶有翅。头状花序数个，在茎顶端密集排列呈伞房状；舌状花黄色。瘦果长椭圆状倒卵形，短宽而光滑。种子褐色，冠毛白色。花果期5~10月。

各岛均产。嫩苗可食；全草可入药，有清热解毒、活血化瘀之功效。

----

74. 翅果菊 (*Lactuca indica*)

莴苣属植物，别名驴锋锋、野莴苣、山莴苣。

多年生草本植物。根垂直直伸。茎直立，通常单生，常淡红紫色。中下部茎叶披针形、长披针形或长椭圆状披针形，顶端渐尖、长渐尖或急尖，基部收窄，无柄，心形、心状耳形或箭头状半抱茎。头状花序多数在茎枝顶端排成伞房花序或伞房圆锥花序，舌状小花蓝色或蓝紫色。瘦果长椭圆形或椭圆形，褐色或橄榄色，压扁，边缘加宽加厚成厚翅；冠毛白色。花果期7~9月。

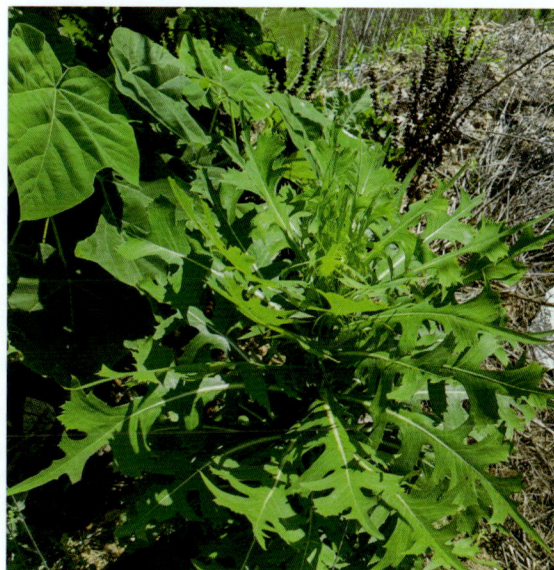

各岛广布。嫩苗可食；全草可入药，有清热解毒、活血祛瘀、健胃之功效。

75. 乳苣（*Lactuca tatarica*）

莴苣属植物，别名苦菜、蒙山莴苣。

多年生草本植物，高 30~100cm。茎分枝。下部叶矩圆形，灰绿色，质厚，稍肉质，基部收窄，下部叶基部半抱茎，羽状或倒向羽状深裂或浅裂；茎中部叶与茎下部叶同形，但不分裂，全缘，披针形或狭披针形；上部叶全缘，抱茎，有时全部叶全缘而不分裂。头状花序多数，有 20 枚小花，在茎枝顶端排成开展圆锥状花序；舌状花紫色或淡紫色。瘦果矩圆状条形，稍压扁或不扁，灰色至黑色。花果期 6~9 月。

西诸岛有分布。

76. 野莴苣（*Lactuca serriola*）

莴苣属植物。

二年生草本植物，高 40~70（120）cm。根垂直直伸。茎单生，直立，基部带紫红色，有白色硬刺或无白色硬刺，上部圆锥花序状或总状圆锥花序状分枝，全部茎枝黄白色。基部或下部茎叶披针形或长披针形，中上部茎叶渐小，线形、线状披针形或长椭圆形，全缘，叶基部箭头形，下面沿中脉常有淡黄色的刺毛。头状花序多数，舌状小花 7~15 枚，黄色。瘦果倒披针形，压扁，浅褐色；冠毛白色，微锯齿状，长约 5mm。花果期 8~9 月。

各岛均有分布。有清热解毒、活血止痛之功效，主治蛇咬伤、感冒咳嗽、胃痛、急性乳腺炎和指头炎等。

77. 尖裂假还阳参（*Crepidiastrum sonchifolium*）

假还阳参属植物，别名丈丁菜。

一年生草本植物。根垂直直伸，生多数须根。茎直立。基生叶花期生存，叶片线形或线状披针形，基部箭头状半抱茎或长椭圆形，基部收窄，全部叶两面无毛，边缘全缘。头状花序多数，在茎枝顶端排成伞房状花序，花序梗细；苞片卵形，内层卵状披针形；舌状小花黄色，极少白色，瘦果压扁，褐色，长椭圆形；冠毛白色，纤细，微糙。花果期3~6月。

各岛广泛分布。可食用；全草可入药，具清热解毒、去腐化脓、止血生机之功效，可治疗疮、无名肿毒、子宫出血等症。

----

78. 黄瓜菜（*Crepidiastrum denticulatum*）

假还阳参属植物，别名秋苦荬菜。

一年生草本植物，高50-100cm。根垂直直伸，生多数须根。茎单生，直立，全部或下部常紫红色。基生叶花期枯萎脱落；中下部茎叶全形椭圆形、长椭圆形或披针形。头状花序多数，在茎枝顶端呈伞房花序状。总苞圆柱状，长4~8mm。瘦果褐色或黑色，长椭圆形，肋上有小刺毛，向顶端渐尖成粗喙，喙长0.4mm；冠毛白色，长4mm，糙毛状。花果期6~11月。

各岛均有分布。

79. 沙苦荬 （*Ixeris repens*）

苦荬菜属植物，别名匍匐苦荬菜。

多年生草本植物。光滑无毛。茎匍匐，有多数茎节。叶有长柄，叶片掌状浅裂、深裂或全裂，全形宽卵形，裂片或末回裂片椭圆形、长椭圆形、圆形或不规则圆形，基部渐狭。头状花序单生叶腋，总苞圆柱状；苞片外层与最外层小或较小，卵形或椭圆形，顶端急尖或渐尖，内层长，长椭圆状披针形，全部总苞片外面无毛；舌状小花，黄色。瘦果圆柱状，褐色，稍压扁，无毛；冠毛白色。花果期 5~10 月。

沙海滨有分布。有良好的海岸带固沙护滩作用；花序大，花色艳，是夏季绿化美化海滩的良好草种；牲畜喜食；全草可入药，有清热解毒、活血排脓之功效。

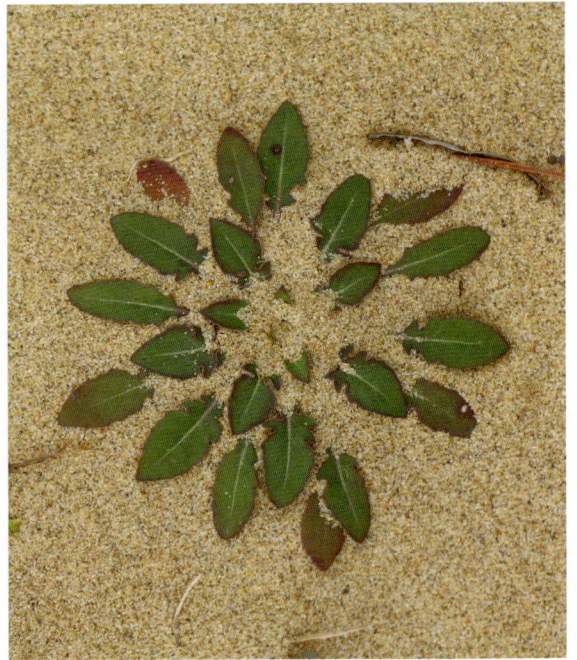

80. 中华苦荬菜 （*Ixeris chinensis*）

苦荬菜属植物，别名苦铃菜。

多年生草本植物。根状茎横卧或斜生，节处生多数细根；茎直立，黄绿色至黄棕色，有时带淡紫色，下部常被脱落性倒生白色粗毛或几无毛。基生叶丛生，花时枯落，卵形、椭圆形或椭圆状披针形，不分裂或羽状分裂或全裂，顶端钝或尖，基部楔形，边缘具粗锯齿，上面暗绿色，背面淡绿色，两面被糙伏毛或几无毛，具缘毛。花序为聚伞花序，顶生，具 5~6 级分枝；花冠钟形，黄色。瘦果长圆形，内含 1 椭圆形、扁平种子。花果期 3~7 月。

各岛广布。可食用，全草可入药，能清热解毒、消肿排脓、活血祛瘀。

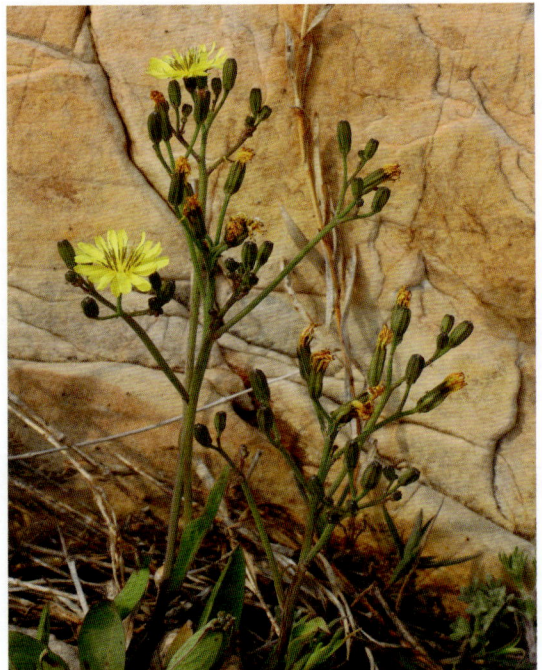

81. 麻花头 (*Klasea centauroides*)

麻花头属植物。

多年生草本植物。高可达 100cm。根状茎横走，黑褐色。茎直立。基生叶及下部茎叶长椭圆形，羽状深裂，全部裂片长椭圆形至宽线形，顶端急尖；上部的叶更小，裂片线形，边缘无锯齿；全部叶两面粗糙。头状花序少数，单生茎枝顶端，花序梗或花序枝伸长，几裸露，无叶；总苞卵形或长卵形，上部有收缢或稍见收缢；总苞片覆瓦状排列，向内层渐长，外层与中层三角形、三角状卵形至卵状披针形，顶端急尖，全部小花红色、红紫色或白色。瘦果楔状长椭圆形，褐色；冠毛褐色或略带土红色，冠毛刚毛糙毛状，分散脱落。花果期 6~9 月。

各岛偶见其分布，具有饲用价值和观赏价值。

82. 漏芦 (*Rhaponticum uniflorum*)

漏芦属植物，别名和尚头。

多年生草本植物。根状茎粗厚。根直伸茎直立，不分枝，灰白色，被棉毛。基生叶及下部茎叶全形椭圆形，长叶柄。头状花序单生茎顶，花序梗粗壮，裸露或有少数钻形小叶；总苞半球形，全部苞片顶端有膜质附属物，浅褐色；全部小花两性，管状，花冠紫红色，长 3.1cm。瘦果 3~4 棱，楔状，长 4mm，宽 2.5mm；冠毛褐色，冠毛刚毛糙毛状。花果期 4~9 月。

大黑山有分布。根及根状茎可入药，性寒、味苦咸，有清热、解毒、排脓、消肿和通乳之功效。

83. 稻槎菜 (*Lapsanastrum apogonoides*)

稻槎菜属植物。

一年生矮小草本，高 7~20cm。茎细，自基部发出多数或少数的簇生分枝及莲座状叶丛；全部茎枝柔软，被细柔毛或无毛。基生叶全形椭圆形、长椭圆状匙形或长匙形。头状花序小，果期下垂或歪斜，在茎枝顶端排列成疏松的伞房状圆锥花序，花序梗纤细，总苞椭圆形或长圆形；舌状小花黄色，两性。瘦果淡黄色，稍压扁，有 12 条粗细不等细纵肋。花果期 1~6 月。

常见于草坪。用于治疗咽喉肿痛、痢疾、疮疡肿毒、蛇咬伤、麻疹透发不畅。

---

84. 菊苣 (*Cichorium intybus*)

菊苣属植物。

多年生草本植物。茎枝绿色，疏被弯曲糙毛或刚毛或几无毛。基生叶莲座状，倒披针状长椭圆形，长 15~34cm，大头状倒向羽状深裂或不裂，疏生尖锯齿；茎生叶卵状倒披针形或披针形，基部圆或戟形半抱茎，叶质薄，两面疏被长节毛，无柄。头状花序单生或集生茎枝端，或排成穗状花序；总苞圆柱状；舌状小花蓝色。瘦果倒卵圆形、椭圆形或倒楔形，褐色，有棕黑色色斑；冠毛长 0.2~0.3mm。花果期 5~10 月。

叶可以作为蔬菜食用；根含菊糖及芳香物质，可提制代用咖啡。

---

85. 蛇鞭菊 (*Liatris spicata*)

蛇鞭菊属植物。

多年生草本植物。具球茎，茎直立，不分枝。基生叶狭带形，先端尖，全缘，长 20~30cm；茎生叶密集，交替互生于茎上，线形，长 5~10cm，先端圆钝，叶无柄，绿色，全缘。头状花序排成穗状，小花紫色或白色。蒴果扁圆形。花期 7~8 月，果期 9~10 月。

各岛均有分布。花期长观赏价值极高，可应用于庭园、别墅的花境；也可作为背景材料或丛植点缀于山石、林缘。

七十一、香蒲科 Typhaceae

本科包含 1 属 2 种被子植物。

1. 香蒲（*Typha orientalis*）

香蒲属植物，别名蒲子。

多年生沼生草本。直立，地下根状茎粗壮，有节。叶条形，基部鞘状，抱茎。穗状花序圆柱状，雌雄花序彼此连接，雄花序在上，雄花有雄蕊 2~4 枚，花粉粒单生；雌花序在下，雌花无小苞片，有多数基生的白色长毛；柱头匙形，不育雌蕊棍棒状。小坚果有 1 纵沟。花期 6~7 月，果期 8~10 月。

各大岛水塘有生长。花期摘取花序穗，晒干，拍下花粉生用或炒炭用，用于治疗内外出血、产后血瘀、痛经。

----

2. 水烛（*Typha angustifolia*）

香蒲属植物，别名蜡烛草。

多年生草本植物。水生或沼生草本植物。根状茎乳黄色、灰黄色。地上茎直立，粗壮，高可达 3m。叶片上部扁平，中部以下腹面微凹，背面向下逐渐隆起呈凸形，叶鞘抱茎。雄花序轴具褐色扁柔毛，单出，叶状苞片，花后脱落；雌花通常比叶片宽，花后脱落；雌花具小苞片，子房纺锤形，具褐色斑点，子房柄纤细，不孕雌花子房倒圆锥形，不育柱头短尖；白色丝状毛着生于子房柄基部。小坚果长椭圆形，具褐色斑点，纵裂。种子深褐色。花果期 6~9 月。

各大岛水塘有生长。水烛的干燥花粉即为中药蒲黄，有止血、化瘀、通淋等功效。

七十二、水鳖科 Hydrocharitaceae

本科包含 1 属 1 种被子植物。

苦草（*Vallisneria natans*）

苦草属植物，别名扁担草。

沉水草本。匍匐茎光滑或稍粗糙，白色，有越冬块茎。叶基生，线形或带形，长 0.2~2m，绿色或略带紫红色；无叶柄。花单性，异株；雄佛焰苞卵状圆锥形，长 1.5~-2cm；雌佛焰苞筒状，长 1~2cm，顶端 2 裂，绿色或暗紫色；子房圆柱形，光滑，胚珠多数，花柱 3，顶端 2 裂。果圆柱形。种子多数，倒长卵圆形，有腺毛状凸起。

各大岛水塘有生长。可入药，能清热解毒、止咳祛痰、养筋和血，用于治疗急性和慢性支气管炎、咽炎、扁桃体炎、关节疼痛，外治外伤出血。

七十三、禾本科 Poaceae

本科包含 47 属 76 种被子植物。

1. 草地早熟禾（*Poa pratensis*）

早熟禾属植物。

多年生草本植物。匍匐根状茎。直立，高可达 90cm。叶舌膜质，叶片线形，扁平或内卷，顶端渐尖，蘖生叶片较狭长。圆锥花序金字塔形或卵圆形，分枝开展，小枝上着生小穗，小穗柄较短；小穗卵圆形，绿色至草黄色，含小花；外稃膜质，顶端稍钝。颖果纺锤形。花期 5~6 月，果期 7~9 月。

各岛广泛分布。本品可作保持水土及绿化用；全草入药可改善糖尿病症状。

2. 早熟禾（*Poa annua*）

早熟禾属植物。

一年生或冬性禾草植物。秆直立或倾斜，质软，高可达 30cm，平滑无毛。叶鞘稍压扁，叶片扁平或对折，质地柔软，常有横脉纹，顶端急尖呈船形，边缘微粗糙。圆锥花序宽卵形，小穗卵形，含小花，绿色；颖质薄；外稃卵圆形，顶端与边缘宽膜质；花药黄色，颖果纺锤形。花期 4~5 月，果期 6~7 月。

各岛均产，功用同草地早熟禾。

3. 白顶早熟禾（*Poa acroleuca*）

早熟禾属植物。

一年生或越年生。秆高 30~50cm。叶鞘闭合，顶生叶鞘短于叶片。圆锥花序金字塔形，细弱微糙，基部主枝长 3-8cm，中部以下裸露。小穗卵圆形，灰绿色；颖披针形，质薄，具窄膜质边缘，脊上部微粗糙；外稃长圆形，脊与边脉中部以下具长柔毛，间脉稍明显，无毛；第一外稃长 2~3mm；内稃较短于外稃，脊具长柔毛。

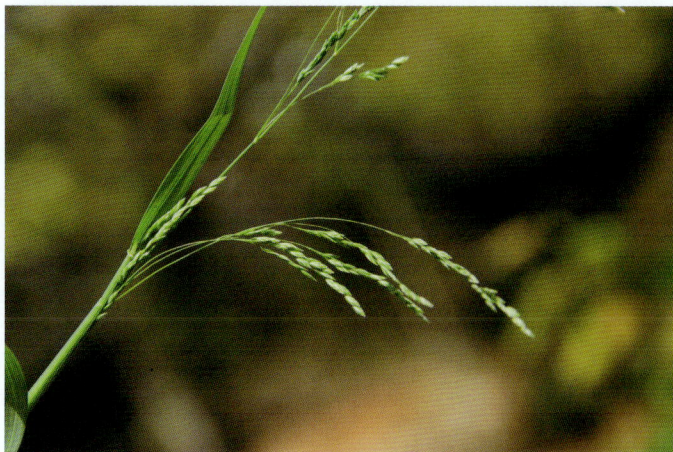

花药淡黄色，长 0.8~1mm。颖果纺锤形，长约 1.5mm。花果期 5~6 月。

各岛均产。

4. 臭草 （*Melica scabrosa*）

臭草属植物，别名毛臭草。

多年生草本植物。须根细弱，较稠密。秆丛生，直立或基部膝曲。叶鞘闭合近鞘口，常撕裂，光滑或微粗糙；叶舌透明膜质；叶片质较薄，扁平，干时常卷折，两面粗糙或上面疏被柔毛。圆锥花序狭窄；分枝直立或斜向上升；小穗柄短，纤细，上部弯曲，被微毛；小穗淡绿色或乳白色；颖膜质，狭披针形，两颖几等长；外稃草质，顶端尖或钝且为膜质；内稃短于外稃或相等，倒卵形，顶端钝。颖果褐色，纺锤形，有光泽。花果期 5~8 月。

各岛均产。全草可入药，有祛风、退热、利尿、活血、解毒、消肿之功效。

5. 雀麦 （*Bromus japonicus*）

雀麦属植物，别名麦余子草。

一年生草本植物。秆直立，高可达 90cm。叶鞘闭合，叶舌先端近圆形，叶片两面生柔毛。圆锥花序舒展，向下弯垂；分枝细，小穗黄绿色，密生小花，颖近等长，脊粗糙，边缘膜质；外稃椭圆形，草质，边缘膜质，微粗糙，顶端钝三角形，芒自先端下部伸出，基部稍扁平，成熟后外弯；内稃两脊疏生细纤毛；小穗轴短棒状。花果期 5~7 月。

各岛广泛分布。全草可药用，性味甘，无毒，有止汗、催产之功效，主治汗出不止、难产。

6. 疏花雀麦（*Bromus remotiflorus*）

雀麦属植物。

多年生草本植物。具短根状茎。秆高可达 120cm，节生柔毛。叶鞘闭合，叶片上面生柔毛。圆锥花序疏松开展，分枝细长孪生，粗糙，着生少数小穗，成熟时下垂；小穗疏生小花，颖窄披针形，顶端渐尖至具小尖头。外稃窄披针形；内稃狭，短于外稃，脊具细纤毛；颖果贴生于稃内。花期 6~7 月，果期 9~10 月。

各岛广布。可作家畜饲草。

----

7. 朝阳隐子草（*Cleistogenes hackelii*）

隐子草属植物，别名山芦子。

多年生草本植物。秆丛生，纤细，直立，基部密生贴近根头的鳞芽。叶鞘长于节间，鞘口常具柔毛；叶舌短，边缘具纤毛；扁平或内卷。圆锥花序舒展，小穗黄绿色或稍带紫色，颖披针形，先端渐尖，外稃披针形，边缘具长柔毛，内稃与外稃近等长。花果期 7~10 月。

各岛广泛分布，可作优良饲草。

8. 多叶隐子草（*Cleistogenes polyphylla*）

隐子草属植物。

多年生草本植物。秆直立，丛生，粗壮，高可达40cm，具多节，干后叶片常自鞘口处脱落，秆上部左右弯曲，与鞘口近于叉状分离。叶鞘多少具疣毛，层层包裹直达花序基部；叶舌截平，具短纤毛；叶片披针形至线状披针形，多直立上升，扁平或内卷，坚硬。花序狭窄，基部常为叶鞘所包，绿色或带紫色；颖披针形或长圆形；外稃披针形，内稃与外稃近等长。花果期7~10月。

各岛广泛分布，可作优良饲草。

----

9. 大画眉草（*Eragrostis cilianensis*）

画眉草属植物。

一年生草本植物。秆粗壮，直立丛生，基部常膝曲。叶鞘疏松裹茎，脉上有腺体，鞘口具长柔毛；叶舌为1圈成束的短毛；叶片线形扁平，无毛。小穗长圆形或尖塔形，分枝粗壮，单生，上举，腋间具柔毛，墨绿色带淡绿色或黄褐色，扁压并弯曲，有10~40枚小花。颖果近圆形，直径约0.7mm。花果期7~10月。

各岛均产。全草可入药，有利尿通淋、疏风清热之功效，主治热淋、石淋、目赤痒痛。

10. 画眉草（*Eragrostis pilosa*）

画眉草属植物。

一年生草本植物。秆高 20~60cm。叶舌为一圈纤毛；叶片狭条形，宽 2~3mm。圆锥花序长 15~25cm，分枝近于轮生，枝腋有长柔毛；小穗暗绿或带紫色，长 2~7mm，宽约 1mm，含 3~14 小花；第一颖常无脉；第二颖具 1 脉；外稃侧脉不明显，长 1.5~2mm，自下而上脱落。花果期 8~11 月。

各岛均产。秆叶柔嫩，为良好饲料；药用治跌打损伤。

11. 小画眉草（*Eragrostis minor*）

画眉草属植物。

一年生草本植物。秆纤细，丛生，膝曲上升，高可达 50mm。叶鞘较节间短，松裹茎，叶鞘脉上有腺体，叶舌为一圈长柔毛，叶片线形，平展或蜷缩，下面光滑，上面粗糙并疏生柔毛，主脉及边缘都有腺体。圆锥花序开展而疏松，花序轴、小枝以及柄上都有腺体；小穗长圆形，含小花，绿色或深绿色；小穗颖锐尖，具脉，脉上有腺点；第一外稃广卵形，先端圆钝，具脉；内稃弯曲，脊上有纤毛，宿存。颖果红褐色，近球形。花果期 6~9 月。

各岛均产。全草可入药，具有疏风清热、凉血、利尿之功效，常用于治疗目赤云翳、崩漏、热淋、小便不利。

12. 知风草 (*Eragrostis ferruginea*)

画眉草属植物，别名乱草毛。

多年生草本植物。秆丛生或单生，直立或基部膝曲，粗壮。叶鞘两侧极压扁，鞘口有毛，脉上有腺体；叶片扁平或内卷，较坚韧，背面光滑，表面粗糙，或近基部疏具长柔毛。圆锥花序，开展，紫色和紫黑色。颖果棕红色，长约1.5mm。花果期8~12月。

各岛均有分布。根可入药，有舒筋散瘀之功效，主治跌打内伤、筋骨疼痛。

13. 芦苇 (*Phragmites australis*)

芦苇属植物，别名芦子。

多年生水生或湿地生高大禾草。具粗壮的匍匐根状茎。秆高1~3m，节下通常具白粉。叶鞘圆筒形，叶舌有毛；叶片长线状披针形，灰绿色或蓝绿色。圆锥花序，顶生，疏散，稍下垂；下部枝腋具白柔毛；小穗暗紫色或褐紫色，稀淡黄色。颖果椭圆形至长圆形。花果期7~9月。

各岛广布。嫩茎可食；入药用于治疗热病烦渴、胃热呕秽、肺热咳嗽、肺痈吐脓、热淋涩痛。

14. 鹅观草（*Elymus kamoji*）

披碱草属植物，别名山麦莛、鹅观草。

多年生草本植物。秆直立或基部倾斜，高可达 100cm。叶鞘外侧边缘常具纤毛；叶片扁平。穗状花序，弯曲或下垂；小穗绿色或带紫色，含小花；颖卵状披针形至长圆状披针形，外稃披针形，内稃约与外稃等长，先端钝头，脊显著具翼，翼缘具有细小纤毛。

各岛广泛分布。全草可入药，有清热凉血、镇痛之功效，主治咳嗽痰中带血、风丹、劳伤疼痛。

15. 纤毛鹅观草（*Elymus ciliaris*）

披碱草属植物。

秆单生或成疏丛，直立，基部节常膝曲，高 40~80cm，平滑无毛，常被白粉。叶鞘无毛，稀基部叶鞘于接近边缘处具有柔毛；叶片扁平，长 10~20cm，宽 3~10mm，两面均无毛，边缘粗糙。穗状花序直立或多少下垂；颖椭圆状披针形；外稃长圆状披针形，背部被粗毛，边缘具长而硬的纤毛。花果期 4~7 月。

各岛均产，功用同鹅观草。

16. 缘毛鹅观草（*Elymus pendulinus*）

披碱草属植物。

秆高 60~80cm，节处平滑无毛。基部叶鞘具倒毛，叶片扁平，长 10~20cm，宽 5~9mm，无毛或上面疏生柔毛。穗状花序稍垂头，颖长圆状披针形，先端锐尖至长渐尖；外稃边缘具长纤毛，背部粗糙或仅于近顶端处疏生短小硬毛；内稃与外稃几等长，脊上部具小纤毛，脊间亦被短毛。花果期 6~10 月。

各岛均产，功用同鹅观草。

17. 日本纤毛草（*Elymus ciliaris* var. *hackelianus*）

披碱草属植物。

秆疏丛，直立，高 70~90cm。叶片线形，扁平，长 17~25cm，宽约 9mm，上面及边缘粗糙，下面较平滑。穗状花序直立或曲折稍下垂，长 10~22cm；小穗长 14~17mm，含 7~9 小花；颖椭圆状披针形，先端锐尖或具短尖头，偏斜，两侧或一侧具齿，具 5~7 显明的脉；外稃长圆状披针形，边缘具短纤毛，背部粗糙，稀具短毛，先端两侧具细齿，上部具明显 5 脉；内稃长约为外稃的 2/3，先端截平，脊上部 1/3 粗糙。花果期 6~8 月。

各岛均产。

18. 披碱草（*Elymus dahuricus*）

披碱草属植物。

多年生丛生草本植物。秆疏丛，直立，高可达 140cm。叶鞘光滑无毛；叶片扁平，稀可内卷，上面粗糙，下面光滑。穗状花序直立，较紧密，穗轴边缘具小纤毛，小穗绿色，成熟后变为草黄色，含小花；颖披针形或线状披针形，外稃披针形，芒粗糙，内稃与外稃等长，先端截平，脊上具纤毛，脊间被稀少短毛。花果期 7~9 月。

各岛均产。可作饲草。

19. 芒颖大麦草（*Hordeum jubatum*）

大麦属植物，别名芒麦草。

越年生草本植物。秆丛生，平滑无毛，高可达 45cm。叶鞘下部者长于而中部以上者短于节间；叶舌干膜质、叶片扁平，粗糙。穗状花序柔软，绿色或稍带紫色，穗轴成熟时逐节断落，棱边具短硬纤毛；小花通常退化为芒状，稀为雄性；外稃披针形。花果期 5~8 月。

该种由国外传入，在南长山有分布，有非常高的入侵性，需要在引种方面加以限制。

20. 看麦娘（*Alopecurus aequalis*）

看麦娘属植物，别名假麦子。

一年生草本植物。秆少数丛生，细瘦，光滑，高可达 40cm。叶鞘光滑，短于节间；叶舌膜质，叶片扁平。圆锥花序圆柱状，灰绿色，小穗椭圆形或卵状长圆形，颖膜质，基部互相连合，具脉，脊上有细纤毛，侧脉下部有短毛；外稃膜质，先端钝，花药橙黄色。花果期 4~8 月。

各岛有分布。全草可入药，味淡性凉，有利水消肿、解毒之功效，治水肿、水痘、小儿腹泻、消化不良。

21. 牛筋草（*Eleusine indica*）

穆属植物，别名蟋蟀草、蹲倒驴。

一年生草本植物。根系极发达。秆丛生，基部倾斜。叶鞘两侧压扁而具脊，松弛，无毛或疏生疣毛；叶片平展，线形。穗状花序指状着生于秆顶，很少单生。囊果卵形，具明显的波状皱纹。花果期 6~10 月。

各岛广泛分布。全草可入药，有清热利湿、强筋骨之功效。

---

22. 中华草沙蚕（*Tripogon chinensis*）

草沙蚕属植物。

多年生密丛草本。须根纤细而稠密。秆直立，细弱，光滑无毛。叶片狭线形，常内卷成刺毛状，上面微粗糙且向基部疏生柔毛，下面平滑无毛。穗状花序细弱，穗轴三棱形，微扭曲，多平滑无毛；小穗线状披针形，铅绿色。花果期 7~9 月。

各岛广泛分布，为杂草。

23. 虎尾草（*Chloris virgata*）

虎尾草属植物，别名刷子头。

一年生草本植物。秆高可达75cm，茎光滑无毛。叶鞘背部具脊，包卷松弛，叶片线形，两面无毛或边缘及上面粗糙。穗状花序5~10枚或10余枚，指状着生于秆顶，常直立而并拢成毛刷状，成熟时常带紫色；小穗无柄，颖膜质，第一小花两性，外稃纸质，呈倒卵状披针形，第二小花不孕，长楔形，仅存外稃。颖果纺锤形，淡黄色，光滑无毛而半透明。花果期6~10月。

各岛广泛分布。可作饲草；全草可入药，祛风除湿，还可解毒杀虫。

24. 狗牙根（*Cynodon dactylon*）

狗牙根属植物，别名百慕达草。

低矮草本植物。秆细而坚韧，下部匍匐地面蔓延甚长，节上常生不定根，高可达30cm，秆壁厚，光滑无毛，有时略两侧压扁。叶鞘微具脊，叶舌仅为一轮纤毛；叶片线形，通常两面无毛。穗状花序，小穗灰绿色或带紫色，小花；花药淡紫色；柱头紫红色。颖果长圆柱形。花果期5~10月。

各岛均有分布。全草可入药，有清血、解热、生肌之功效。

----

25. 野青茅（*Deyeuxia pyramidalis*）

野青茅属植物。

秆直立，其节膝曲，丛生，高可达60cm，平滑。叶鞘疏松裹茎，叶舌膜质，顶端常撕裂；叶片扁平或边缘内卷，无毛，两面粗糙，带灰白色。圆锥花序紧缩似穗状，小穗草黄色或带紫色；颖片披针形，先端尖，稍粗糙，芒自外稃近基部，近中部膝曲，芒柱扭转；内稃近等长或稍短于外稃；延伸小穗。花果期6~9月。

各岛均产。可作饲草。

26. 京芒草 (*Achnatherum pekinense*)

羽茅属植物，别名京羽茅、远东芨芨草。

多年生草本植物。秆直立，光滑，疏丛，高60~100cm，具3~4节，基部常宿存枯萎的叶鞘，并具光滑的鳞芽。叶片扁平或边缘稍内卷，上面及边缘微粗糙，下面平滑。圆锥花序开展，分枝细弱，2~4枚簇生，中部以下裸露，上部疏生小穗；小穗草绿色或变紫色；颖膜质，几等长或第一颖稍长，披针形，先端渐尖，背部平滑，具3脉；花药黄色，顶端具毫毛。花果期7~10月。

各岛均有分布，为野草。

27. 稗 (*Echinochloa crus-galli*)

稗属植物，别名稗子、穆子。

一年生草本植物。秆高可达150cm，光滑无毛。叶鞘疏松裹秆，平滑无毛，下部者长于而上部者短于节间；叶舌缺；叶片扁平，线形，无毛，边缘粗糙。圆锥花序直立，近尖塔形，主轴具棱，粗糙或具疣基长刺毛；分枝斜上举或贴向主轴，有时再分小枝；穗轴粗糙或生疣基长刺毛；小穗卵形，具短柄或近无柄，密集在穗轴的一侧；第一颖三角形，第二颖与小穗等长，第一小花通常中性，其外稃草质，第二外稃椭圆形，平滑，光亮，成熟后变硬。花果期夏秋季。

各岛广泛分布。可作牧草，古时谷粒可代粮。

28. 长芒稗 (*Echinochloa caudata*)

稗属植物。

叶鞘无毛或常有疣基毛，或仅有粗糙毛或仅边缘有毛；叶舌缺；叶片线形，两面无毛，边缘增厚而粗糙。圆锥花序稍下垂，主轴粗糙，具棱，疏被疣基长毛；分枝密集，常再分小枝；小穗卵状椭圆形，常带紫色，脉上疏生刺毛，内稃膜质，先端具细毛，边缘具细睫毛；花柱基分离。花果期夏秋季。

各岛广泛分布，功用同稗。

---

29. 无芒稗 (*Echinochloa crus-galli* var. *mitis*)

稗属植物。

一年生草本植物。秆高 50~120cm，直立，粗壮。叶鞘疏松裹秆，平滑无毛，叶舌缺；叶片长 20~30cm，宽 6~12mm。圆锥花序直立，分枝斜上举而开展，常再分枝；小穗卵形，第一颖三角形，脉上具疣基毛，第二颖与小穗等长，先端渐尖或具小尖头，第一小花通常中性，其外稃草质，第二外稃椭圆形，平滑，光亮，成熟后变硬。花果期夏秋季。

各岛广泛分布，功用同稗。

---

30. 光头稗 (*Echinochloa colona*)

稗属植物。

一年生草本植物。秆直立，高可达 60cm。叶鞘压扁而背具脊，无毛；叶片扁平，线形，无毛，边缘稍粗糙。圆锥花序狭窄，主轴具棱，棱边上粗糙。花序分枝，排列稀疏，小穗卵圆形，具小硬毛，无芒，第一颖三角形，第二颖与第一外稃等长而同形，内稃膜质，稍短于外稃，脊上被短纤毛；第二外稃椭圆形，平滑，光亮。花果期夏秋季。

各岛广泛分布，功用同稗。

31. 野黍（*Eriochloa villosa*）

野黍属植物，别名猪唠唠。

一年生草本植物。秆直立，基部分枝，高可达100cm。叶鞘松弛包茎，节具髭毛；叶舌具纤毛；叶片扁平，表面具微毛，背面光滑，边缘粗糙。圆锥花序由总状花序组成；总状花序密生柔毛，列于主轴一侧；小穗卵状椭圆形，小穗柄极短，密生长柔毛；第一颖微小，第二颖与第一外稃皆为膜质，第二外稃革质，稍短于小穗，花柱分离。颖果卵圆形。花果期7~10月。

各岛均有分布，生于山坡或潮湿地。儿童常将其种子放纸上，对其喊"唠唠"，种子会移动，故称猪唠唠。可作饲草，谷粒可食用。

----

32. 马唐（*Digitaria sanguinalis*）

马唐属植物，别名铺地徐草。

一年生杂草。秆直立或下部倾斜，膝曲上升，无毛或节生柔毛。叶片线状披针形，基部圆形，边缘较厚，微粗糙，具柔毛或无毛。总状花序。花果期6~9月。

各岛广泛分布。为田间杂草。全草可入药，夏秋采集，晒干生用；主治明目润肺、目暗不明、肺热咳嗽。

33. 毛马唐（*Digitaria ciliaris* var. *chrysoblephara*）

马唐属植物。

一年生草本植物。秆基部倾卧，着土后节易生根，具分枝，叶鞘多短于其节间，常具柔毛；叶舌膜质，叶片线状披针形，上面多少生柔毛，边缘微粗糙。总状花序呈指状排列于秆顶；中肋白色，两侧之绿色翼缘具细刺状粗糙；小穗披针形，孪生于穗轴一侧；小穗柄三棱形，粗糙；第一颖小、三角形，第二颖披针形，脉间及边缘生柔毛。第一外稃等长于小穗，中脉两侧的脉间较宽而无毛，间脉与边脉间具柔毛及疣基刚毛，成熟后，两种毛均平展；第二外稃淡绿色，等长于小穗。花果期 6~10 月。

各岛均产，功用同马唐。

34. 止血马唐（*Digitaria ischaemum*）

马唐属植物。

一年生草本植物。秆直立或基部倾斜，高可达 40cm，下部常有毛。叶鞘具脊，叶片线状披针形，顶端渐尖，基部近圆形，多生长柔毛。总状花序，具白色中肋，两侧翼缘粗糙；小穗着生于各节；第一颖不存在；第二颖等长或稍短于小穗；第一外稃与小穗等长，第二外稃成熟后紫褐色，有光泽。花果期 6~11 月。

各岛均产。为羊、猪所喜食，切碎或粉碎生喂、发酵喂或作青贮饲料均可；有凉血、止血作用，用于治疗血热妄行的出血症。

----

35. 狗尾草（*Setaria viridis*）

狗尾草属植物，别名猫猫草。

一年生草本植物。根为须状，高大植株具支持根。秆直立或基部膝曲。叶鞘松弛，无毛或疏具柔毛或疣毛；叶舌极短；叶片扁平，长三角状狭披针形或线状披针形。圆锥花序紧密呈圆柱状，直立或稍弯垂，绿色或褐黄到紫红；颖果灰白色。花果期 5~10 月。

各岛均有分布。全草可入药，有清热利湿、祛风明目、解毒、杀虫之功效。

36. 大狗尾草（*Setaria faberi*）

狗尾草属植物，别名谷莠子。

一年生草本植物。常具支持根。秆粗壮而高大、直立或基部膝曲，高可达120cm，茎光滑无毛。叶鞘松弛，边缘具细纤毛，部分基部叶鞘边缘膜质无毛；叶舌具密集的长叶片线状披针形，无毛或上面具较细疣毛，少数下面具细疣毛，先端渐尖细长，基部钝圆或渐窄狭几呈柄状，边缘具细锯齿。圆锥花序紧缩呈圆柱状，垂头，主轴具较密长柔毛；小穗椭圆形，刚毛绿色，少具浅褐紫色，粗糙，花柱基部分离。颖果椭圆形，顶端尖。叶表皮细胞同莩草类型。花果期7~10月。

各岛均有分布。可作饲草；全草或根入药，有清热、消疳、杀虫止痒之功效。

---

37. 金色狗尾草（*Setaria pumila*）

狗尾草属植物，别名恍莠莠、硬稃狗尾草。

一年生草本植物。单生或丛生。秆高可达90cm，光滑无毛。叶鞘下部扁压具脊，上部圆形，光滑无毛，叶片线状披针形或狭披针形，上面粗糙，下面光滑。圆锥花序紧密呈圆柱状或狭圆锥状，直立，主轴具短细柔毛，刚毛金黄色或稍带褐色，粗糙，第一颖宽卵形或卵形，第二颖宽卵形，第一外稃与小穗等长或微短，第二小花两性，外稃革质。花果期6~10月。

各岛均有分布。以全草入药，主治清热、明目、止泻、目赤肿痛、眼睑炎、赤白痢疾。

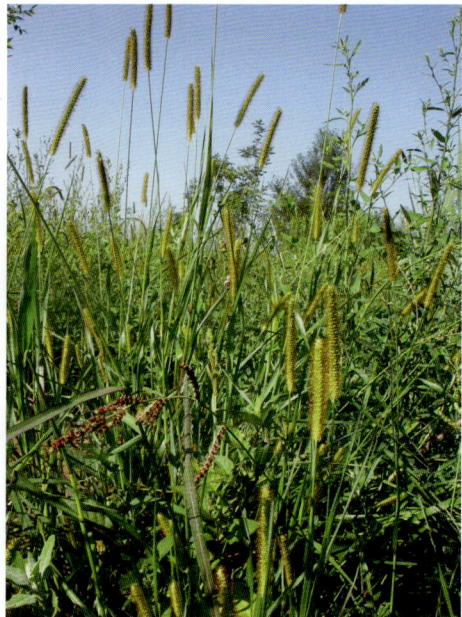

38. 狼尾草（*Pennisetum alopecuroides*）

狼尾草属植物，别名狗尾巴草。

多年生草本植物。须根较粗壮。秆直立，丛生，在花序下密生柔毛。叶鞘光滑，两侧压扁，秆上部者长于节间；叶舌具长约2.5mm纤毛；叶片线形，先端长渐尖，基部生疣毛。圆锥花序直立；主轴密生柔毛；刚毛粗糙，淡绿色或紫色；小穗通常单生，偶有双生，线状披针形；花药顶端无毫毛；花柱基部联合。花果期夏秋季。

各岛有分布。可作饲料；也是编织或造纸的原料；常作固堤防沙植物。

---

39. 白草（*Pennisetum flaccidum*）

狼尾草属植物。

多年生草本植物。有长根状茎。秆高30~120cm。叶片条形，宽3~15mm。穗状圆锥花序长5~20cm，主轴无毛或有微毛，分枝长约0.5mm；刚毛状小枝灰白色或带褐紫色，长1~2cm；小穗长5~7mm，单生或2~3枚簇生于刚毛状小枝组成的总苞内，成熟时与它一起脱落；第一颖长0.5~2mm；第二颖长约为小穗1/2~3/4；第一外稃与第二外稃等长；第二外稃边缘薄，卷抱内稃。花果期7~10月。

各岛广布。优良牧草；全草可以入药，性味甘寒，有清热利尿、凉血止血之功效，主治热淋、尿血、肺热咳嗽、鼻衄、胃热烦渴。

---

40. 野古草（*Arundinella hirta*）

野古草属植物，别名野古草。

多年生草本植物。根茎较粗壮，密生具多脉的鳞片。秆直立，疏丛生，高可达110cm，有时近地面数节倾斜并有不定根，质硬，节黑褐色。叶鞘无毛或被疣毛；叶舌短，上缘圆凸，具纤毛；叶片常无毛或仅背面边缘疏生1列疣毛至全部被短疣毛。花序开展或略收缩，花药紫色，外稃上部略粗糙，无芒，柱头紫红色。花果期7~10月。

各岛均有分布。可作饲草及造纸原料。

41. 结缕草（*Zoysia japonica*）

结缕草属植物，别名延地青。

多年生草本植物。具横走根茎，须根细弱。秆直立，基部常有宿存枯萎的叶鞘。叶鞘无毛；叶舌纤毛状；叶片扁平或稍内卷，表面疏生柔毛，背面近无毛。总状花序呈穗状；小穗柄通常弯曲，长可达 5mm；小穗卵形，淡黄绿色或带紫褐色。颖果卵形。花果期 5~8 月。

各岛均有分布。可作草坪及饲草。

中国长岛野生植物志

42. 中华结缕草（*Zoysia sinica*）

结缕草属植物，别名长花结缕草。

多年生草本植物。具根状茎。秆高 10~30cm。叶舌不显著，为一圈纤毛；叶片条状披针形，宽达 3mm，边缘常内卷；总状花序长 2~4cm，宽约 5mm；小穗柄长达 2mm；小穗披针形，两侧压扁，紫褐色，长 4~5mm，宽 1~1.5mm，含两性小花 1 朵，成熟后整个小穗脱落；第一颖缺；第二颖革质，边缘于下部合生，全部包裹内外稃。花果期 5~10 月。

各岛广泛分布。功用同结缕草。

43. 芒（*Miscanthus sinensis*）

芒属植物，别名芭茅。

多年生苇状草本。秆高 1~2 米。叶片线形，长 20~50cm，宽 6~10mm，下面疏生柔毛及被白粉，边缘粗糙。圆锥花序直立，长 15~40cm，小穗披针形，长 4.5~5mm，黄色有光泽，基盘具等长于小穗的白色或淡黄色的丝状毛。颖果长圆形，暗紫色。花果期 7~12 月。

各岛广泛分布，多呈小群落分布。耐干旱、盐碱，是良好的水土保持植物，可作饲草及造纸原料。

44. 荻（*Miscanthus sacchariflorus*）

芒属植物。

多年生草本植物。匍匐根状茎。秆直立，高可达 1.5m，直径约 5mm，节生柔毛。叶鞘无毛，叶舌短，具纤毛；叶片扁平，宽线形，边缘锯齿状粗糙，基部常收缩成柄，粗壮。圆锥花序舒展呈伞房状，主轴无毛，腋间生柔毛，小穗柄顶端稍膨大，小穗线状披针形，成熟后带褐色，基盘具长为小穗 2 倍的丝状柔毛；顶端膜质长渐尖，边缘和背部具长柔毛。颖果长圆形。花果期 8~10 月。

各岛均产。荻是一种多用途草类，可以用于环境保护、景观营造、生物质能源、制浆造纸、代替木材和塑料制品、纺织、制药。

45. 白茅 (*Imperata cylindrica*)

白茅属植物，别名甜根草。

多年生草本植物。有长根状茎。秆丛生，直立。叶多丛集基部；叶片线形或线状披针形。圆锥花序柱状，基部密生长丝状柔毛。颖果。花期夏秋季。

各岛均有分布。根茎可入药，有凉血止血、清热利尿之功效。

46. 大白茅 (*Imperata cylindrica var. major*)

白茅属植物，别名白茅根、丝茅。

多年生草本植物。具横走多节被鳞片的长根状茎。秆直立，高 25~90cm，具 2~4 节，节具长白柔毛。叶鞘无毛或上部及边缘具柔毛；叶舌干膜质，长约 1mm，顶端具细纤毛；叶片线形或线状披针形。圆锥花序穗状；小穗柄顶端膨大成棒状；第一外稃卵状长圆形，具齿裂及少数纤毛；第二外稃长约 1.5mm；内稃宽约 1.5mm，大于其长度，顶端截平，无芒，具微小的齿裂；雄蕊 2 枚，花药黄色，先雌蕊而成熟，柱头 2 枚，紫黑色。颖果椭圆形，长约 1mm。花果期 5~8 月。

各岛广泛分布。根状茎含果糖、葡萄糖等，味甜可食，未成熟的花序、穗，绵软可食；根入药为利尿剂、清凉剂；花用以止血；茎叶为牲畜牧草；秆为造纸的原料。

47. 大油芒 (*Spodiopogon sibiricus*)

大油芒属植物，别名山黄菅、大荻。

多年生草本植物。秆直立，通常单一，高可达 150cm。叶鞘大多长于其节间，鞘口具长柔毛；叶舌干膜质，截平，叶片线状披针形，中脉粗壮隆起，两面贴生柔毛或基部被疣基柔毛。圆锥花序，主轴无毛，腋间生柔毛；分枝近轮生，小穗宽披针形，草黄色或稍带紫色；花药柱头棕褐色。颖果长圆状披针形，棕栗色。花果期 7~10 月。

各岛均有分布。可作饲草。

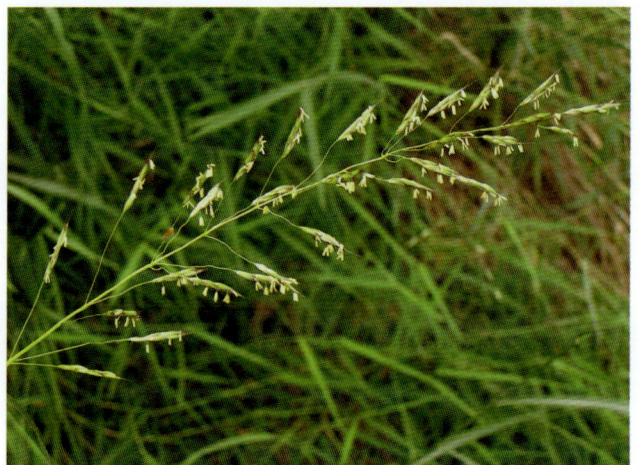

48. 大牛鞭草 (*Hemarthria altissima*)

牛鞭草属植物，别名脱节草。

多年生草本植物。有长而横走的根茎。秆直立部分可高达 1m，一侧有槽。叶鞘边缘膜质，鞘口具纤毛；叶舌膜质，白色，上缘撕裂状；叶片线形，两面无毛。总状花序单生或簇生。花果期夏秋季。

各岛均有分布。可作水土保持植物和饲草。

49. 荩草 (*Arthraxon hispidus*)

荩草属植物，别名马耳草。

一年生草本植物。秆细弱无毛，基部倾斜，分枝多节。叶鞘短于节间，有短硬疣毛；叶舌膜质，边缘具纤毛；叶片卵状披针形，除下部边缘生纤毛外，余均无毛。总状花序细弱，花黄色或紫色。颖果长圆形，与稃体几等长。花果期 8~11 月。

各岛均有分布，多生潮湿处。全草可入药，用于治疗久咳气喘、肝炎、咽喉炎、口腔炎、鼻炎、淋巴结炎、乳腺炎、疮疡疥癣。

50. 茅叶荩草（*Arthraxon prionodes*）

荩草属植物。

多年生草本植物。秆较坚硬，高可达60cm，常分枝，具多节。叶片披针形至卵状被针形，顶端渐尖，基部心形抱茎，边缘常具疣基毛；叶舌膜质。总状花序，稀可单性，花序轴密被白色纤毛。花果期7~10月。

各岛广泛分布，功用同荩草。

51. 求米草（*Oplismenus undulatifolius*）

求米草属植物。

多年生草本植物。秆纤细，基部平卧地面，节处生根，上升部分高20~50cm。叶鞘短于或上部者长于节间，密被疣基毛；叶舌膜质，短小，长约1mm。圆锥花序长2~10cm，主轴密被疣基长刺柔毛；花柱基分离。花果期7~11月。

主产大黑山，生林下。可作水土保持植物和饲草。

52. 白羊草（*Bothriochloa ischaemum*）

孔颖草属植物，别名焦布墩。

多年生草本植物。秆丛生，节上无毛或具白色髯毛；叶鞘无毛，叶舌膜质，叶片线形，两面疏生疣基柔毛或下面无毛。总状花序着生于秆顶呈指状，纤细，灰绿色或带紫褐色，总状花序轴节间与小穗柄两侧具白色丝状毛；无柄小穗长圆状披针形。花果期秋季。

各岛广泛分布，可作饲草；根可供制刷子。

53. 橘草（*Cymbopogon goeringii*）

香茅属植物。

多年生草本植物。秆直立丛生。叶鞘无毛，叶舌两侧有三角形耳状物并下延为叶鞘边缘的膜质部分，叶颈常被微毛；叶片线形，扁平，边缘微糙，除基部下面被微毛外通常无毛。伪圆锥花序，狭窄，有间隔，佛焰苞带紫色；总梗上部生微毛；总状花序向后反折；先端杯形，边缘被向上渐长的柔毛。花果期 7~10 月。

各岛均有分布。外形颇似菅草，可苦房盖屋；气味芳香，可供观赏。

54. 黄背草（*Themeda triandra*）

菅属植物，别名黄麦秆、黄背草、菅草。

多年生簇生草本植物。秆高可达 1.5m，圆形，光滑无毛，具光泽，实心。叶鞘紧裹秆，背部具脊叶舌坚纸质，顶端钝圆；叶片线形，顶部渐尖，中脉显著，边缘略卷曲，粗糙。大型伪圆锥花序多回复出，由具佛焰苞的总状花序组成。种子坚硬，具 5~6cm 长硬芒。花果期 6~12 月。

各岛均有分布，耐旱耐盐，适生性强。可用于盖屋及造纸，也可作保土植被及饲草。

55. 拂子茅（*Calamagrostis epigeios*）

拂子茅属植物。

多年生草本植物。具根状茎。秆直立，平滑无毛或花序下稍粗糙，高可达 100cm。叶鞘平滑或稍粗糙，叶舌膜质，长圆形，先端易破裂；叶片扁平或边缘内卷，上面及边缘粗糙。圆锥花序紧密，圆筒形，分枝粗糙，直立或斜向上升；两颖近等长或第二颖微短，第二颖主脉粗糙；外稃透明膜质，雄蕊花药黄色。花果期 5~9 月。

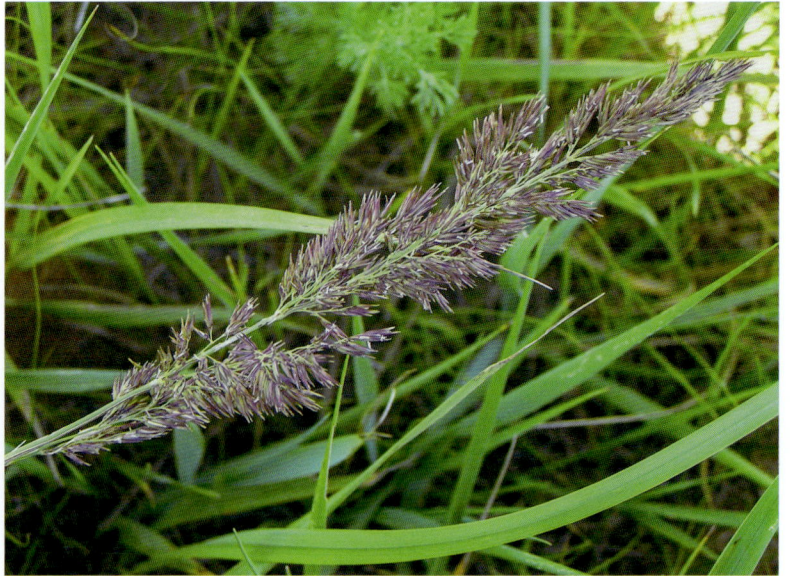

各岛广布。牲畜喜食的牧草；其根茎顽强，抗盐碱土壤，又耐强湿，是固定泥沙、保护河岸的良好材料。

----

56. 假苇拂子茅（*Calamagrostis pseudophragmites*）

拂子茅属植物，别名假苇子。

多年生粗壮草本植物。秆直立，高 40~100cm。叶鞘短于或有时下部者长于节间，无毛或稍粗糙，叶舌膜质，长 4~9mm，长圆形，易撕裂；叶片扁平或内卷，上面及边缘粗糙，下面平滑。圆锥花序长圆状披针形，疏松开展，分枝簇生，直立，细弱，稍糙涩；颖线状披针形，成熟后张开，顶端长渐尖，外稃透明膜质，顶端全缘，细微齿裂，细直，细弱。花果期 7~9 月。

各岛广泛分布。可作饲料；亦可为防沙固堤的材料。

57. 细柄草 (*Capillipedium parviflorum*)

细柄草属植物，别名吊丝草。

多年生簇生草本。秆直立或基部稍倾斜，不分枝或具数直立、贴生的分枝。叶鞘无毛或有毛；叶舌干膜质，边缘具短纤毛；叶片线形，顶端长渐尖，基部收窄，近圆形，两面无毛或被糙毛。圆锥花序长圆形，分枝簇生，纤细光滑无毛，枝腋间具细柔毛。无柄小穗长3~4mm，基部具髯毛；第一颖背腹扁，先端钝，背面稍下凹，被短糙毛，边缘狭窄，内折成脊，脊上部具糙毛。花果期8~12月。

各岛广泛分布。

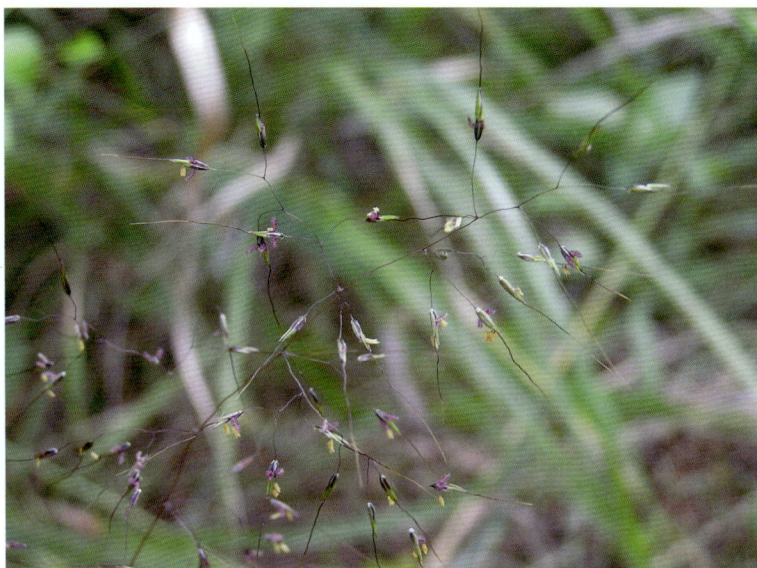

---

58. 龙常草 (*Diarrhena mandshurica*)

龙常草属植物。

多年生草本植物。具短根状茎及被鳞片的芽。秆高70~120cm，节下具微毛。叶片长15~30cm，两面密生短毛。圆锥花序长12~20cm；分枝直立与主轴贴生，各具2~3枚小穗；小穗含2~3小花，长4.5~7mm；颖膜质，具1~3脉；外稃具明显3脉，第一外稃长4.5~5mm。颖果黑褐色，长约4mm，顶端具乳黄色喙。

各岛广泛分布。全草可入药，具清热解毒之功效。

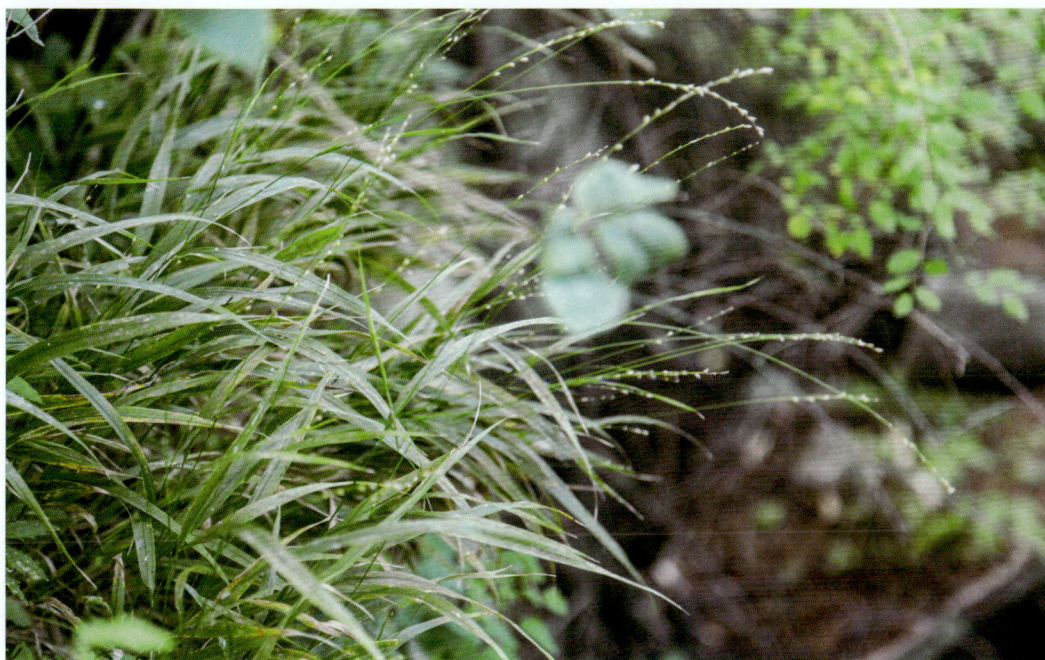

59. 双稃草 (*Leptochloa fusca*)

千金子属植物。

多年生草本植物。秆直立或膝曲上升，高可达 90cm，无毛。叶鞘平滑无毛，叶舌透明膜质，叶片常内卷，上面微粗糙，下面较平滑。圆锥花序，主轴与分枝均粗糙；小穗灰绿色，近圆柱形，含小花；小穗轴节间两边疏生短毛；颖膜质，具脉，外稃背部多少圆形，先端全缘或常具 2 齿裂，内稃略短于外稃，先端近于截平，脊上部呈短纤毛状；花药乳脂色。花果期 6~9 月。

各岛广泛分布。作家畜饲料。

---

60. 耿氏假硬草 (*Pseudosclerochloa kengiana*)

假硬草属植物。

一年生疏丛型草本。秆直立或基部斜升，高 20~30cm，节部较肿胀。叶鞘平滑，下部闭合，长于其节间，具脊；叶舌长 2~3.5mm，顶端截平或具细齿裂；叶片线形，扁平或对折，平滑或上面与边缘微粗糙。圆锥花序直立，坚硬；小穗轴节间粗厚，颖卵状长圆形。颖果纺锤形，长约 1.5mm。花果期 4~6 月。

各岛均产。根入药，可通窍利水、破血通经，用于治疗跌打损伤、筋骨痛、经闭、水肿臌胀。

---

61. 远东羊茅 (*Festuca extremiorientalis*)

羊茅属植物。

根茎短。秆疏丛生，高 0.5~1m，叶舌膜质，长 2~3mm；叶片长 15~30cm，宽 0.6~1.3cm。圆锥花序开展，长 10~25cm，每节 1~2 分枝，粗糙；小穗轴节间长 0.5~0.8mm，被毛；外稃背部平滑或上部粗糙，5 脉，先端渐尖，细微 2 裂；内稃稍短于或等长于外稃；子房顶端具短毛。花果期 6~8 月。

各岛均产。

62. 小颖羊茅（*Festuca parvigluma*）

羊茅属植物。

多年生草本植物。秆较细弱，平滑无毛，高可达80cm，具节。叶鞘光滑或最基部有毛茸，叶舌干膜质，叶片扁平，光滑或上面微糙涩，厚壁组织束状排列。圆锥花序疏松柔软，下垂，小穗轴微粗糙，颖片卵圆形，背部平滑，边缘膜质，子房顶端具短毛。花果期4~7月。

各岛均产。

63. 光稃茅香（*Anthoxanthum glabrum*）

黄花茅属植物。

多年生草本植物。根茎细长。秆高15~22cm，具2~3节。叶鞘密生微毛，长于节间；叶舌透明膜质；叶片披针形，质较厚，上面被微毛，秆生者较短。圆锥花序；小穗黄褐色，有光泽；颖膜质，具1~3脉；雄花外稃等长或较长于颖片；两性花外稃锐尖。花果期6~9月。

各岛均产。作家畜饲料。

64. 茅香（*Anthoxanthum nitens*）

黄花茅属植物。

多年生草本植物。根茎细长。秆高50~60cm，具3~4节，上部长裸露。叶鞘无毛或毛极少，长于节间；叶舌透明膜质，长2~5mm，先端啮蚀状；叶片披针形，质较厚，上面被微毛，长5cm，宽7mm，基生者可长达40cm。圆锥花序长约10cm；小穗淡黄褐色，有光泽；颖膜质，具1~3脉，等长或第一颖稍短；雄花外稃稍短于颖，顶具微小尖头，背部向上渐被微毛，边缘具纤毛；孕花外稃锐尖，长约3.5mm，上部被短毛。花果期6~9月。

各岛均产。本种因含香豆素，可用作香草浸剂；其根茎蔓延还可巩固坡地以防止水土流失。

65. 柳叶箬（*Isachne globosa*）

柳叶箬属植物。

多年生草本植物。秆直立或基部倾斜，节生根，高 30~60cm，节无毛。叶鞘短于节间，无毛，一侧边缘常具疣基毛，叶舌纤毛状，长 1~2mm；叶披针形。圆锥花序卵形；小穗椭圆状球形，淡绿色或成熟后带紫褐色；两颖近等长，坚纸质，6~8 脉，无毛，先端钝或圆，边缘窄膜质。颖果近球形。花果期夏秋季。

各岛均产。全草可入药，用于治疗小便淋痛、跌打损伤。

---

66. 粗毛鸭嘴草（*Ischaemum barbatum*）

鸭嘴草属植物，别名瘤鸭嘴草。

多年生草本植物。秆高 75~90cm。叶片条形，两面密生柔毛，宽 3~8mm。总状花序成对生于秆顶，彼此紧贴呈柱状，穗轴逐节断落；节间与小穗柄粗厚，呈三棱形，外侧生纤毛；小穗成对生于各节，第一颖下部质硬并有间断的横皱纹或瘤；无柄小穗长 5~7mm；芒自第二外稃裂齿间伸出；有柄小穗稍短于无柄小穗，不孕，无芒。

海边沙滩有分布。可作家畜饲草。

67.落草（*Koeleria macrantha*）

落草属植物。

多年生草本植物，密丛。秆直立，高可达60cm，在花序下密生绒毛。叶鞘灰白色或淡黄色，叶舌膜质，截平或边缘呈细齿状，叶片灰绿色，线形，常内卷或扁平，被短柔毛或上面无毛，上部叶近于无毛，边缘粗糙。圆锥花序穗状，有光泽，草绿色或黄褐色，主轴及分枝均被柔毛；颖倒卵状长圆形至长圆状披针形，外稃披针形，先端尖，基盘钝圆，具微毛。花果期5~9月。

各岛广泛分布，可作家畜饲草。

68. 羊草（*Leymus chinensis*）

赖草属植物，别名碱草。

多年生草本植物。具下伸或横走根茎；须根具沙套。秆散生，直立，高40~90cm，具4~5节。叶鞘光滑，基部残留叶鞘呈纤维状，枯黄色；叶舌截平，顶具裂齿，叶片长7~18cm，宽3~6mm。穗状花序直立，长7~15cm，宽10~15mm；花药长3~4mm。花果期6~8月。

各岛均产。可作家畜饲料和水土保持植物。

69.滨麦（*Leymus mollis*）

赖草属植物。

植株具下伸根茎。须根外被沙套。秆单生或少数丛生，直立，高30~80cm，紧接花序下被茸毛。叶鞘下部者长于节间，上部者则短于节间。穗状花序，小穗2~3，生于穗轴，每节具2~5小花；颖长圆状披针形，3~5脉，背部被细毛，边缘膜质；花药长5~6mm。花果期5~7月。

本种因生长于海岸沙地，具有根状茎，故可固定流沙；幼嫩时可作饲料。

70. 日本乱子草（*Muhlenbergia japonica*）

乱子草属植物。

多年生草本植物。无或只有极短的根状茎；秆基部平卧并于节上生根及分枝，高 15~50cm。叶舌膜质；叶片狭披针形，宽 1.5~3mm。圆锥花序狭，长 4~12cm，分枝单生；小穗长 2.5~3mm；颖长 2~2.2mm，具 1 脉；外稃有铅绿色斑纹和细芒。花果期 7~11 月。

各岛广泛分布。

----

71. 乱子草（*Muhlenbergia huegelii*）

乱子草属植物。

多年生草本植物。常具长而被鳞片的根茎，其根茎长 5~30cm，直径 3~4.5mm，鳞片硬纸质且有光泽。秆质较硬，稍扁，直立，高 70~90cm，基部茎 1~2mm，有时带紫色，节下常贴生白色微毛。

各岛广泛分布。

72. 糠稷 （*Panicum bisulcatum*）

黍属植物。

一年生草本植物。秆直立或基部平卧并在节上生根，高 60~100cm 或超过 100cm。叶条状披针形，宽 4~12mm。圆锥花序长达 30cm；分枝细，疏生小穗；小穗长 2~3mm，含 2 小花，仅第二小花结实。第一颖长为小穗 1/2~1/3；第二颖与外稃等长，具 5 脉，都有细毛；第二外稃薄革质，成熟后黑褐色，边缘卷抱内稃。

各岛均产。

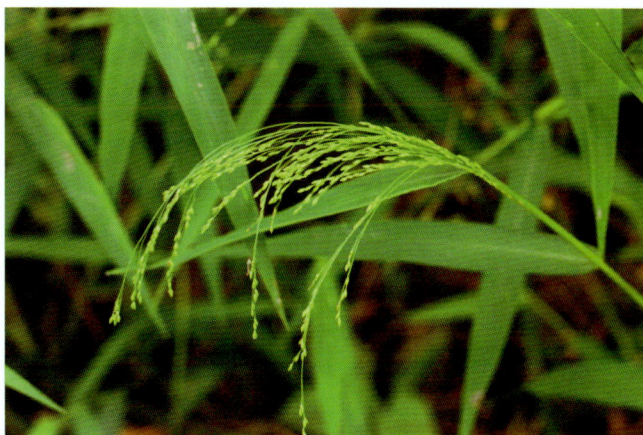

73. 鬼蜡烛 （*Phleum paniculatum*）

梯牧草属植物，别名蜡烛草。

一年生草本植物。秆细瘦，直立，丛生，基部常膝曲。叶鞘短于节间，紧密或松弛；叶舌膜质；叶片扁平，先端尖。圆锥花序紧密，呈窄的圆柱状，成熟后草黄色；小穗楔形或倒卵形；颖具 3 脉，脉间具深沟，脊上无毛或具硬纤毛。

各岛均产。全草可入药，晒干或鲜用，用于治疗百日咳、跌打损伤、狗咬伤。

74. 梯牧草（*Phleum pratense*）

梯牧草属植物，别名猫尾草。

多年生草本植物。须根稠密。秆直立，高可达 120cm。叶鞘松弛，叶舌膜质，叶片扁平，两面及边缘粗糙。圆锥花序圆柱状，灰绿色，小穗长圆形；脊上具硬纤毛。颖果长圆形。花果期 6~8 月。

各岛均产。可作为优良牧草。

----

75. 碱茅（*Puccinellia distans*）

碱茅属植物。

多年生草本植物。秆直立，节着土生根，高可达 60cm，径常压扁。叶鞘长于节间，平滑无毛，叶片线形，微粗糙或下面平滑。圆锥花序开展，小穗柄短；小穗含小花，颖质薄，顶端钝，具细齿裂，外稃具不明显脉，顶端截平或钝圆，内稃等长或稍长于外稃，脊微粗糙。颖果纺锤形。花果期 5~7 月。

各岛均产。

76. 虱子草（*Tragus berteronianus*）

锋芒草属植物。

一年生草本植物。秆斜生，高 10~40cm。叶舌为一圈密生的纤毛；叶片披针形，宽 2~4mm，边缘具硬刺毛或细齿牙。圆锥花序紧缩呈穗状，长 4~10cm；小穗背腹压扁，长 2~3mm，通常成对簇生于主轴上并互相接合成一刺球体，成熟时整个刺球体脱落，第一颖质薄，微小；第二颖革质，背部有 5 条具钩刺的肋，顶端有不伸出刺外的小尖头。花果期 7~10 月。

小黑山有分布。

七十四、莎草科 Cyperaceae

本科包含 4 属 14 种被子植物。

1. 扁秆荆三棱（*Bolboschoenus planiculmis*）

三棱草属植物，别名扁秆藨草、小蒲草。

多年生草本植物。具匍匐根状茎和块茎。秆高可达 100cm，一般较细，三棱形，靠近花序部分粗糙，具秆生叶。叶片平张，向先端渐狭，具长鞘。苞片叶状，边缘粗糙；聚伞花序，小穗卵形或长圆状卵形，先端或多或少缺刻状撕裂，具芒；上生小刺，花药线形，药隔稍突出；花柱长。小坚果倒卵形、扁，两面稍凹或稍凸。花果期 5~9 月。

南诸岛大的水塘池沼中有分布，块茎可入药，有止咳、破血、通经、行气、消积、止痛之功效。

2. 香附子（*Cyperus rotundus*）

莎草属植物，别名香头草、梭梭草。

多年生草本植物。有匍匐根状茎，细长，部分肥厚成纺锤形，有时数个相连。茎直立，三棱形。叶丛生于茎基部，叶片线形，基部鞘状抱茎。花序复穗状，排成伞形。瘦果长圆倒卵形，三棱状。花期6~8月，果期7~11月。

南长山有分布。根茎可入药，用于治疗肝气郁结、寒凝气滞、疝气、乳房胀痛、胁痛腹胀。

3. 碎米莎草（*Cyperus iria*）

莎草属植物，别名三棱草。

一年生草本植物。无根状茎，具须根。秆丛生，细弱或稍粗壮，高8~85cm，扁三棱形，基部具少数叶，叶短于秆，宽2~5mm，平张或折合，叶鞘红棕色或棕紫色。小坚果倒卵形或椭圆形，三棱形，与鳞片等长，褐色，具密的微凸起细点。花果期6~10月。

各岛广泛分布，可作饲草。

4. 具芒碎米莎草（*Cyperus microiria*）

莎草属植物，别名黄颖莎草。

一年生草本植物。具须根。秆丛生，高20~50cm，锐三棱形，稍细，平滑，基部具叶。叶短于秆，宽2.5~5mm，叶鞘较短，红棕色；叶状苞片3~4，长于花序。长侧枝聚伞花序复出，穗状花序卵形或宽卵形，长2~4cm，具多数小穗；鳞片疏松排列，宽倒卵形或近圆形，长约1.5mm，背面具绿色龙骨状凸起，两侧麦秆黄色，3~5脉；雄蕊3，花药长圆形；花柱极短，柱头3。小坚果长圆状倒卵形，三棱状，与鳞片近等长，深褐色，密被微凸起细点。花果期8~10月。

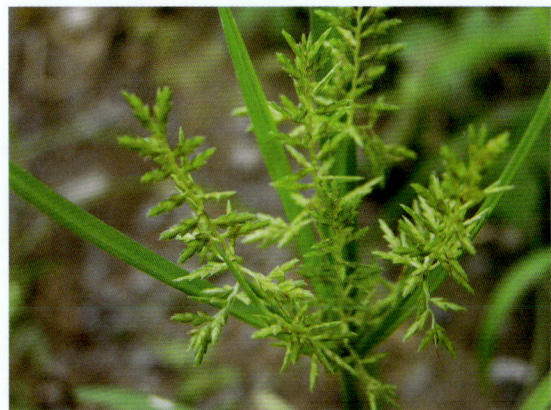

各岛广泛分布。

5. 白颖薹草 (*Carex duriuscula* subsp. *rigescens*)

薹草属植物，别名羊胡子。

多年生草本植物。具细长根状茎，三棱形。叶基生，成束，疏丛或密集成小丛，叶片纤细。花穗顶生，隐藏于叶丛中或伸出叶丛以上，小穗具少数花，紧密排成卵状，红褐色；苞片广卵形，膜质，红褐色，背具1脉，先端锐尖；小穗雄雌性，雄花在上，花药线形；雌花鳞片卵形，先端尖锐，膜质，背具1脉，中部红褐色，具透明膜质边缘。果囊卵状披针形，下部黄褐色，顶部具喙，膜质，口部具不显著2裂；柱头2个。花果期4~6月。

各岛广泛分布，可作草坪草种。

---

6. 异穗薹草 (*Carex heterostachya*)

薹草属植物，别名青草余子。

根状茎，具长的地下匍匐茎，三棱形，下部平滑，上部稍粗糙，基部具红褐色无叶片的鞘。叶短于秆，平张，质稍硬，边缘粗糙，具稍长的叶鞘。小穗3~4个，常较集中生于秆的上端，间距较短，上端1~2个为雄小穗，长圆形或棍棒状，长1~3cm，无柄。果囊斜展，稍长于鳞片，宽卵形或圆卵形。花柱基部不增粗，柱头3个。小坚果较紧地包于果囊内，宽倒卵形或宽椭圆形，三棱形，基部具很短的柄，顶端具短尖。花果期4~6月。

各岛广泛分布。可作水土保持植物。

7. 青绿薹草（*Carex breviculmis*）

薹草属植物。

多年生草本植物。根状茎短。秆丛生，纤细，三棱形，上部稍粗糙，基部叶鞘淡褐色。叶短于秆，平张，质硬。苞片最下部的叶状，长于花序，具短鞘，鞘近无鞘。顶生小穗雄性，长圆形，侧生小穗雌性；雄花鳞片倒卵状长圆形，膜质，黄白色。果囊近等长于鳞片，倒卵形；小坚果紧包于果囊中，卵形，栗色，花果期 3~6 月。

各岛广泛分布，可作草坪草种。

----

8. 尖嘴薹草（*Carex leiorhyncha*）

薹草属植物。

根状茎短，木质。全株密被锈点，秆丛生，高 20~80cm，直径 1.5~3mm，三棱形，上部粗糙，下部平滑，基部叶鞘锈褐色。叶短于秆，宽 3~5mm。苞片刚毛状；小穗多数，卵形；雌花鳞片卵形，先端渐尖成芒尖，长 2.2~3mm，锈黄色，边缘膜质，具紫红色点线。果囊披针状卵形或长圆状卵形；小坚果疏松包于果囊中，椭圆形或卵状椭圆形。花果期 6~7 月。

各岛均产。

9. 矮生薹草（*Carex pumila*）

薹草属植物。

多年生草本植物。具发达的匍匐根状茎。秆高 15~20cm，几乎全部被叶鞘所包。叶宽 3~4mm，革质；基部叶鞘紫褐色。小穗 3~6，上部 1~3 枚雄性，条状圆柱形，长 2~4cm；其余小穗雌性，矩圆形或矩圆状圆柱形，密生花；穗梗长 8~20mm；苞片叶状，长于花序，具短苞鞘；雌花鳞片矩圆披针形。果囊卵状椭圆形，近革质，长于鳞片，橙黄色或淡黄色。小坚果倒卵状矩圆形。

各岛均产。

----

10. 低矮薹草（*Carex humilis*）

薹草属植物。

多年生草本植物。根状茎短。秆密丛生，高可达 5cm，光滑。叶长于秆，平张，柔软，疏被短柔毛。苞片佛焰苞状，淡红褐色，鞘口为宽的白色膜质，小穗彼此疏远；顶生雄性，线状圆柱形，有多数花；侧生为雌小穗，卵形或长圆形，有疏生花；雄花鳞片长圆状卵形。果囊稍短于鳞片，倒卵状长圆形，三棱形，膜质，淡绿色；小坚果椭圆形或倒卵状长圆形，三棱形，成熟时暗褐色。花果期 4~6 月。

各岛均产。草质优良，牲口喜食，并具有耐践踏、再生力强之特性，可作为山地牧场栽培草种和固坡之用。

11. 大披针薹草 （*Carex lanceolata*）
薹草属植物。

多年生草本植物。根状茎粗短，斜生。秆高 10~30cm，纤细，扁三棱状。叶宽 1~2.5mm，花后延伸。小穗 3~6，疏远；苞鞘淡绿色，边缘膜质，苞片针状；雌花鳞片披针形或倒卵状披针形，长 5~6mm，顶端锐尖，中间淡绿色，两侧紫褐色，具宽的白色膜质边缘；花柱短，柱头 3。果囊倒卵状椭圆形，有 3 棱，密被短柔毛，脉明显隆起，顶端具极短的喙，喙口近截形；小坚果倒卵状椭圆形，长约 2.5mm，有 3 棱，棱面凹，顶端具喙。花果期 3~5 月。

各岛均产。茎叶可用来造纸；嫩叶可作饲料。

12. 长嘴薹草 （*Carex longerostrata*）
薹草属植物。

根状茎短，无匍匐茎，斜生，木质。秆丛生，高 15~50cm，扁三棱形，上部微粗糙。叶鞘初淡绿色，后深棕色纤维状。叶无毛。苞片短叶状，短于花序，具鞘；雌花鳞片窄椭圆形或披针形，先端平截或钝，长约 6.5mm，淡锈色，3 脉绿色，具糙芒。果囊斜展，倒卵形，钝三棱状，膜质，绿或淡棕色，被疏柔毛，多脉，喙长，喙口具 2 长齿。小坚果倒卵形。花果期 5~6 月。

各岛均产。

---

13. 筛草 （*Carex kobomugi*）
薹草属植物。

根状茎长，匍匐或斜下。叶鞘黑褐色纤维状。秆高 10~20cm，直径 3~4mm，粗壮，钝三棱形，平滑，基部老叶鞘纤维状。叶长于秆，宽 3~8mm，革质，黄绿色，边缘锯齿状。苞片短叶状；小穗多数，卵形，长 1~1.5cm；穗状花序雌雄异株，稀同株；雄花序长圆形，长 4~5cm；雌花序卵形或长圆形，长 4~6cm。果囊披针形或卵圆状

披针形；小坚果紧包果囊中，长圆状倒卵形或长圆形，长 5~5.5mm，橄榄色。花果期 6~9 月。

沙滩有分布。

14. 短叶水蜈蚣 (*Kyllinga brevifolia*)

水蜈蚣属植物。

多年生草本植物。匍匐根状茎长，被褐色鳞片，每节上生一秆。秆成列散生，细弱，高 7~20cm，扁三棱形，基部具 4~5 叶鞘，上面 2~3 叶鞘顶端具叶片。叶短于或长于秆，宽 2~4mm。穗状花序单一，近球形；小穗极多数，矩圆状披针形，扁，有 1 朵花；鳞片白色具锈斑，长 2.8~3mm，龙骨状凸起绿色，具刺，顶端具外弯的短尖，脉 5~7；雄蕊 3~1；柱头 2。小坚果倒卵状矩圆形。

各岛均有分布。全草可入药，性味辛平，治感冒风寒、筋骨疼痛、咳嗽、黄疸及疮疡肿毒。

七十五、天南星科 Araceae

本科包含 3 属 4 种被子植物。

1. 半夏 (*Pinellia ternata*)

半夏属植物，别名天落星、守田、和姑等。

多年生草本植物。块茎近球形。基生叶 1~4 枚，叶出自块茎顶端，叶柄下部有 1 白色或棕色珠芽，偶见叶片基部亦具 1 白色或棕色小珠芽。花单性，雌雄同株；雄花位于花序轴上部，花序轴下着生雌花，无花被，白色，花序末端尾状，伸出佛焰苞，绿色或淡紫色，直立，或呈"S"形弯曲。花期 5~7 月，果期 8 月。

各岛均产。球茎可入药，有燥湿化痰、降逆止呕、消痞散结之功效。

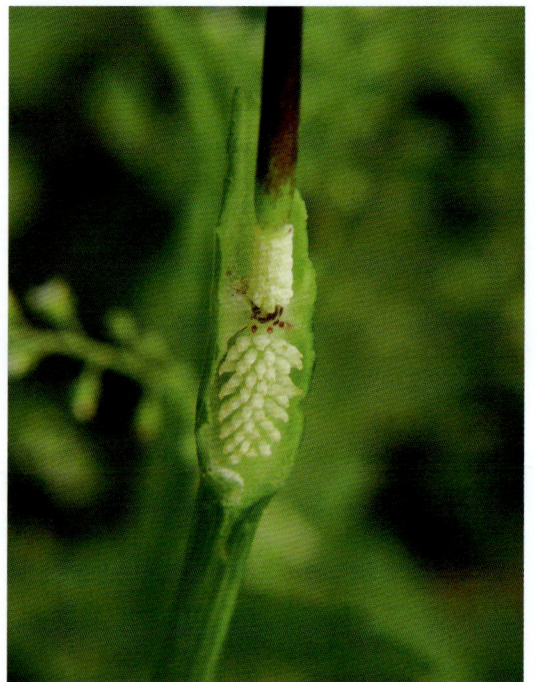

2. 滴水珠（*Pinellia cordata*）

半夏属植物，别名独龙珠、蛇珠、岩珠等。

多年生草本植物。块茎球形、卵球形或长圆形，长 2~4cm，密生多数须根。植株叶心形、心状三角形、心状长圆形或心状戟形，全缘，上面绿或暗绿色，下面淡绿或红紫色，两面沿脉颜色较淡；先端长渐尖，有时尾状；基部心形，长 6~25cm，后裂片圆形或尖，稍外展；叶柄长 12~25cm，常紫色或绿色具紫斑，几无鞘，下部及顶头有珠芽。雌肉穗花序长 1~1.2cm；雄花序长 5~7mm；附属器青绿色，长 6.5~20cm，线形，略上升。花期 3~6 月，果期 8~9 月。

各岛较少见分布。块茎可入药，能止痛、行瘀、消肿、解毒。

3. 浮萍（*Lemna minor*）

浮萍属植物，别名水萍草。

漂浮植物。叶状体对称，近圆形、倒卵形或倒卵状椭圆形，上面绿色，下面浅黄色、绿白色或紫色，全缘，长 1.5~5mm，宽 2~3mm，脉 3 条，下面垂生丝状根 1 条，长 3~4cm；叶状体下面一侧具囊，新叶状体于囊内形成浮出，以极短的柄与母体相连，后脱落。胚珠弯生。果近陀螺状。种子具 12~15 条纵肋。花期 7~8 月，果期 8~9 月。

各大岛水塘有分布。全草可入药，能发汗、利尿、消肿毒，治风湿脚气、风疹热毒、水肿、小便不利、斑疹、感冒等症。

4. 紫萍（*Spirodela polyrhiza*）

紫萍属植物，别名田萍、萍。

细小草本，漂浮水面。根 5~11 条束生，纤维状，在根的着生处一侧产新芽，新芽与母体分离之前由一细弱的柄相连接。叶状体扁平，倒卵状圆形，长 4~10mm，1 个或 2~5 个簇生，上面稍向内凹，深绿色，下面呈紫色，具掌状脉 5~11 条。花单性，雌雄同株，生于叶状体边缘的缺刻内，佛焰苞袋状，内有 1 雌花及 2 雄花；雄花花药 2 室，花丝纤细；雌花子房 1 室，具 2 直立胚珠，花柱短。果实圆形，边缘有翅。花期 7~8 月，果期 7~9 月。

各大岛水塘有分布。全草可药用，有发汗、行水、祛风、散湿之功效，也是良好的猪、鸭饲料和稻田肥料。

七十六、鸭跖草科 Commelinaceae

本科包含 1 属 2 种被子植物。

1. 鸭跖草（*Commelina communis*）

鸭跖草属植物，别名三角菜、兰花草。

一年生草本植物。茎圆柱形，肉质，下部茎匍匐，节常生根，表面绿色或暗紫色，具纵细纹。叶互生，带肉质；卵状披针形，先端短尖，全缘，基部狭圆成膜质鞘。总状花序，花 3~4 朵，深蓝色，着生于二叉状花序柄上的苞内，苞片心状卵形，端渐尖，基部圆；绿色。蒴果椭圆形，压扁状，成熟时开裂。种子三棱状半圆形，暗褐色，有皱纹而具窝点。花期 7~9 月，果期 9~10 月。

各岛广泛分布。全草可入药，有行水、清热、凉血、解毒、消肿之功效。

2. 饭包草 (*Commelina benghalensis*)

鸭跖草属植物，别名竹叶菜、火柴头。

多年生披散草本。茎大部分匍匐，节上生根，上部及分枝上部上升，被疏柔毛。叶有明显的叶柄；叶片卵形，近无毛。总苞片漏斗状，与叶对生，常数个集于枝顶，下部边缘合生，被疏毛；花序下面一枝具细长梗，具1~3朵不孕的花，伸出佛焰苞；上面一枝有花数朵，结实，不伸出佛焰苞；花瓣蓝色，圆形；内面2枚具长爪。蒴果椭圆状，3室，腹面2室每室具2粒种子。种子多皱并有不规则网纹，黑色。花期夏秋。

各岛均产。全草可入药，有清热解毒、消肿利尿之功效。

七十七、天门冬科 Asparagaceae

本科包含5属12种被子植物。

1. 攀缘天门冬 (*Asparagus brachyphyllus*)

天门冬属植物，别名海滨天冬。

攀援植物。块根肉质，近圆柱状。茎平滑，分枝具纵凸纹，通常有软骨质齿。叶状枝每4~10枚成簇，近扁的圆柱形，略有几条棱，伸直或弧曲，多有软骨质齿。鳞片状叶基部有长1~2mm的刺状短距，有时距不明显。花通常每2~4朵腋生，淡紫褐色，关节位于近中部；雄花花被长7mm，花丝中部以下贴生于花被片上；雌花较小，花被长约3mm。浆果直径6~7mm，熟时红色，通常有4~5粒种子。花期5~6月，果期8月。

各岛沿海石缝中有分布。根用于治疗风湿性腰背关节痛、局部性浮肿、瘙痒性渗出性皮肤病。

2. 长花天门冬（*Asparagus longiflorus*）

天门冬属植物。

多年生草本植物，近直立。根较细。茎通常中部以下平滑，上部多具纵凸纹并稍有软骨质齿；分枝平展或斜升，具纵凸纹和软骨质齿，嫩枝尤甚，很少齿不明显。叶状枝每4~12枚成簇，伏贴或张开，有少数棱；茎上的鳞片状叶基部有长1~5mm的刺状距，较少距不明显或具硬刺，分枝上的距短或不明显。花通常每2朵腋生，淡紫色。浆果直径7~10mm，熟时红色，通常有4粒种子。

北诸岛有分布，为中国特有物种。

3. 南玉带（*Asparagus oligoclonos*）

天门冬属植物，别名药鸡豆。

直立草本。茎平滑或稍具条纹，坚挺，上部不俯垂。叶状枝通常5~12枚成簇，近扁圆柱形。花每1~2朵腋生，黄绿色。浆果球形，熟时红色。种子黑色。花期5~6月，果期7~9月。

各岛均产。块根可入药，有清热解毒、润肺镇咳、祛痰杀虫之功效。

4. 兴安天门冬 (*Asparagus dauricus*)

天门冬属植物。

直立草本。根细长。茎和分枝有条纹，有时幼枝具软骨质齿。叶状枝每1~6枚成簇，通常全部斜立，和分枝交成锐角，很少兼有平展和下倾的，稍扁的圆柱形，略有几条不明显的钝棱，鳞片状叶基部无刺。花每2朵腋生，黄绿色。浆果直径6~7mm，有2~4粒种子。花期5~6月，果期7~9月。

主产大钦岛。

5. 龙须菜 (*Asparagus schoberioides*)

天门冬属植物。

直立草本，高达1m。根细长，直径2-3mm。茎上部和分枝具纵棱，分枝有时有极窄的翅。叶状枝常3~4成簇，窄线形，镰状，基部近锐三棱形，上部扁平，长1~4cm，宽0.7~1mm；鳞叶近披针形，基部无刺。花2~4腋生，黄绿色；花梗长0.5~1mm；雄花花被长2~2.5mm，雄蕊花丝不贴生花被片，雌花和雄花近等大。浆果径约6mm，成熟时红色，具1~2粒种子。花期5~6月，果期8~9月。

各岛均产。根状茎和根在河南常被作为中药白前混用。

6. 知母（*Anemarrhena asphodeloides*）

知母属植物，别名山虾。

多年生草本植物。根茎横走粗壮，为残存的叶鞘所覆盖。叶丛生，线形，质较硬，基部渐宽而呈鞘状。花莛高 2m 许，稀疏穗状花序顶生，花淡紫红色。蒴果狭椭圆形，两端略尖，内含种子多数。花果期 6~9 月。

大小钦岛有分布。根茎可入药，用于治疗壮热烦渴、阴虚燥咳、骨蒸劳热、消渴、便秘、牙痛。

---

7. 山麦冬（*Liriope spicata*）

山麦冬属植物，别名山海带。

多年生常绿植物。根稍粗，直径 1~2mm，有时分枝多，近末端处常膨大成矩圆形、椭圆形或纺锤形的肉质小块根。根状茎短。叶长 25~60cm，宽 4~6（8）mm。花莛通常长于或几等长于叶，少数稍短于叶。种子近球形，直径约 5mm。花期 5~7 月，果期 8~10 月。

各岛均有分布。可作绿化植被；民间常用带根全草煮水服用，治风寒感冒、发热。

8. 禾叶山麦冬（*Liriope graminifolia*）

山麦冬属植物，别名山海带。

根细或稍粗，分枝多，有时有纺锤形小块根。叶先端钝或渐尖，具 5 条脉，近全缘.但先端边缘具细齿，基部常有残存的枯叶或撕裂成纤维状。花莛通常稍短于叶，总状花序具许多花；花通常 3~5 朵簇生于苞片腋内，白色或淡紫色。种子卵圆形或近球形，初期绿色，成熟时蓝黑色。花期 7~8 月，果期 9~11 月。

各大岛有分布。根可入药，清心润肺，养胃生津，用于治疗阴虚内热、燥咳、咯血、心烦口渴、津伤便秘等症。

9. 黄精 (*Polygonatum sibiricum*)

黄精属植物，别名鸡爪参、老虎姜。

多年生草本植物。根状茎圆柱形，节部膨大，横生。茎圆柱形，直立，常不分枝。叶无柄，4~6 枚轮生；叶为线状披针形，先端拳卷或弯曲成钩。花序常具 2~4 朵花，呈伞形状，花柄俯垂；苞片位于花柄基部，膜质，线状披针形，具 1 脉；花乳白色至淡黄色，下垂愈合成筒状，上端具齿。浆果球形，成熟时黑色。花期 5~6 月，果期 8~9 月。

各岛有分布，尤以大黑山和南隍城为多。嫩芽可食，根茎可入药，有益肾、润肺、健脾、补气养阴之功效。

----

10. 玉竹 (*Polygonatum odoratum*)

黄精属植物，别名山竹子。

多年生草本植物。地下根茎横走，黄白色，密生多数细小的须根。茎单一，自一边倾斜，光滑无毛，具棱。叶互生于茎的中部以上，无柄；叶片略带革质，椭圆形或狭椭圆形，先端钝尖或急尖；基部楔形，全缘，上面绿色，下面淡粉白色。花腋生，白色，先端 6 裂，裂片带淡绿色。浆果球形，成熟后紫黑色。花期 4~5 月，果期 7~8 月。

各岛均有分布。根茎可入药，有养阴润燥、生津止渴之功效。

11. 热河黄精 (*Polygonatum macropodum*)

黄精属植物，别名多花黄精、小叶珠。

根状茎圆柱形，直径1~2cm。叶互生，无柄，革质卵形至卵状椭圆形，少有卵状矩圆形，先端尖。花序具3~5 (12) 花，近伞房状，总花梗长3~5cm，花梗长0.5~1.5cm；苞片无或极微小，位于花梗中部以下；花被白色或带红点。浆果深蓝色，直径7~11mm，具7~8粒种子。花期5~6月，果期8~9月。

主产南长山。根茎可入药，用于治疗燥咳、烦热、消渴、外感风热、劳嗽咯血。

12. 绵枣儿 (*Barnardia japonica*)

绵枣儿属植物，别名地枣。

多年生草本植物。鳞茎卵球形，外皮黑褐色，内面有绵毛。基生叶通常2~5枚，狭带状，平滑，正面凹。花莛直立，先叶抽出；总状花序，顶生，具膜质苞片；花粉红色至紫红色；花被片6，长圆形，顶端具增厚的小钝头。蒴果倒卵形，3棱，成熟时3瓣裂。种子长圆状狭倒卵形，黑色。花期8~9月，果期9~10月。

各岛均产。鳞茎经浸煮后可食，是当地特色食品；鳞茎可入药，有活血解毒、消肿止痛之功效。

七十八、阿福花科 Asphodelaceae

本科包含 1 属 2 种被子植物。

1. 黄花菜（*Hemerocallis citrina*）

萱草属植物，别名金针花、黄花。

多年生草本植物。根近肉质，中下部常有纺锤状膨大。叶 7~20 枚。花葶长短不一，一般稍长于叶，基部三棱形，上部多圆柱形，有分枝；苞片披针形；花梗通常长不到 1cm；花多朵；花被淡黄色，有时在花蕾时顶端带黑紫色。蒴果钝三棱状椭圆形，长 3~5cm。种子 20 多粒，黑色，有棱，从开花到种子成熟需 40~60 天。花果期 5~9 月。

各岛均产。花是著名山野菜之一；根可入药，有止血、消炎、清热、利湿、消食、明目、安神之功效。

2. 小黄花菜（*Hemerocallis minor*）

萱草属植物。

多年生草本植物。根一般较细，绳索状，不膨大。花葶稍短于叶或近等长，花梗很短，苞片近披针形，蒴果椭圆形或矩圆形。花果期 5~9 月。

各岛均产。功用同黄花菜。

七十九、菝葜科 Smilacaceae

本科包含1属2种被子植物。

1. 牛尾菜 (*Smilax riparia*)

菝葜属植物，别名牛尾菜。

草质藤木。具根状茎；茎中空，有少量髓，干后凹瘪，具槽，无刺。叶片较厚，卵形、椭圆形至长圆状披针形，无毛，中部以下有卷须。花单性，雌雄异株，淡绿色，多朵排成伞形花序。浆果球形，成熟时黑色。花果期6~10月。

各岛均有分布。根茎可入药，治气虚浮肿、筋骨疼痛、偏瘫、头晕头痛、咳嗽吐血、骨结核、白带。

---

2. 华东菝葜 (*Smilax sieboldii*)

菝葜属植物，别名鲇鱼须。

攀援灌木或半灌木。具粗短的根状茎，茎长，密生针刺。叶草质，卵形，基部具狭鞘，有卷须。花单性，雌雄异株，花绿黄色，数朵排成伞形花序。浆果球形，熟时蓝黑色。花期5~6月，果期10月。本种与牛尾菜的主要区别在于茎上有刺。

主产北诸岛。根入药称铁脚威灵仙，用于治疗风湿病、咳喘呕逆、气滞腹痛、诸骨鲠喉、瘫痪。

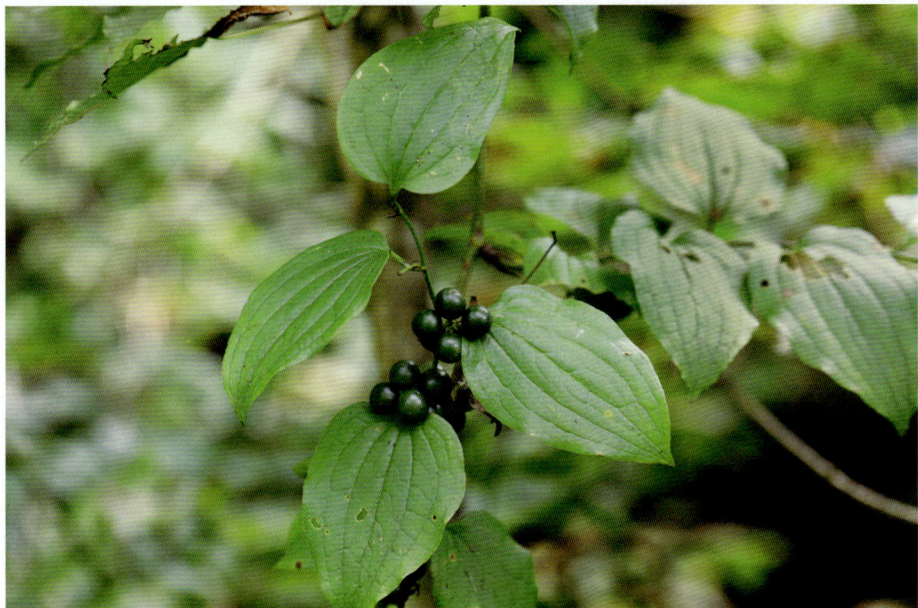

八十、石蒜科 Amaryllidaceae

本科包含1属8种被子植物。

1. 长梗韭（*Allium neriniflorum*）

葱属植物，别名山姥蕙。

多年生草本植物。植株无葱蒜气味。鳞茎单生，卵球状至近球状，鳞茎外皮灰黑色，膜质，不破裂，内皮白色，膜质。叶片圆柱状或近半圆柱状，中空，具纵棱。花葶圆柱状，下部被叶鞘；总苞单侧开裂，宿存；伞形花序疏散；小花梗不等长，基部具小苞片；花红色至紫红色。花果期7~9月。

长岛是山东省唯一有此种分布的地区，各岛均有分布。嫩叶是具特色风味的野菜；鳞茎可入药，有滋养补气，消肿散瘀之功效。

----

2. 野韭（*Allium ramosum*）

葱属植物，别名山韭菜。

多年生草本植物。具横生的粗壮根状茎，略倾斜；鳞茎近圆柱形；鳞茎外皮暗黄色至黄褐色，破裂成纤维状，网状或近网状。叶三棱状条形，背面具呈龙骨状隆起的纵棱。花葶圆柱状，具纵棱，有时棱不明显；子房倒圆锥状球形，具3圆棱，外壁具细的疣状凸起。花果期6月底到9月。

各岛均有分布。叶可食用；花可腌酱；全草有补肾益阳、健胃提神、调整脏腑、理气降逆、暖胃除湿、散血行瘀和解毒等作用。

----

3. 黄花葱（*Allium condensatum*）

葱属植物，别名老古葱。

鳞茎狭卵状柱形至近圆柱状；鳞茎外皮红褐色，薄革质，有光泽，条裂。叶圆柱状或半圆柱状，上面具沟槽，中空，比花葶短。花葶圆柱状，实心，下部被叶鞘；总苞2裂，宿存；伞形花序球状，具多而密集的花；小花梗近等长，基部具小苞片；花淡黄色或白色；花被片卵状矩圆形，钝头，花丝等长，比花被片长1/4~1/2，锥形，无齿，基部合生并与花被片贴生；子房倒卵球状，长约2mm，腹缝线基部具有短帘的凹陷蜜穴；花柱伸出花被外。花果期7~9月。

主要分布于大钦岛唐王山，是本区较稀少品种。鳞茎可食。

4. 薤白（*Allium macrostemon*）

葱属植物，别名泽蒜、小根蒜。

多年生草本植物。有辛辣味。鳞茎近球形，外皮灰黑色，纸质。叶多为半圆柱形或条形，中空，上面具沟槽，比花葶短。花葶圆柱状，下部被叶鞘；总苞 2 裂；伞形花序，半球形至球形，花多而密，或间具珠芽，或有时全为珠芽；花柄基部具小苞片；珠芽暗紫色，基部也具小苞片；花淡紫色或淡红色；花被片长圆状卵形至长圆状披针形。蒴果，近球形。花果期 5~7 月。

各岛均有分布，全株可食用。鳞茎可入药，用于治疗痰阻胸痹、胃肠气滞、脘腹痞满。

5. 细叶韭（*Allium tenuissimum*）

葱属植物，别名毛毛葱。

多年生草本植物。鳞茎数枚聚生，近圆柱状；鳞茎外皮紫褐色、黑褐色至灰黑色，膜质，常顶端不规则地破裂；内皮带紫红色，膜质。叶片半圆柱状至近圆柱状，与花葶近等长。花葶圆柱状，具细纵棱，光滑，总苞单侧开裂，宿存；伞形花序半球状或近扫帚状，松散；小花梗近等长，基部无小苞片；花白色或淡红色，稀为紫红色；子房卵球状。花果期 7~9 月。

各岛均有分布。花可用来腌酱。

6. 球序韭（*Allium thunbergii*）

葱属植物。

鳞茎单生，卵状或卵球状，直径 1~1.5cm，外皮灰褐或灰黄色，纸质，老时顶端纤维状。叶线形，短于花葶，宽 1~3(4)mm，沿叶片和叶鞘纵脉具细糙齿，上面沟状。伞形花序半球状或近球状，花多而密集。花紫或紫红色；花被片窄披针形或卵状披针形；子房近球形，腹缝基部具凹陷蜜穴，花柱稍伸出花被。花果期 7~9 月上旬。

北诸岛有分布。

----

7. 山韭（*Allium senescens*）

葱属植物。

鳞茎外皮灰黑或黑色，单生或数枚聚生，窄卵状圆柱形或圆柱状，具粗壮横生根状茎，膜质，不裂。叶线形或宽线形，肥厚，基部近半圆柱状，上部扁平。伞形花序半球状或近球状，花多而密集。花淡紫色或紫红色；子房倒卵圆形，基部无凹陷蜜穴，花柱伸出花被。花果期 7~9 月。

各岛均产。具有健脾开胃、补肾缩尿之功效，主治脾胃气虚、饮食减少、肾虚不固、小便频繁。

----

8. 碱韭（*Allium polyrhizum*）

葱属植物。

多年生草本植物。鳞茎成丛的紧密簇生，圆柱状；鳞茎外皮黄褐色。叶片半圆柱状，边缘具细糙齿，稀光滑，比花葶短。花葶圆柱状，下部被叶鞘；宿存；伞形花序半球状，具多而密集的花；小花梗近等长，从与花被片等长直到比其长一倍，基部具小苞片，稀无小苞片；花紫红色或淡紫红色、稀白色；花被片外轮的狭卵形至卵形，内轮的矩圆形至矩圆状狭卵形，花丝基部合生成筒状与花被片贴生，子房卵形，花柱比子房长。花果期 6~8 月。

大钦岛有分布。

八十一、百合科 Liliaceae

本科包含 2 属 3 种被子植物。

1. 老鸦瓣（*Amana edulis*）

老鸦瓣属植物，别名瘪菇蛋、棉菇蛋。

多年生纤弱草本。地下鳞茎卵形，外包多层赤色膜质鳞片，每片内有多数细长金褐色绒毛。叶 1 对，条形，平展斜升或呈反卷状，先端尖，全缘，基部下延呈鞘状，两面光滑无毛。花莛 1~3，苞片 2，对生；花单生于茎顶，钟状，直立；花被片 6，矩圆状披针形，白色，背面有赤紫色纵条纹。蒴果三角状倒卵形。花期 3~4 月，果期 4~5 月。

主产于南长山和小钦岛。鳞茎可入药，用于治疗瘰疬痰核、痈疽疮毒、症瘕积聚、蛇虫咬伤。

----

2. 山丹（*Lilium pumilum*）

百合属植物，别名大红花、细叶百合。

多年生草本植物。鳞茎广椭圆形，白色，鳞片披针形。茎直立，圆柱形，绿色。叶 3~5 列互生，至茎顶渐小，无柄；叶片窄线形，先端锐尖，基部渐狭。花单生于茎顶或在茎顶叶腋间各生一花，成总状花序，俯垂，花被 6 片，红色，向外翻卷。蒴果椭圆形，具棱，室背开裂。种子多数。花期 7~8 月，果期 9~10 月。

各岛均产。鳞茎可食；入药用于治疗燥咳、虚劳久嗽、心悸失眠、肺痈、胃脘痛。

3. 卷丹（*Lilium lancifolium*）

百合属植物，别名虎皮莲。

鳞茎近宽球形，鳞片宽卵形，白色。茎带紫色条纹，具白色绵毛。叶散生，矩圆状披针形或披针形，两面近无毛；上部叶腋具珠芽。花3~6朵或更多；苞片叶状，卵状披针形；花下垂，花被片披针形，反卷，橙红色，有紫黑色斑点。蒴果狭长卵形。花期7~8月，果期9~10月。

各岛均有分布，以南隍城为多。鳞茎可食，入药养阴润肺、清心安神。

八十二、薯蓣科 Dioscoreaceae

本科包含1属1种被子植物。

穿龙薯蓣（*Dioscorea nipponica*）

薯蓣属植物，别名穿山龙、穿地龙。

多年生缠绕草本。根茎横生，圆柱形，木质，多分枝，栓皮层显著剥离。茎左旋，近无毛。单叶互生，掌状心形，边缘作不等大的三角状浅裂、中裂或深裂，先端叶片小，近于全缘，叶表面黄绿色，有光泽。花单性，雌雄异株。蒴果成熟后枯黄色，三棱形，先端凹入。种子四周有不等的薄膜状翅。花期6~8月，果期8~10月。

仅分布于砣矶霸王山。根可入药，有祛风除湿、活血通络、清肺化痰之功效。

八十三、鸢尾科 Iridaceae

本科包含1属2种被子植物。

1. 野鸢尾（*Iris dichotoma*）

鸢尾属植物，别名老婆扇子。

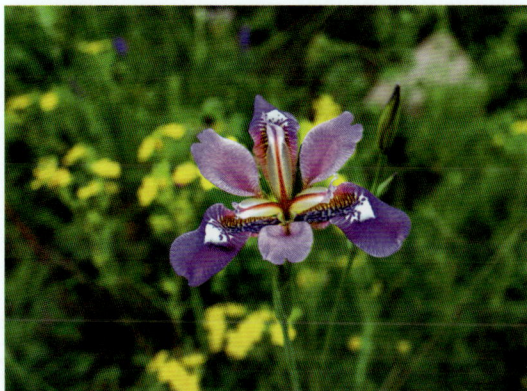

多年生草本植物。根茎常呈不规则结节状，棕褐色。须根发达，粗而长，黄白色。叶基生或在花茎基部互生；叶片剑形，先端尖，基部套褶状。花莛上部二歧分枝，花白色或蓝白色。蒴果圆柱形。种子暗褐色，椭圆形，有小翅。花期7~9月，果期8~9月。

各岛广泛分布，全草及根茎可入药，有清热解毒、活血消肿、止痛止咳之功效。

2. 马蔺 (*Iris lactea*)

鸢尾属植物，别名马莲、马蔺草。

多年生草本植物。地下根茎粗短，须根簇生细而坚韧。茎直立，基部有宿存的纤维状叶鞘。叶基生，狭线形，基部鞘状抱茎。花生于茎顶，蓝紫色或淡蓝色。蒴果纺锤形，有3棱，内含多数褐色不规则的种子。花期5~6月，果期6~9月。

各岛均有分布。叶可包粽子及作束物扎带；根可供制刷子；花治咽痛、痈疮、尿路结石等；种子用于治疗湿热黄疸、腹泻、小便不利、吐血、衄血等。

八十四、兰科 Orchidaceae

本科包含2属2种被子植物。

1. 绶草 (*Spiranthes sinensis*)

绶草属植物，别名盘龙参。

植株高13~30cm。根数条，指状，肉质，簇生于茎基部。茎较短，近基部生2~5枚叶。叶片宽线形或宽线状披针形，极罕为狭长圆形，直立伸展。花茎直立，上部被腺状柔毛至无毛；总状花序具多数密生的花，呈螺旋状扭转；花小，紫红色、粉红色或白色，在花序轴上呈螺旋状排生；萼片的下部靠合，中萼片狭长圆形，舟状，先端稍尖，与花瓣靠合呈兜状。花期7~8月，果期8~9月。

产于小钦岛。全草可入药，有滋阴益气、凉血解毒、涩精之功效。

2. 角盘兰 (*Herminium monorchis*)

角盘兰属植物。

植株高5.5~35cm。块茎球形，直径6~10mm，肉质。茎直立，无毛，基部具2枚筒状鞘，下部具2~3枚叶。叶片狭椭圆状披针形或狭椭圆形，直立伸展。总状花序具多数花，圆柱状，长达15cm；花小，黄绿色，垂头，萼片近等长，具1脉；花瓣近菱形，上部肉质增厚，较萼片稍长，向先端渐狭，或在中部多少3裂；唇瓣与花瓣等长，肉质增厚，基部凹陷呈浅囊状，近中部3裂。花期6~8月，果期9月。

北诸岛有分布。带根全草可入药，能滋阴补肾、养胃、调经，用于治疗神经衰弱、头晕失眠、烦躁口渴、食欲缺乏、须发早白、月经不调。

▶▶▶ 第四章 地衣门
Lichenes

　　地衣是一类特殊的生物有机体，是由一种真菌和一种藻高度结合的共生复合体。组成地衣的真菌绝大多数是子囊菌亚门的真菌，少数是担子菌亚门的真菌；组成地衣的藻类是蓝藻和绿藻，蓝藻中常见如念珠藻属，绿藻中常见如共球藻属、橘色藻属。参与地衣的真菌是地衣的主导部分，地衣的子实体实际上是真菌的子实体。并不是任何真菌都可以同任何藻类共生而形成地衣，只有在生物长期演化过程中与一定的藻类共生而生存下来的地衣型真菌才能与相应的地衣型藻类共生而形成地衣。

　　长岛分布：7科8属16种。

一、鳞网衣科 Psoraceae

本科包含 1 属 1 种地衣。

红鳞网衣（*Psora decipiens*）

鳞网衣属地衣。

鳞片可达 6mm 宽，圆形。地衣体呈橙色、亮红色或玫瑰色，边缘光滑或有少量裂纹。孢子囊直径可达 2mm，边缘黑色，具白糖霜或黄色糖霜；子囊孢子呈椭圆形，大小为 11~18×6~8μm。

各岛均有分布。

二、黄枝衣科 Teloshistaceae

本科包含 2 属 3 种地衣。

1. 橙衣（*Caloplaca scopularis*）

橙衣属地衣。

地衣体稍颗粒状，黄绿色至橙黄色，无裂芽和粉芽。子囊盘为圆盘状，缘部薄，全缘，成熟时缘部消失，盘面呈橙红色。

各岛均有分布。生境多为石生或树生，少数为土生或藓生。

----

2. 粒橙衣（*Caloplaca aurantiaca*）

橙衣属地衣。

地衣体呈壳状，披针形，没有长裂片；表面呈灰色或黑色，光滑。孢子囊贴生，直径 0.3~0.8mm；子囊盘为暗红色、橙色，边缘无粉。

各岛均有分布。

3. 丽石黄衣 （*Xanthoria elegans*）

石黄衣属地衣。

以平铺的叶状体附着生于基物，直径 2~6cm ；裂片二叉至不规则深裂，相互紧密靠生，表面平坦，边缘裂片宽 1~2mm，末梢呈钝圆状或者有部分小齿。地衣上表面黄色偏绿色，无光泽，往往有凸起，不存在芽；底层末梢淡黄色，中间部分为污白色，有极多褶皱，假根一般与底层颜色相同。子囊盘生于衣体中央裂片上表面，盘面凹陷。

各岛均有分布，大多生长在山势险峻的石头上。丽石黄衣测年法是用这种植物的生长年限对冰川沉积物进行测年，被广泛用于地震、地质、气候、考古、岩画等研究领域。

三、蜈蚣衣科 Physciaceae

本科包含 1 属 1 种地衣。

小角饼干衣 （*Rinodina cornutula*）

饼干衣属地衣。

地衣体连续，边缘散生，表面龟裂，无粉芽或粉芽堆。子囊盘幼时茶渍型，盘面黑色，盘缘不明显，成熟后通常碳化，呈网衣型。

各岛均有分布。

四、石蕊科 Cladonicaceae

本科包含 1 属 3 种地衣。

1. 粉石蕊（*Cladonia fimbriata*）

石蕊属地衣。

地衣体呈鳞状，可达 6mm 长，4mm 宽。果柄具明显杯体，宽 2~6mm，边缘完整或微小锯齿。孢子囊长圆形，大小为 8~14 × 3~4.4mm。隐孢子在杯缘，近球形，具透明明胶分生孢子，大小为 7~8 × 1.5~2.5mm。

在长岛高山石隙中可见。

----

2. 喇叭石蕊（*Cladonia pyxidata*）

石蕊属地衣。

地衣体鳞状，长 2~5mm，宽 1~3mm，全缘或不规则具圆齿裂片；裂片大多数上升，下部带褐色白色；髓质较薄（小于 250μm）。足部高 3~20mm，灰绿色至棕色，杯状，杯宽 8~12mm。

在长岛高山石隙中可见。

----

3. 麸石蕊（*Cladonia pityrea*）

石蕊属地衣。

初生地衣体鳞状，宿存，但在子器柄密生时往往消失，鳞叶长约 1~3 mm，宽 1mm，细裂。子器柄一般短小，高 3~50mm，直径达 4mm，圆柱状，有杯或无杯，杯狭小；有或无粉芽，皮层脱落而髓层裸出部分半透明。

在长岛高山石隙中可见。

五、梅衣科 Parmeliaceae

本科包含 1 属 3 种地衣。

1、梅衣（*Parmelia tinctorum*）

梅花衣属地衣。别名石花。

全体呈叶片状，近圆形或不整齐伸展，边缘深裂，表面灰绿色至灰白色，有许多不规则的卷缩或不整齐的叉状分枝，背面黑色或深褐色。附生于山地岩石上。

各岛山崖石壁均有分布。入药全年可采，晒干生用，有清热利湿、养血明目、补肾益精、止崩漏之功效。

2. 石梅衣（*Parmelia saxatilis*）

梅花衣属地衣，别名藻纹梅花衣、石衣、梅藓、梅衣、乳花、石苔衣、地衣。

地衣体叶状，近圆形或不整齐伸展，直径达 15cm，边缘深裂，裂片末端截形或尖锐，长 0.5~4cm，宽 l~5mm。上表面灰绿色至灰褐色，中央部分色暗，无光泽，边缘具网状白色的假杯点，裂芽多集中于中央，颗粒状至圆柱状。下表面黑色，周围暗褐色，密生黑色不分枝的假根。子囊盘多，杯状，老时盘状，直径 1~7mm，具短柄。果托具有白色网纹，边缘幼时内卷，随后纵裂，生裂芽。盘面黄褐色至暗褐色。

各岛均有分布，生于树干或岩石薄土上，主要功能为养血、明目、清热解毒、止崩漏、利尿、补肾、壮筋骨。

3. 拟菊叶黄梅（*Parmelia taractica*）

梅花衣属地衣。

地衣体叶状，较紧密地固着于基物表面，直径 7~10cm。表面呈现石灰绿色，随着年龄增长而变暗，有光泽，光滑略带皱纹。下表面呈棕色或浅棕色，髓质呈白色。子囊带柄，接近无梗，直径 3~6mm。子囊孢子长 8~10μm，宽 6μm。

各岛均有分布，生于岩石、岩隙土及草茎。

六、树花科 Ramalinaceae

本科包含 1 属 4 种地衣。

1. 沟槽树花（*Ramalina canaliculata*）

树花属地衣。

地衣体最大 5cm，呈簇状丛生，白淡绿色到淡绿色。顶部无毛、多孔，齿槽近线形。有细管，最大 2mm，常见远缘，大部分近顶生，具刺。

长岛林地可见。

2. 亚疏树花（*Ramalina yasudae*）

树花属地衣。

生长在平地或山地岩石上的枝状体，外形酷似灌木，直立生长。

长岛林地可见。可作为天然染料、染发剂、化妆品材料。

---

3. 细树花（*Ramalina exilis*）

树花属地衣。

地衣体呈簇状，平铺在近椭圆形的分支上，通常还会有似二体的小分支，不连续的髓质被软骨组织层切开，通常生于岩石上。

长岛林地可见。

---

4. 粉粒树花（*Ramalina pollinaria*）

树花属地衣。

地衣体直立，反复叉状分枝，背腹区别显明绿色，有浓淡之分。上表面稀疏具脉，最后裂片稍呈舌状。里侧显然有皱，又有凹凸，散生有巨大的白色颗粒状粉芽体，部分反卷。顶端更细裂，不具粉芽。生石上或树木上。

长岛林地可见。

七、松萝科 Usneaceae

本科包含 1 属 1 种地衣。

扁枝衣（*Evernia mesomorpha*）

扁枝衣属地衣，别名中国橡苔。

为枝状地衣体，枯草黄色至黄绿色，以基部脐固着于基物，悬垂或半直立，柔软而稍具弹性；枝体扁或具棱柱状，无明显背腹之分，二叉分枝，表面具有明显纵向凹穴与褶皱，有众多粉芽。

长岛林地可见。适宜配制各类日用化妆品香精及用作抗生素原料，颜色浅，香气清滋圆润。

►►► 第五章 苔藓植物门

Bryophyta

苔藓植物是一群小型的高等植物，没有真根和维管组织的分化，多生于阴湿环境中，具有配子体世代占优势的独特生活史。配子体产生性器官（精子器和颈卵器）和配子（精子和卵子）；孢子体产生孢子，但孢子不能独立生存，必须依赖配子体提供水分和营养物质。全世界约有 23000 种，分为苔纲、藓纲和角苔纲。苔藓植物在不毛之地和受干扰后的次生生境中担当重要的拓荒者角色，同时在北温带和高山生态系统的水土维持方面有着不可替代的作用。

长岛分布：6 科 7 属 8 种。

一、地钱科 Marchantiaceae

本科包含 1 属 1 种苔藓植物。

地钱（*Marchantia polymorpha*）

地钱属植物，别名地补时。

植物体呈叶状，扁平；阔带状，多为二歧分叉，淡绿和深绿色。背面有六角形气室，室中央具 1 气孔；气孔烟囱形。孢子体分孢蒴、蒴柄和基足 3 部分。

各岛均有分布，生阴湿地带。全草可入药，主治烫火伤、刀伤、骨折、毒蛇咬伤、疮痈肿毒、臁疮。

二、疣冠苔科 Aytoniaceae

本科包含 1 属 1 种苔藓植物。

石地钱（*Reboulia hemisphaerica*）

石地钱属植物。

叶状体扁平，二歧分叉的带片状，长 1~4cm，宽 3~7mm，先端心形，背面深绿色，边与腹面呈紫红色，沿中肋沟处生多数假根。气孔单一型，凸出，孔边细胞 6~9 个，4~5 列。气室数层，无营养丝。鳞片覆瓦状排列，两侧各 1 列，紫红色，半月形。雌雄同株。雄托圆盘状，无柄，生于叶状体中部；雌托生于叶状体先端，柄长 1~2cm，托顶半球形，绿色，4 瓣裂，每瓣腹面有总苞片 2 枚。孢蒴球形，黑色；孢子黄褐色，表面具网纹，直径 60~90μm。弹丝长约 400μm。

各岛均有分布，生阴湿地带。全草可入药，用于治疗疥疮肿毒、烧烫伤、跌打肿痛、外伤出血。

三、真藓科 Bryaceae

本科包含 2 属 2 种苔藓植物。

1. 真藓（*Bryum argenteum*）

真藓属植物。

植物体密集丛生，银白色或灰绿色。茎高约 1cm，单一或基部分枝。叶紧密覆瓦状排列，阔卵形，具细长的毛状尖；叶边全缘，常内曲；中肋粗，突出叶尖。叶细胞薄壁，上部细胞白色透明，近于菱形，基部细胞呈长方形。蒴柄红色，直立；孢蒴近于长梨形，下垂，褐红色，蒴齿 2 层。孢子球形，有疣。

各岛均有分布，生阴湿地带；具有清热解毒、止血之功效，主治细菌性痢疾、黄疸、鼻窦炎、痈疮肿毒、烫火伤、衄血、咯血。

----

2. 泛生丝瓜藓（*Pohlia cruda*）

丝瓜藓属植物。

疏丛生，柔弱，易拔掉，绿色，具有金属光泽。茎高 2~3cm，或略高，直立，红色，基部具假根。茎下部叶阔卵状，叶缘平滑或具齿；渐上叶变大。叶片多生于茎上部丛状，长 3~4mm，宽 0.5~0.6mm，披针形，渐尖；叶缘平，中上部具齿；中肋粗壮，基部红色，达于叶尖前部终止。叶片细胞壁薄，狭长形，长为宽的 10~12 倍；叶片基部细胞宽，长方形，带红色。

各岛均有分布，生于阴湿地带。

四、丛藓科 Pottiaceae

本科包含 1 属 2 种苔藓植物。

1. 小石藓（*Weissia controversa*）

小石藓属植物，别名垣衣。

植物体矮小，密集丛生，绿色或黄绿色。茎单一直立或具分枝，高 0.5~1cm，叶呈长披针形，先端渐尖，叶缘内卷，全缘；中肋粗壮，突出叶尖。叶片上部细胞呈多角状圆形，壁薄，两面均密被粗疣；基部细胞长方形，平滑，透明，无疣。蒴柄长 5~8mm；孢蒴直立，卵状圆柱形；齿片短，表面被密疣；蒴帽兜形。

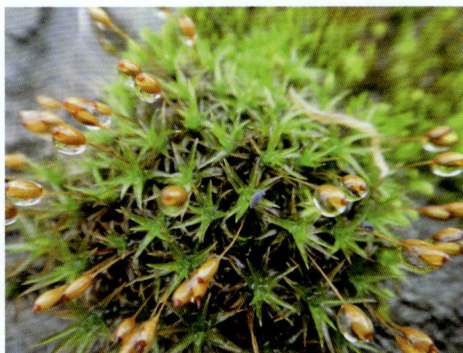

各岛均有分布，生于阴湿地带。全草可入药，有清热解毒之功效，用于治疗急慢性鼻炎、鼻窦炎。

2. 闭口藓（*Weissia longifolia*）

小石藓属植物。

植株形小，密集丛生，鲜绿色或黄绿色。茎短小，单一或具分枝。叶簇生枝顶，干时皱缩，基部稍宽，呈长卵圆形、披针形或狭长披针形；叶边平展或内卷，先端细长渐尖，或急尖，具小尖头；中肋粗壮，长达叶尖或凸出成刺状；叶上部细胞较小，呈多角状圆形，两面均密被细疣；基部细胞明显分化呈长方形，薄壁，平滑透明。雌雄同株或雌雄杂株，苞叶多与一般叶同形，基部略呈鞘状。孢蒴隐没于苞叶中或高出于外，呈卵状环形或短圆柱形；蒴齿常缺如，或形成膜状封闭蒴口，齿片正常者呈长披针形，具横脊并具疣；蒴盖呈短圆锥形，具斜长喙，完全不分化者呈闭蒴形式；蒴帽兜形。孢子黄色或棕红色，具细密疣。

各岛均有分布，生阴湿地带。

五、灰藓科 Hypnaceae

本科包含 1 属 1 种苔藓植物。

鳞叶藓（*Taxiphyllum taxirameum*）

鳞叶藓属，别名杉枝鳞叶藓、多枝鳞叶藓。

物体扁平，柔软，黄绿色、暗绿色微带红褐色，略有光泽。茎匍匐，长 2~4cm，不规则羽状分枝。叶 2 列，长卵状阔披针形，渐尖；中肋二出，甚短或缺失；叶边具细齿。叶尖细胞菱形，中下部细胞狭长梭形或线形，具前角突。雌雄异株。蒴柄红褐色，纤细；孢蒴长卵形，褐色；蒴盖圆锥形，具细长喙；蒴齿黄色，下部有横纹；蒴帽早落。

各岛均有分布，生于阴湿地带。全草可入药，主治外伤出血。

六、提灯藓科 Mniaceae

本科包含 1 属 1 种苔藓植物。

匍灯藓（*Plagiomnium cuspidatum*）

匍灯藓属植物。

植物体暗绿或黄绿色，无光泽，疏松丛生。茎及营养枝均匍匐生长或呈弓形弯曲，疏生叶，着地部位均丛生黄棕色假根。叶阔卵圆形，或近于菱形，长约 5mm，宽约 3mm，叶基狭缩，基角部往往下延，先端急尖，具小尖头；叶缘具明显分化边，叶边中上部多具单列锯齿，仅枝上幼叶的叶边近于全缘；中肋平滑，长达叶尖，且稍突出；叶细胞壁薄，仅角部稍增厚，呈多角状不规则的圆形。生殖枝直立，高约 2~3cm，叶多集生于上段，呈长卵状菱形或披针形。雌雄异株。蒴柄红黄色，长 2~3cm；孢蒴呈卵状圆柱形，往往下垂。

各岛均有分布，生于阴湿地带。

中文名索引

中国长岛野生植物志

中文名索引

中国长岛野生植物志

中文名索引

学名索引

学名索引

291

学名索引

293

学名索引

295